高等职业教育本科医疗器械类专业规划教材

U0746390

嵌入式系统原理与应用
——基于STM32

（供康复辅助器具技术专业用）

主　编　杨卫东

副主编　周天绮

编　者　（以姓氏笔画为序）

杨卫东（浙江药科职业大学）

陈友凯（浙江药科职业大学）

陈炜钢（浙江药科职业大学）

周天绮（浙江药科职业大学）

中国健康传媒集团
中国医药科技出版社

内 容 提 要

本教材是"高等职业教育本科医疗器械类专业规划教材"之一，系根据高等职业教育本科人才培养方案和本套教材编写要求编写而成。全书共包括 12 章，即绪论、STM32 微控制器硬件结构、MDK – ARM 与固件库、通用并行接口 GPIO、中断系统、定时器、PWM 脉宽调制、串口 USART、DMA、看门狗、ADC 转换、DAC 转换。选取大量应用案例，图文并茂，配合详细讲解及易理解的代码示例，帮助学生更好地理解与学习。

本教材可供全国高等职业教育本科院校康复辅助器具技术专业师生作为教材使用，也可作为相关从业人员的参考用书。

图书在版编目（CIP）数据

嵌入式系统原理与应用：基于 STM32 / 杨卫东主编.
北京：中国医药科技出版社，2024. 9. – –（高等职业教育本科医疗器械类专业规划教材）. – – ISBN 978 – 7 –5214 –3566 – 5

Ⅰ. TP360. 21

中国国家版本馆 CIP 数据核字第 2024VU6872 号

美术编辑　陈君杞
版式设计　友全图文

出版　**中国健康传媒集团** | 中国医药科技出版社
地址　北京市海淀区文慧园北路甲 22 号
邮编　100082
电话　发行：010 – 62227427　邮购：010 – 62236938
网址　www. cmstp. com
规格　889mm × 1194mm $\frac{1}{16}$
印张　12 $\frac{1}{4}$
字数　357 千字
版次　2024 年 9 月第 1 版
印次　2024 年 9 月第 1 次印刷
印刷　北京金康利印刷有限公司
经销　全国各地新华书店
书号　ISBN 978 – 7 – 5214 – 3566 – 5
定价　55. 00 元

获取新书信息、投稿、为图书纠错，请扫码联系我们。

数字化教材编委会

主　编　杨卫东

副主编　周天绮

编　者　（以姓氏笔画为序）

杨卫东（浙江药科职业大学）

陈友凯（浙江药科职业大学）

陈炜钢（浙江药科职业大学）

周天绮（浙江药科职业大学）

前言 PREFACE

随着科技的飞速发展，嵌入式系统在我们的日常生活和工业生产中扮演着越来越重要的角色。作为嵌入式系统的核心，微控制器的性能和功能直接决定了整个系统的效能和稳定性。STM32 系列微控制器凭借其卓越的性能、低功耗设计、丰富的外设资源以及广泛的应用支持，已经成为工程师们的首选平台。无论是在智能家居、工业自动化，还是在物联网设备和汽车电子领域，STM32 都展现了其独特的优势和广阔的应用前景。

本教材旨在为广大嵌入式系统开发者提供一条由浅入深、系统全面的学习路径，帮助读者掌握 STM32 微控制器的基本概念、硬件架构、软件开发工具和实际应用技巧。无论是初学者还是有经验的开发者，都可以通过本教材的学习提高自己的技能，解决实际开发中的问题。

在当前"双创"浪潮的推动下，中国的创新创业环境日益改善，越来越多的工程师和开发者投身于嵌入式系统开发的热潮中。STM32 微控制器以其强大的性能和灵活的应用，为我们的创新之路提供了有力的支持。希望本教材能够成为您在嵌入式系统开发道路上的良师益友，帮助您在创新的旅程中不断前行。相信通过学习，您不仅能掌握 STM32 微控制器的基本知识和应用技巧，还能激发您的创造力，开拓更多的应用场景和开发方向。

在编写本书的过程中，我们特别注重以下几点：

1. 结合中国特色，服务我国相关行业需求：本教材结合中国实际应用需求，选取了大量应用案例，如智能家居、工业控制、农业物联网等，使读者能够更好地理解和应用所学知识。

2. 系统性与实用性并重：从基础知识到高级应用，从理论讲解到实践操作，我们力求系统全面，帮助读者构建扎实的理论基础和丰富的实战经验。

3. 详尽解释与直观示例：通过图文并茂的方式，配合详细的解释和易于理解的代码示例，使读者能够轻松掌握每一个技术点，并能够在实际开发中灵活应用。

在此，特别感谢我们的编辑团队，他们的专业建议和悉心指导使本书更加完善；感谢所有读者，是你们的支持和反馈激励着我们不断改进和提升。

本教材可供全国高等职业教育本科院校康复辅助器具技术专业师生使用，也可作为相关从业人员的参考用书。

由于学科不断发展及编者能力有限，书中难免存在不足之处，恳请广大专家和读者批评指正，以便修订时完善。

编　者
2024 年 6 月

CONTENTS 目录

第一章　绪　论

学习目标

　　1. 掌握　嵌入式系统的基本概念、特点及分类；嵌入式系统的组成，包括硬件部分和软件部分的详细内容。

　　2. 熟悉　不同类型的嵌入式系统；嵌入式系统在工业自动化、医疗设备等领域的具体应用。

　　3. 了解　微处理器和微控制器在嵌入式系统中的作用及其演变过程；嵌入式系统设计中系统架构设计、硬件设计和软件设计的基本方法及步骤。

　　4. 学会根据具体需求和应用场景，选择合适的嵌入式系统类型及其组件；能够设计和实现基本的嵌入式系统，包括硬件和软件的整合与调试；具有分析和解决嵌入式系统实际应用问题的能力，例如在资源受限和实时性要求下的系统优化。

　　5. 培养动手实践能力，通过实际项目和实验，强化对嵌入式系统设计与实现的理解；培养团队合作和项目管理能力，通过团队项目和案例分析，提高协作与组织能力。

⇨ 实例分析

　　实例　随着科技的发展，嵌入式系统在智能家居中的应用越来越广泛。智能家居通过各种嵌入式设备的互联互通，实现了对家庭环境的智能化控制和管理。这不仅提高了居住的舒适性和安全性，还优化了能源使用效率。请以智能灯光控制系统为实例，分析嵌入式系统在实际应用中的关键知识点和实际操作。

　　问题　1. 如何利用嵌入式系统实现对家庭灯光的智能控制？

　　　　　　2. 这个智能光控系统有哪些关键组成部分

第一节　嵌入式系统概述

一、嵌入式系统的基本概念

　　嵌入式系统（embedded system）是一种专用的计算机系统，它设计用于特定任务或功能，而不是一般计算。嵌入式系统可以理解为嵌入在一个设备中的计算机系统，用于控制、监测或辅助该设备的操作。这些系统通常具有实时计算的能力，以保证在规定时间内响应外部事件。

二、嵌入式系统的特点

　　嵌入式系统与通用计算机系统相比，具有以下几个显著特点。

1. 专用性　嵌入式系统通常用于特定的应用场景，它们的硬件和软件设计都是为了满足某个特定的需求。比如，一个洗衣机中的嵌入式系统就是为了控制洗衣过程。

2. 实时性　很多嵌入式系统需要在严格的时间限制内完成任务，即实时性。例如，汽车的防抱死制动系统（ABS）必须在几毫秒内响应，以防止轮胎抱死。

3. 资源受限　嵌入式系统常常受到资源的限制，如处理器速度、内存容量、电池电量等。因此，设计时需要充分优化，以有效利用有限资源。

4. 可靠性和稳定性　由于嵌入式系统经常用于关键任务（如医疗设备、工业控制系统等），它们必须具有高可靠性和稳定性，确保在任何情况下都能稳定运行。

5. 低功耗　很多嵌入式系统都是电池供电的，特别是在便携设备中。因此，设计时需要注重功耗优化，以延长电池寿命。

6. 紧凑性　嵌入式系统通常需要集成在设备中，因此它们的体积和重量通常受到严格限制，设计时需要考虑紧凑性。

三、嵌入式系统的分类

根据应用领域和功能的不同，嵌入式系统可以分为以下几类。

1. 独立嵌入式系统　可以独立完成特定任务，不需要依赖其他系统。例如，家电中的微波炉控制器。

2. 实时嵌入式系统　必须在严格的时间约束内完成任务。这类系统广泛应用于工业控制、航空航天和汽车电子中。例如，汽车中的安全气囊控制系统。

3. 网络嵌入式系统　通过网络与其他系统进行通信，实现分布式任务。这类系统通常用于物联网（IoT）设备中。例如智能家居中的各种传感器和控制器。

4. 移动嵌入式系统　通常具有低功耗和小尺寸的特点，适用于便携设备。例如智能手机、平板电脑、可穿戴设备等。

第二节　嵌入式系统的发展历史

嵌入式系统的发展可以追溯到 20 世纪 60 年代，最早的嵌入式系统之一是 NASA 的阿波罗导航计算机。随着微处理器和微控制器的发展，嵌入式系统在各个领域得到了广泛应用，从简单的家电到复杂的工业自动化设备。以下是嵌入式系统发展的几个重要阶段。

一、早期阶段（20 世纪 60—70 年代）

1. 阿波罗导航计算机（Apollo guidance computer，AGC）　1961 年，阿波罗计划是美国国家航空航天局（NASA）执行的载人登月任务。为了实现这一目标，需要一种能够进行实时导航和控制的计算机系统。麻省理工学院（MIT）Charles Stark Draper 实验室为 NASA 开发了阿波罗制导计算机（AGC）。AGC 是嵌入式系统的早期典型代表，体现了高可靠性和实时性能的需求。AGC 被用于阿波罗飞船的导航和控制，是人类历史上首次将人类送上月球的重要工具。AGC 具有实时控制能力，能够处理飞船的导航数据和控制指令。其设计使用了集成电路（IC），这是当时的前沿技术。

2. Intel 4004 微处理器　1971 年，随着计算需求的增加和技术的发展，半导体行业开始探索将多个晶体管集成在一个芯片上的可能性。Intel 4004 是世界上第一个商业化的微处理器，由 Intel 公司推出。

这一创新标志着计算机技术进入微处理器时代。最初用于 Busicom 公司的一款计算器，但其推出标志着微处理器时代的开始，微处理器开始逐渐被应用于各种嵌入式系统中。4004 是一个 4 位处理器，包含 2300 个晶体管，工作频率为 740kHz，具有基础的计算和控制能力，为后续微处理器的发展奠定了基础。

二、微处理器时代（20 世纪 70—80 年代）

1. Intel 8080 微处理器 1974 年，微处理器技术的快速发展使其性能和功能逐渐增强，开始取代传统的专用计算机和硬件逻辑。Intel 8080 微处理器是首款真正意义上的通用微处理器，广泛应用于早期的个人计算机和嵌入式系统中。8080 广泛应用于早期的个人计算机、电子计算器、POS 终端等，开启了微处理器在嵌入式系统中的广泛应用。8080 处理器具有 16 位地址总线和 8 位数据总线，支持更复杂的指令集，为更高效的计算和控制提供了支持。

2. Zilog Z80 微处理器 1976 年，为了进一步提升微处理器的性能和兼容性，Zilog 公司开发了 Z80 微处理器。Zilog Z80 是一款兼容 8080 的微处理器，性能更强，广泛应用于各种电子设备中，如家用计算机、游戏机和嵌入式设备，有 TRS－80、ZX Spectrum 等。Z80 具有 16 位地址总线，支持更多寄存器和更复杂的指令集，易于编程和调试，增强了嵌入式系统的灵活性和功能。

三、微控制器时代（20 世纪 80—90 年代）

1. Intel 8051 微控制器 1980 年，随着嵌入式系统需求的多样化，微控制器（MCU）逐渐成为嵌入式系统的核心组件。Intel 8051 是最成功的 8 位微控制器之一，广泛应用于嵌入式系统中。用于家电、工业控制、汽车电子等领域，如洗衣机控制器、温控器等。8051 集成了 CPU、RAM、ROM 和 I/O 接口，具有丰富的指令集和中断系统，支持实时控制，成为嵌入式系统的经典架构之一。

2. Motorola 68000 微处理器 1983 年，为了满足更高性能和复杂应用的需求，摩托罗拉公司开发了 68000 系列微处理器。Motorola 68000 微处理器系列被广泛应用于工业控制、汽车电子和通信设备中。如 Apple Macintosh、Commodore Amiga 等。68000 具有 24 位地址总线和 16 位数据总线，支持大内存和复杂应用，推动了嵌入式系统在更高性能和更多功能领域的发展。

四、嵌入式系统时代（20 世纪 90 年代至今）

1. ARM 处理器 20 世纪 90 年代，随着便携设备和低功耗应用的需求增加，ARM 公司开发了基于 RISC（精简指令集计算）架构的处理器。ARM 处理器具有高效能低功耗的特点，迅速成为移动设备和嵌入式系统的首选处理器。广泛应用于移动设备、物联网和嵌入式系统中，如智能手机、平板电脑和智能家居设备。ARM 处理器具有简洁的指令集、高效的性能和广泛的生态系统，支持多种操作系统和开发工具，推动了嵌入式系统的广泛应用和快速发展。

2. 嵌入式 Linux 和实时操作系统（RTOS） 21 世纪，嵌入式系统软件的复杂性和多样性要求更加灵活和高效的软件平台。嵌入式 Linux 和 RTOS 成为嵌入式系统的重要组成部分，提供了稳定和灵活的软件平台。广泛应用于消费电子产品、汽车电子和工业自动化中，如智能电视、车载导航系统、工业机器人等。嵌入式 Linux 具有开源、稳定和可定制的特点，RTOS 具有实时性和高可靠性的特点，满足不同应用的需求，成为嵌入式系统软件开发的主要选择。

3. 物联网（IoT）和智能设备 21 世纪初，物联网技术的快速发展推动了设备之间的互联和数据共享需求。物联网和智能设备的快速发展推动了嵌入式系统的广泛应用，实现了设备之间的互联互通和智能化控制。广泛应用于智能家居、智能城市、工业 4.0 和智能交通中，如智能照明系统、智能电网、自动驾驶汽车等。嵌入式系统通过集成传感器、通信模块和处理器，实现数据采集、处理和远程控制，支持多种无线通信协议和云平台，推动了智能设备的普及和应用。

4. 人工智能（AI）和嵌入式系统　21 世纪 20 年代，人工智能技术的发展推动了嵌入式系统在智能化功能和应用方面的需求。人工智能技术逐渐融入嵌入式系统，实现了智能化功能和应用，如图像识别、语音识别和自然语言处理等。广泛应用于智能安防、智能医疗、智能制造和无人系统中，如智能监控摄像头、医疗诊断设备、工业机器人等。嵌入式 AI 系统集成了高性能处理器和 AI 加速器，支持复杂的 AI 算法和模型，实现了实时数据处理和智能决策，进一步推动了嵌入式系统的发展和应用。

总体来说，嵌入式系统的发展历史展示了技术的不断进步和应用的不断扩展。从早期的专用计算机到现代的智能设备，嵌入式系统在各个领域中都发挥着重要作用。随着物联网、人工智能等新兴技术的发展，嵌入式系统将在未来继续推动科技创新和社会进步。通过对嵌入式系统发展历史的详细了解，可以更好地理解其在现代科技中的重要地位和未来发展的方向。

第三节　嵌入式系统的组成

嵌入式系统是一种特定用途的计算机系统，通常嵌入其他设备或系统中，用于控制和管理设备的操作。它们在各种应用中都可能存在，从家用电器到工业自动化设备，都可能采用嵌入式系统。了解嵌入式系统的组成，对于设计和开发嵌入式应用至关重要。

一、硬件部分

1. 微处理器/微控制器　是嵌入式系统的核心计算单元，执行程序代码和处理数据。微控制器集成了处理器、内存和输入输出接口，通常用于简单的嵌入式系统。

2. 存储器　包括 ROM 和 RAM，用于存储程序代码、数据和临时信息。ROM 存储固件和程序代码，而 RAM 则用于运行时的数据处理和缓存。

3. 输入输出接口　用于接收外部设备的输入数据和向外部设备发送输出数据。输入接口接收来自传感器、用户或其他设备的数据输入，而输出接口则将数据发送到显示器、执行器或其他设备。

4. 电源管理　提供系统所需的电压和电流，确保系统稳定运行。电源模块包括稳压器、DC–DC 转换器和电池管理系统等。

5. 通信接口　用于设备之间的数据交换和通信。有线通信接口包括 UART、SPI、I2C 和 CAN 等，而无线通信接口包括 Wi–Fi、Bluetooth 和 Zigbee 等。

二、软件部分

1. 操作系统　可以运行实时操作系统（RTOS）或嵌入式 Linux。实时操作系统用于实时任务调度和资源管理，而嵌入式 Linux 提供了多任务处理、文件系统和网络支持等功能。

2. 固件　是嵌入式系统中不可或缺的软件，通常存储在 ROM 中。它包含初始化代码和基本功能实现，用于初始化硬件、加载操作系统和提供底层驱动。

3. 驱动程序　是硬件和操作系统之间的桥梁，负责管理和控制硬件设备。它提供硬件的抽象接口，管理硬件资源，确保系统稳定和高效运行。

4. 应用软件 为实现特定功能而开发，运行在操作系统之上。它实现了用户需求的具体功能，如图像处理、数据采集和通信协议等。

三、系统设计

1. 系统架构设计 根据功能需求和性能要求，设计嵌入式系统的整体架构。包括需求分析、模块划分、硬件选型和接口设计等步骤，以确保系统功能、性能和可靠性要求的实现。

2. 硬件设计 包括原理图设计、PCB 布局、器件选型、测试和验证等步骤。它的目标是确保硬件电路的稳定性、可靠性和可维护性，以满足系统功能需求。

3. 软件设计 包括需求分析、架构设计、代码编写、调试和测试、集成和验证等步骤。通过使用集成开发环境（IDE）、调试器和版本控制系统等工具，以确保软件的正确性、稳定性和高效性。

总之，嵌入式系统的组成包括硬件部分和软件部分，两者密切配合，共同实现系统的功能和性能要求。硬件部分主要包括微处理器/微控制器、存储器、输入输出接口、电源管理和通信接口，软件部分则包括操作系统、固件、驱动程序和应用软件。通过系统设计、硬件设计和软件设计，嵌入式系统能够在各种应用场景中实现高效、稳定和可靠的运行。理解嵌入式系统的组成有助于更好地设计和开发嵌入式应用，推动技术的进步和应用的扩展。

第四节 嵌入式系统的应用

嵌入式系统在各个领域都有广泛的应用，其高效性、实时性和可靠性使其成为许多现代设备和系统的核心。以下是嵌入式系统在不同领域中的应用示例。

1. 消费电子

（1）智能手机和平板电脑 嵌入式系统控制着手机和平板电脑的各种功能，包括通信、屏幕显示、摄像头、传感器和应用程序运行。

（2）智能电视和家庭娱乐系统 嵌入式系统使电视具有智能功能，例如在线视频流媒体、应用程序和语音控制。

（3）个人音频设备 嵌入式系统用于控制音频设备，如耳机、音箱和耳机放大器，提供音频处理和用户界面。

2. 汽车电子

（1）车载娱乐系统 嵌入式系统控制着车载音频、视频和导航系统，提供娱乐和导航功能。

（2）发动机控制单元（ECU） 嵌入式系统监控和控制发动机的各种参数，以优化性能、燃油效率和排放。

（3）车身控制模块（BCM） 嵌入式系统控制车辆的灯光、车窗、空调和安全系统，提高驾驶舒适性和安全性。

（4）驾驶辅助系统 嵌入式系统用于自动驾驶、自动泊车、盲点监测和碰撞预防等驾驶辅助功能。

3. 工业自动化

（1）PLC（可编程逻辑控制器） 嵌入式系统控制工厂设备和生产线，执行自动化生产流程和逻辑控制。

（2）传感器和执行器控制　嵌入式系统与传感器和执行器配合，监测和控制工业过程中的温度、压力、流量和位置等参数。

（3）仪表和监控系统　嵌入式系统用于仪表和监控系统，显示和记录工厂生产数据和设备状态。

4. 医疗设备

（1）医疗监护设备　嵌入式系统控制着医疗监护设备，如心电图机、血压计和呼吸机，监测患者的生命体征和提供治疗支持。

（2）医疗成像设备　嵌入式系统用于医疗成像设备，如 X 射线机、CT 扫描仪和 MRI 机，实现图像采集、处理和显示。

（3）植入式医疗设备　嵌入式系统用于植入式医疗设备，如心脏起搏器和人工耳蜗，实现生物信号检测和治疗。

5. 智能家居

（1）家庭安全系统　嵌入式系统控制着家庭安全系统，如入侵检测器、摄像头和烟雾报警器，保护家庭安全。

（2）智能家居控制　嵌入式系统用于智能家居控制系统，实现灯光、温度、窗帘和家电的远程控制和自动化调节。

（3）能源管理系统　嵌入式系统用于能源管理系统，监测和控制家庭能源使用，实现节能和环保。

6. 物联网

（1）智能城市　嵌入式系统用于智能城市的各种应用，如智能交通、智能照明、环境监测和城市管理。

（2）智能农业　嵌入式系统用于智能农业系统，监测和控制农业生产过程，提高农作物产量和质量。

（3）智能健康　嵌入式系统用于智能健康系统，监测和管理个人健康数据，提供个性化的健康服务和治疗方案。

7. 航空航天

（1）飞行控制系统　嵌入式系统在飞行控制系统中扮演关键角色，控制飞行姿态、引擎推力和飞行参数监测。

（2）导航系统　嵌入式系统用于飞行导航和位置确定，包括全球定位系统（GPS）和惯性导航系统。

（3）舱内系统　嵌入式系统控制着航空器内部的通信、娱乐和生活支持系统，提升乘客舒适性和安全性。

8. 通信和网络

（1）基站和网络设备　嵌入式系统用于无线基站和网络设备，实现信号处理、数据传输和网络管理。

（2）物联网网关　嵌入式系统用于物联网网关，实现物联设备与互联网的连接和数据交换。

（3）网络安全设备　嵌入式系统用于网络安全设备，监测和防御网络攻击和安全威胁。

9. 教育和科研

（1）教学实验设备　嵌入式系统用于教学实验设备，如微处理器实验板和传感器实验平台，帮助学生理解和掌握嵌入式系统原理和应用。

（2）科学研究设备　嵌入式系统用于科学研究设备，如实验仪器和数据采集系统，支持科学实验和数据分析。

总之，嵌入式系统在各个领域中的广泛应用，从个人消费电子到工业自动化、医疗设备、智能家居、物联网等领域。随着技术的不断进步和应用场景的不断拓展，嵌入式系统将继续发挥重要作用，推动科技创新和社会发展。

第五节　嵌入式系统开发板

嵌入式系统的开发离不开开发板，它是嵌入式系统开发过程中的关键工具之一。开发板为开发人员提供了一个实验和验证嵌入式系统的平台，使他们能够快速构建原型、调试代码和测试功能。

一、开发板的功能和特点

1. 原型设计　开发板提供了一个用于原型设计的基础平台，开发人员可以在其上搭建硬件和软件系统，快速验证设计概念和功能。

2. 调试和测试　开发板配备了丰富的调试接口和工具，开发人员可以使用这些工具对代码进行调试和测试，发现和修复问题。

3. 学习和教学　开发板也被广泛应用于教学和学习领域，学生和爱好者可以利用开发板学习嵌入式系统的原理和应用。

4. 开发环境支持　开发板通常与流行的集成开发环境（IDE）和编程语言兼容，开发人员可以使用熟悉的工具进行开发。

5. 扩展性和定制性　一些开发板具有可扩展的设计，支持外部模块和传感器的连接，开发人员可以根据项目需求进行定制和扩展。

二、常见的开发板类型

1. Arduino 系列　是一种开源硬件平台，提供了多种型号和规格的开发板，适用于各种嵌入式系统项目。

2. Raspberry Pi　是一款基于 Linux 的单板计算机，具有强大的处理能力和丰富的扩展接口，适用于各种应用场景。

3. STM32 系列　是一种基于 ARM Cortex - M 处理器的微控制器系列，具有丰富的外设和功能，适用于工业控制和物联网等应用。

4. ESP8266/ESP32　ESP 系列是一种低成本、低功耗的 Wi - Fi 模块，适用于物联网设备和无线通信应用。

5. 树莓派　是一种基于 ARM 处理器的微型计算机，具有丰富的扩展接口和功能，适用于教育、娱乐和物联网应用。

三、选择开发板应考虑的因素

1. 功能需求　根据项目需求，选择具有适当功能和性能的开发板，确保能够满足项目要求。

2. 开发环境　考虑开发人员熟悉的开发环境和工具，选择与之兼容的开发板，提高开发效率。

3. 成本和预算　根据项目预算和成本，选择合适的开发板，确保在经济可承受范围内完成项目开发。

4. 社区支持　选择具有活跃社区和丰富资源的开发板，可以获得更多的技术支持和帮助。

5. 可扩展性　考虑开发板的扩展性和定制性，选择支持外部模块和传感器连接的开发板，满足项目的扩展需求。

选择适合的开发板对于嵌入式系统的开发至关重要，它能够提高开发效率，降低开发成本，帮助开发人员快速构建原型和实现功能。

第六节　ARM

一、ARM 概述

ARM（Advanced RISC Machine）是一家总部位于英国剑桥的半导体和软件设计公司，成立于 1990 年，以其低功耗、高性能和低成本的处理器架构而闻名。ARM 公司设计的处理器被广泛应用于移动设备、消费电子、工业控制、汽车电子、物联网和嵌入式系统等领域。

除了处理器架构外，ARM 还提供了一系列软件和工具，如系统芯片设计工具、软件开发工具和处理器核心设计工具，以帮助客户设计和开发基于 ARM 架构的芯片和系统。

ARM 公司与全球各大半导体厂商和设备制造商建立了紧密的合作伙伴关系，包括高通、三星、联发科技、德州仪器等。这些合作伙伴使用 ARM 的处理器架构和技术，设计和生产各种芯片产品，推动了 ARM 生态系统的不断发展壮大。ARM 公司在全球范围内拥有庞大的合作伙伴和开发者社区，共同推动了 ARM 处理器架构和技术的发展和创新。该公司还积极参与开源社区，推动开源软件和硬件生态系统的发展，如 Linux 内核、GNU 工具链等。

由于其低功耗、高性能的特点，ARM 处理器架构已经成为嵌入式系统和移动设备市场的主流架构之一。ARM 的技术和产品在全球范围内得到了广泛应用，影响深远，市场地位稳固。

二、ARM 系列内核产品

ARM 公司推出了多个系列的处理器内核，以满足不同应用场景的需求。这些系列内核产品在性能、功耗、功能和成本等方面有所区别，可以根据具体应用需求选择合适的产品。Arm 处理器内核架构已从 Arm v1 发展到 Arm v8，其对应的内核命名也从 Arm7、Arm9 到了 Arm11。Arm 处理器内核进化到 Arm v7 架构后，已经不再沿用过去的数字命名方式，而是冠以 Cortex 的代号。Arm Cortex 系列处理器基于 Arm v7 架构，分为 Cortex – A、Cortex – R 和 Cortex – M 三个系列。基于 v7A 架构的处理器称为 Cortex – A 系列，基于 v7R 架构的处理器称为 Cortex – R 系列，基于 v7M 架构的处理器称为 Cortex – M 系列。一些主要的系列如下。

1. Cortex – A 系列　面向高性能计算，适用于智能手机、平板电脑、智能电视和嵌入式计算设备等。Cortex – A 系列处理器具有高性能、多核心、复杂功能和高频率运行等特点，适用于处理复杂任务和多媒体应用。

2. Cortex – R 系列　面向实时性能，适用于汽车电子、工业控制、航空航天和网络设备等对实时响应要求较高的应用。Cortex – R 系列处理器具有高性能的实时特性、可靠性和稳定性，适用于需要快速响应和可靠性保证的领域。

3. Cortex – M 系列 面向微控制器，适用于低成本、低功耗、实时性要求不高的嵌入式系统，如传感器、智能家居和物联网设备等。Cortex – M 系列处理器具有低功耗、小尺寸、简单设计和低成本等特点，适用于需要低成本和高集成度的场景。

三、ARM 微处理器的应用

ARM 微处理器在各个领域都有广泛的应用，包括但不限于以下领域。

1. 移动设备 智能手机、平板电脑、可穿戴设备等移动设备广泛采用 ARM 处理器，提供高性能、低功耗的计算能力，支持多媒体应用和高速互联网访问。

2. 消费电子 智能电视、数字音频播放器、游戏机等消费电子产品也常常采用 ARM 处理器，提供丰富的功能和良好的用户体验，支持高清视频播放、游戏运行和互联网连接。

3. 工业控制 在工业自动化设备、机器人、传感器网络等工业控制领域，ARM 处理器提供了可靠的实时性能和丰富的外设支持，支持复杂的控制算法和数据处理任务。

4. 汽车电子 车载娱乐系统、发动机控制单元（ECU）、驾驶辅助系统等汽车电子产品采用 ARM 处理器，提高了车辆性能和安全性，支持多媒体播放、车载导航和智能驾驶功能。

5. 物联网 在物联网设备、智能家居、智能城市等领域，ARM 处理器提供了低功耗、高效能的计算能力，实现了设备之间的连接和数据交换，支持远程监控、智能控制和数据分析。

🔗 知识链接

ARM 架构在边缘 AI 计算中的应用

随着物联网和智能设备的普及，边缘计算成为一种重要的计算模式。边缘计算将数据处理和分析从云端移到靠近数据源的本地设备，以减少延迟、节省带宽、提高安全性。在这一趋势中，ARM 架构因其高效、低功耗的特点，成为边缘 AI 计算的理想选择。

ARM 推出的 Cortex – M 系列处理器，广泛应用于各种物联网设备和嵌入式系统。这些处理器能够在资源受限的环境中运行复杂的 AI 算法，如图像识别和语音处理。ARM 还开发了专用的 AI 加速器，例如 ARM ML 处理器，这些加速器设计用于优化深度学习推理任务，显著提升了边缘设备的 AI 处理能力。

四、CISC 和 RISC 指令集

ARM 处理器采用了 RISC（reduced instruction set computing）指令集架构，相对于传统的 CISC（complex instruction set computing）指令集架构，RISC 指令集具有指令简洁、执行效率高等特点。ARM 处理器通过优化指令集，提高了性能和功耗效率，并且降低了芯片成本和复杂性。

RISC 指令集架构通过减少指令集的复杂性和增加通用寄存器的数量来提高执行效率，每条指令的执行时间相对较短，可以更快地完成任务。这使得 ARM 处理器在移动设备和嵌入式系统等对功耗和性能要求较高的领域有着广泛的应用。

ARM 处理器的设计理念和应用范围使其在全球范围内得到了广泛的应用和认可。随着科技的不断发展和应用场景的不断拓展，ARM 处理器将继续在各个领域发挥重要作用，推动技术进步和社会发展。

目标检测

答案解析

一、单选题

1. 嵌入式系统的主要特点是（　　）
   A. 高功耗　　　　　　B. 高可靠性　　　　　　C. 可编程性　　　　　　D. 高成本

2. 嵌入式系统通常不包括（　　）
   A. 硬件　　　　　　　B. 软件　　　　　　　　C. 固件　　　　　　　　D. 主机操作系统

3. 嵌入式系统的应用领域不包括（　　）
   A. 工业自动化　　　　B. 家用电器　　　　　　C. 办公软件　　　　　　D. 医疗设备

4. 嵌入式系统的重要特征是（　　）
   A. 高速处理　　　　　B. 独立运行　　　　　　C. 低功耗　　　　　　　D. 上述所有

5. 独立嵌入式系统通常（　　）
   A. 依赖外部计算资源　　　　　　　　　　　　B. 完全独立运行
   C. 需要不断更新　　　　　　　　　　　　　　D. 没有存储器

6. 实时嵌入式系统的关键特点是（　　）
   A. 处理速度快　　　　　　　　　　　　　　　B. 响应时间确定
   C. 成本低　　　　　　　　　　　　　　　　　D. 功耗高

7. 嵌入式系统的设计通常强调（　　）
   A. 灵活性　　　　　　B. 高功耗　　　　　　　C. 资源利用率　　　　　D. 多功能性

8. 嵌入式系统中，固件指的是（　　）
   A. 操作系统　　　　　　　　　　　　　　　　B. 应用程序
   C. 固定在硬件中的软件　　　　　　　　　　　D. 数据库

9. ARM 处理器的特点不包括（　　）
   A. RISC 架构　　　　　B. 高功耗　　　　　　　C. 高性能　　　　　　　D. 低成本

10. 嵌入式系统开发的第一步通常是（　　）
    A. 编写代码　　　　　B. 确定需求　　　　　　C. 测试系统　　　　　　D. 制作原型

11. 嵌入式系统的一个显著特点是（　　）
    A. 高度可定制化　　　　　　　　　　　　　　B. 需要大量存储
    C. 必须联网　　　　　　　　　　　　　　　　D. 依赖主机操作系统

12. 嵌入式系统通常广泛应用于（　　）
    A. 财务管理　　　　　B. 工业控制　　　　　　C. 文档编辑　　　　　　D. 网络浏览

13. 嵌入式系统与通用计算机的主要区别在于（　　）
    A. 处理速度　　　　　B. 功耗　　　　　　　　C. 专用性　　　　　　　D. 存储容量

14. 嵌入式系统的硬件部分通常包括（　　）
    A. 电源模块　　　　　B. 微处理器　　　　　　C. 存储器　　　　　　　D. 以上所有

15. 嵌入式系统的一个关键设计目标是（　　）
    A. 灵活性　　　　　　B. 高可靠性　　　　　　C. 可移植性　　　　　　D. 高成本

16. 嵌入式系统开发过程中，调试工具的作用是（　　）

    A. 提高功耗　　　　　B. 优化代码　　　　　C. 查找并修正错误　　　　D. 增加功能

17. 现代嵌入式系统的发展趋势不包括（　　）

    A. 高性能　　　　　　B. 低功耗　　　　　　C. 小型化　　　　　　　　D. 单一功能

18. 嵌入式系统中常用的编程语言是（　　）

    A. JAVA　　　　　　B. C　　　　　　　　C. PYTHON　　　　　　　D. SQL

19. 嵌入式系统的固件通常（　　）

    A. 可以频繁更新　　　B. 固定在硬件中　　　C. 需要联网　　　　　　　D. 无须测试

20. ARM 处理器的主要优势是（　　）

    A. 高功耗　　　　　　B. 复杂指令集　　　　C. 高性能与低功耗　　　　D. 高成本

二、简答题

1. 嵌入式系统的定义是什么？

2. 为什么嵌入式系统需要高可靠性？

3. 嵌入式系统的发展趋势有哪些？

4. 嵌入式系统的硬件组成通常包括哪些部分？

5. 为什么 ARM 处理器能在嵌入式系统中被广泛应用？

书网融合……

本章小结

第二章　STM32 微控制器硬件结构

学习目标

　1. **掌握**　STM32 微控制器和内部功能结构组成，包括 MCU、时钟、电流、存储器复位等。

　2. **熟悉**　STM32 内部资源、产品命名规则和管脚图之间的对应关系；内部资源与总线的对应关系。

　3. **了解**　STM32 的存储器地址分配及启动配置。

　4. 学会依据需求选择合适的微控制器资源，进而选择芯片型号。

　5. 培养解决实际嵌入式系统设计和开发问题的能力；提高团队合作和项目管理技能，在开发过程中与他人有效沟通和协作。

⇒ 实例分析

　　实例　设计并实现一个智能家居控制系统，包括灯光控制、温度调节和安全监控等功能。系统采用 ARM 处理器，结合传感器、通信模块和嵌入式软件，实现对家居环境的智能化控制。

　　问题　1. 如何确定智能家居控制系统的功能需求？

　　　　　　2. 如何选择合适的硬件组件？

第一节　STM32 系列微控制器

　　STM32 是意法半导体（STMicroelectronics）推出的一系列基于 ARM Cortex – M 处理器内核的微控制器产品线，旨在满足广泛的嵌入式应用需求。这些微控制器具有丰富的外设、低功耗、高性能和灵活性，适用于各种领域，包括工业控制、汽车电子、消费电子、智能家居、物联网等。

一、STM32 系列

　　STM32 系列微控制器采用了 ARM Cortex – M 处理器内核，包括 Cortex – M0、Cortex – M0 +、Cortex – M3、Cortex – M4 和 Cortex – M7 等不同型号。这些处理器内核具有低功耗、高性能、高效能和丰富的外设集成等特点，非常适合嵌入式系统的应用。

　　STM32 系列微控制器产品线涵盖了不同的系列和型号，以满足不同应用场景的需求。其中包括 STM32F0、STM32F1、STM32F2、STM32F3、STM32F4、STM32F7 和 STM32L 等系列产品，参考图 2 – 1。每个系列都有多个不同型号和封装可供选择。

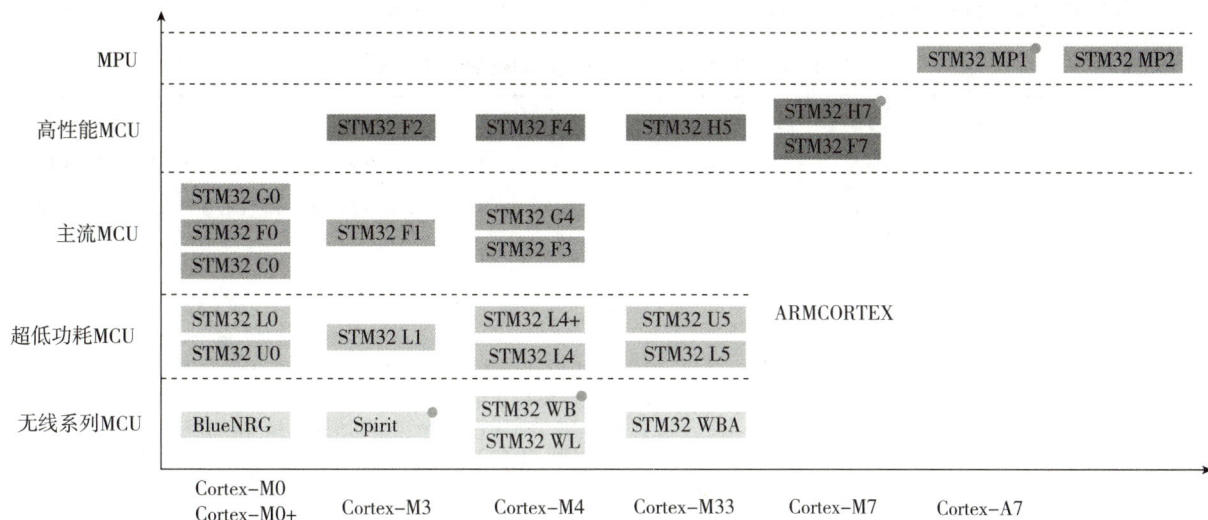

图 2 – 1　STM32 Cortex 内核

STM32 微控制器集成了丰富的外设，包括通用输入输出（GPIO）、定时器、串口通信接口（UART、USART、SPI、I2C）、模拟数字转换器（ADC）、数字模拟转换器（DAC）、PWM 输出、USB 接口、以太网控制器、CAN 总线控制器等，为系统设计提供了丰富的功能和灵活性。

STM32 微控制器具有优秀的低功耗设计，在保证高性能的同时，可以实现低功耗运行，适用于电池供电和低功耗应用场景。

STM32 微控制器被广泛应用于各种应用领域，包括工业控制、汽车电子、消费电子、智能家居、物联网、医疗设备、安防系统等。其灵活性、可靠性和性能使其成为嵌入式系统设计的首选之一。

STMicroelectronics 为 STM32 系列提供了丰富的开发工具和支持，包括集成开发环境（IDE）、软件开发工具包（SDK）、参考设计、开发板和文档资料等，帮助开发人员快速设计和开发嵌入式系统。

总体来说，STM32 系列微控制器以其强大的性能、丰富的外设、低功耗和广泛的应用支持而备受推崇。它成为许多嵌入式系统设计者和开发人员的首选，推动了各种领域的技术创新和发展。

二、STM32F10x 系列

STM32F10x 系列于 2007 年 6 月推出，是基于 Cortex – M3 内核开发生产的 32 位微控制器，专为高性能、低成本、低功耗的嵌入式应用设计。

该系列包含 5 个产品线，它们之间引脚、外设和软件相互兼容。

1. 超值型 STM32F100　主频最高达到 24MHz，具有电机控制和消费电子控制（consumer electronics control，CEC）功能。

2. 基本型系列 STM32F101　36MHz 最高主频，具有高达 1MB 的片上闪存。

3. USB 基本型系列 STM32F102　48MHz 最高主频，具有全速 USB 模块。

4. 增强型系列 STM32F103　72MHz 最高主频，具有高达 1MB 的片上闪存，集成电机控制、USB 和 CAN 模块。

5. 互联型系列 STM32F105/107　72MHz 最高主频，具有以太网 MAC、CAN 及 USB 2.0 OTG 功能。

根据处理器芯片闪存容量的大小，STM32F103 系列微控制器又可以分为低密度芯片（16 ~ 32kB）、中密度芯片（64 ~ 128kB）、高密度芯片（256 ~ 512kB）、超高密度芯片（768kB ~ 1MB）。表 2 – 1 为

STM32F103 系列微控制器按照闪存容量以及引脚数量不同列出的资源分布情况。

表 2 – 1　STM32F103 系列微控制器的资源分布

引脚数目	小容量产品		中等容量产品		大容量产品		
	16kB Flash	32kB Flash	64kB Flash	128kB Flash	256kB Flash	384kB Flash	512kB Flash
	6kB RAM	10kB RAM	20kB RAM	20kB RAM	48/64kB RAM	64kB RAM	64kB RAM
144					3 个 USART + 2 个 UART、4 个 16 位定时器、2 个基本定时器、3 个 SPI、2 个 I^2C 、2 个 USB、2 个 CAN、2 个 PWM 定时器、3 个 ADC、2 个 I^2S、1 个 DAC、1 个 SDIO、FSMC（100 和 144 引脚封装）		
100							
64			3 个 USART、3 个 16 位定时器、2 个 SPI、2 个 I^2C、2 个 USB、2 个 CAN、1 个 PWM 定时器、1 个 ADC				
48	2 个 USART、2 个 16 位定时器、1 个 SPI、1 个 I^2C、1 个 USB、1 个 CAN、1 个 PWM 定时器、2 个 ADC						
36							

STM32F103 系列微处理器的具体型号可以通过图 2 – 2 进行查询，更加详细的芯片内部资源情况可以通过 ST 公司的官方网站查阅相应型号的产品数据手册。表 2 – 2 列出了 STM32F103 的内部资源。

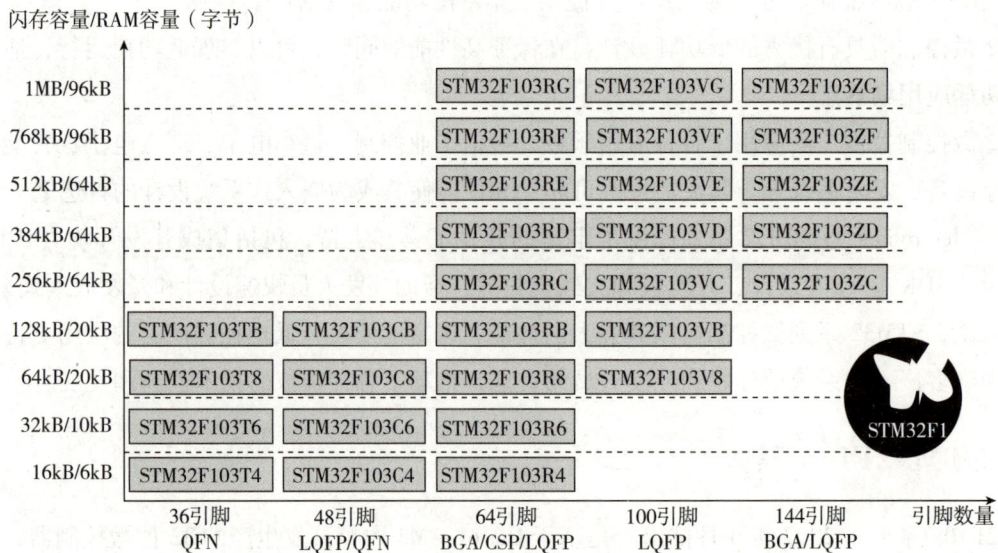

图 2 – 2　STM32F103 系列微控制器型号分布

表 2 – 2　STM32F103 内部资源

外设		STM32F103Rx			STM32F103Vx			STM32F103Zx		
闪存（kB）		256	384	512	256	384	512	256	384	512
SRAM（kB）		48		64	48		64	48		64
定时器	通用	4 个（TIM2、TIM3、TIM4、TIM5）								
	高级控制	2 个（TIM1、TIM8）								
	基本	2 个（TIM6、TIM7）								

续表

外设		STM32F103Rx	STM32F103Vx	STM32F103Zx
通信接口	SPI/ I2S	3 个（SPI1、SPI2、SPI3），其中 SPI2 和 SPI3 可作为 I^2S 通信		
	I^2C	2 个（I^2C1、I^2C2）		
	USART	5 个（USART1、USART2、USART3、UART4、UART5）		
	USB	1 个（USB 2.0 全速）		
	CAN	1 个（2.0B 主动）		
	SDIO	1 个		
FSMC		无	有	有
GPIO 端口		51	80	112
12 位 ADC 模块		3（16 通道）	3（16 通道）	3（21 通道）
12 位 DAC 转换器		2（2 通道）		
CPU 频率		72MH		
工作电压		2.0 ~ 3.6V		
工作温度		环境温度：−40 ~ +85℃		
封装形式		LQFP64、WLCSP64	LQFP100、BGA100	LQFP144、BGA144

图 2-3 为产品命名规则，图 2-4 为 LQFP48 的管脚排列图。其他封装的管脚排列可以查阅 ST 官网和 ST 公司的技术文件。

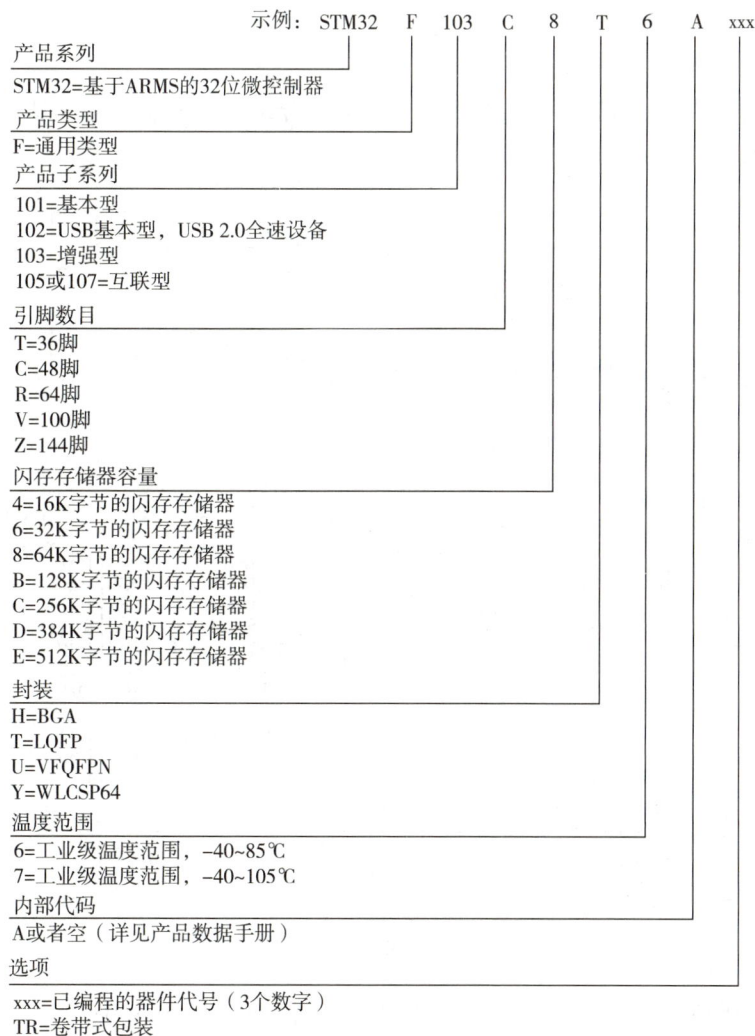

示例：STM32 F 103 C 8 T 6 A xxx

产品系列
STM32=基于 ARMS 的 32 位微控制器

产品类型
F=通用类型

产品子系列
101=基本型
102=USB 基本型，USB 2.0 全速设备
103=增强型
105 或 107=互联型

引脚数目
T=36脚
C=48脚
R=64脚
V=100脚
Z=144脚

闪存存储器容量
4=16K 字节的闪存存储器
6=32K 字节的闪存存储器
8=64K 字节的闪存存储器
B=128K 字节的闪存存储器
C=256K 字节的闪存存储器
D=384K 字节的闪存存储器
E=512K 字节的闪存存储器

封装
H=BGA
T=LQFP
U=VFQFPN
Y=WLCSP64

温度范围
6=工业级温度范围，−40~85℃
7=工业级温度范围，−40~105℃

内部代码
A 或者空（详见产品数据手册）

选项
xxx=已编程的器件代号（3个数字）
TR=卷带式包装

图 2-3 产品命名规则

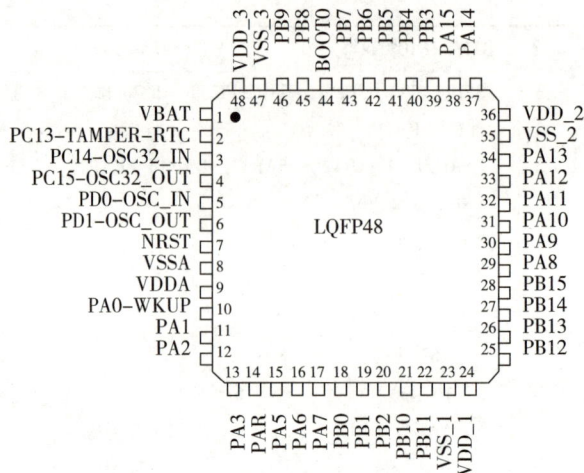

图 2 - 4　管脚图

第二节　STM32 MCU 结构

一、总体结构

STM32 MCU 由控制单元、从属单元和总线矩阵三大部分组成，控制单元和从属单元通过总线矩阵相连接，如图 2 - 5 所示。

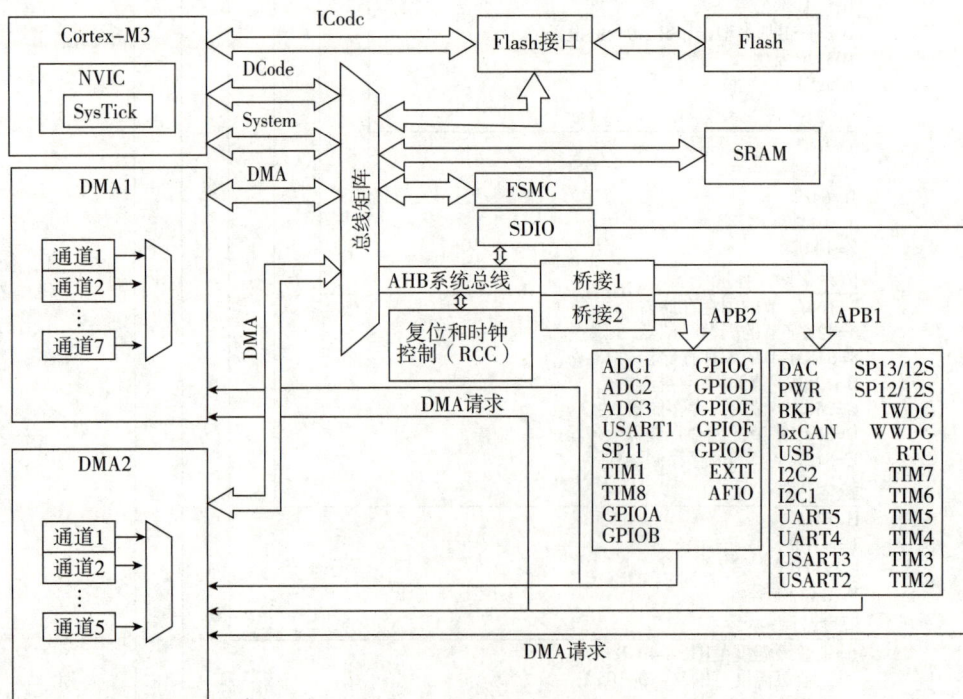

图 2 - 5　STM32 MCU 结构

1. 控制单元　包括 Cortex - M3 内核和两个 DMA 控制器（DMA1 和 DMA2）。其中 Cortex - M3 内核通过指令总线 ICode 从 Flash 中读指令，通过数据总线 DCode 与存储器交换数据，通过系统总线 System

（设备总线）、高性能系统总线 AHB 和高级设备总线 APB 与设备交换数据。

2. 从属单元　包括存储器（Flash 和 SRAM 等）和设备（连接片外设备的接口和片内设备）。其中设备通过 AHB - APB 桥接器和总线矩阵与控制单元相连接，与 APB1 相连的是低速设备（最高频率 36MHz），与 APB2 相连的是高速设备（最高频率 72MHz）。

连接片外设备的接口有并行接口和串行接口两种，并行接口即通用 I/O 接口 GPIO，串行接口有通用同步/异步收发器接口 USART、串行设备接口 SPI、内部集成电路总线接口 I2C、通用串行总线接口 USB 和控制器局域网络接口 CAN 等。

片内设备有定时器 TIM、模数转换器 ADC 和数模转换器 DAC 等，其中定时器包括高级控制定时器 TIM1/8、通用定时器 TIM2 ~ 5、基本定时器 TIM6/7、实时钟 RTC、独立看门狗 IWDG 和窗口看门狗 WWDG 等。

系统复位后，除 Flash 接口和 SRAM 时钟开启外，所有设备都被关闭，使用前必须设置时钟使能寄存器（RCC_ APBENR）开启设备时钟。

二、STM32 MCU 存储器映像

程序存储器、数据存储器、寄存器和输入输出端口被组织在同一个 4GB 的线性地址空间内。数据字节以小端格式存放在存储器中。一个字里的最低地址字节被认为是该字的最低有效字节，而最高地址字节是最高有效字节。可访问的存储器空间被分成 8 个主要块，每个块为 512MB。其他所有没有分配给片上存储器和外设的存储器空间都是保留的地址空间，存储器映像见表 2 - 3。

表 2 - 3　STM32 MCU 存储器映像

地址范围		设备名称
0xE000 0000 ~ 0xE00FFFFF（1MB）		内核设备
内核设备	0xE000E100 ~ 0xE000E4EF	NVIC（嵌套矢量中断控制）
	0xE000E010 ~ 0xE000E01F	SysTick（系统滴答定时器）
0x4000 0000 ~ 0x5FFFFFFF（512MB）		片上设备
AHB	0x5000 0000 ~ 0x5003 FFFF	USB OTG 全速
	0x4002 8000 ~ 0x4002 9FFF	以太网
	0x4002 3000 ~ 0x4002 33FF	CRC
	0x4002 2000 ~ 0x4002 23FF	Flash 接口
	0x4002 1000 ~ 0x4002 13FF	RCC（复位和时钟控制）
	0x4002 0400 ~ 0x4002 07FF	DMA2
	0x4002 0000 ~ 0x4002 03FF	DMA1
APB2	0x4001 8000 ~ 0x4001 83FF	SDIO
	0x4001 3C00 ~ 0x4001 3FFF	ADC3
	0x4001 3800 ~ 0x4001 3BFF	USART1
	0x4001 3400 ~ 0x4001 37FF	TIM8
	0x4001 3000 ~ 0x4001 33FF	SPI1
	0x4001 2C00 ~ 0x4001 2FFF	TIM1
	0x4001 2800 ~ 0x4001 2BFF	ADC2
	0x4001 2400 ~ 0x4001 27FF	ADC1

	地址范围	设备名称
	0x4001 2000 ~ 0x4001 23FF	GPIOG
	0x4001 1C00 ~ 0x4001 1FFF	GPIOF
	0x4001 1800 ~ 0x4001 1BFF	GPIOE
	0x4001 1400 ~ 0x4001 17FF	GPIOD
APB2	0x4001 1000 ~ 0x4001 13FF	GPIOC
	0x4001 0C00 ~ 0x4001 0FFF	GPIOB
	0x4001 0800 ~ 0x4001 0BFF	GPIOA
	0x4001 0400 ~ 0x4001 07FF	EXTI
	0x4001 0000 ~ 0x4001 03FF	AFIO
	0x4000 7400 ~ 0x4000 77FF	DAC
	0x4000 7000 ~ 0x4000 73FF	PWR（电源控制）
	0x4000 6C00 ~ 0x4000 6FFF	BKP（后备寄存器）
	0x4000 6800 ~ 0x4000 6BFF	bxCAN2
	0x4000 6400 ~ 0x4000 67FF	bxCAN1
	0x4000 6000 ~ 0x4000 63FF	USB/CAN 共享的 513B SRAM
	0x4000 5C00 ~ 0x4000 5FFF	USB 全速设备寄存器
	0x4000 5800 ~ 0x4000 5BFF	I^2C2
	0x4000 5400 ~ 0x4000 57FF	I^2C1
	0x4000 5000 ~ 0x4000 53FF	UART5
	0x4000 4C00 ~ 0x4000 4FFF	UART4
	0x4000 4800 ~ 0x4000 4BFF	UART3
	0x4000 4400 ~ 0x4000 47FF	UART2
APB1	0x4000 4000 ~ 0x4000 43FF	保留
	0x4000 3C00 ~ 0x4000 3FFF	SPI3/I2S3
	0x4000 3800 ~ 0x4000 3BFF	SPI2/I2S2
	0x4000 3400 ~ 0x4000 37FF	保留
	0x4000 3000 ~ 0x4000 33FF	IWDG（独立看门狗）
	0x4000 2C00 ~ 0x4000 2FFF	WWDG（窗口看门狗）
	0x4000 2800 ~ 0x4000 2BFF	RTC
	0x4000 1400 ~ 0x4000 17FF	TIM7
	0x4000 1000 ~ 0x4000 13FF	TIM6
	0x4000 0C00 ~ 0x4000 0FFF	TIM5
	0x4000 0800 ~ 0x4000 0BFF	TIM4
	0x4000 0400 ~ 0x4000 07FF	TIM3
	0x4000 0000 ~ 0x4000 03FF	TIM2
0x2000 0000 ~ 0x3FF FFFF（512MB）		SRAM
0x00000000 ~ 0x1FF FFFF（512MB）		FLASH

续表

	地址范围	设备名称
FLASH	0x1FFF F800 ~ 0x1FFF F80F	选择字节
	0x1FFF F000 ~ 0x1FFF F7FF	系统存储器
	0x0800 0000 ~ 0x0801 FFFF	主存储器

存储器映像在 stm32f10x_map.h（V2.0.1）或 stm32f10x.h（V3.5.0）中定义。两者的主要区别是数据类型定义不同，如寄存器类型定义前者使用 VU32，后者使用_IO uint32_t。

ARM 将 4GB 的存储器空间，平均分成了 8 块区域，每块区域的大小是 512MB，这个容量非常大，因此芯片厂商就在每块容量范围内设计各自特色的外设，每块区域容量占用越大，芯片成本就越高，所以使用的 STM32 芯片都是只用了其中一部分。ARM 对这 4GB 容量进行分块是按照其功能划分，每块都有其特殊的用途。存储器分块见表 2-4。

表 2-4 存储器分块

序号	用途	地址范围
Block0	SRAM（FLASH）	0x0000 0000 ~ 0x1FFF FFFF（512M）
Block1	SRAM	0x2000 0000 ~ 0x3FFF FFFF（512M）
Block2	片上外设	0x4000 0000 ~ 0x5FFF FFFF（512M）
Block3	FSMC 的 bank1 ~ bank2	0x6000 0000 ~ 0x7FFF FFFF（512M）
Block4	FSMC 的 bank3 ~ bank4	0x8000 0000 ~ 0x9FFF FFFF（512M）
Block5	FSMC register	0xA000 0000 ~ 0xCFFF FFFF（512M）
Block6	Not used	0xD000 0000 ~ 0xDFFF FFFF（512M）
Block7	Cortex - M3 内部外设	0xE000 0000 ~ 0xFFFF FFFF（512M）

在这 8 个 Block 里面，Block0、Block1 和 Block2 这三个块是最为核心的。因为它包含了 STM32 芯片的内部 Flash、RAM 和片上外设。下面根据存储器映像内信息来简单介绍下这三个 Block 里面的具体区域的功能划分。

1. Block0 内部区域功能划分　　Block0 主要用于设计片内的 FLASH，STM32F103 系列芯片内部 FLASH 最大是 512MB。要在芯片内部集成更大的 FLASH 或者 SRAM，意味着芯片成本的增加，所以往往片内集成的 FLASH 都不会太大。512MB 的 FLASH 已经足够常用应用开发。从上面存储器映像中可以看到，Block0 内部又划分了好多个功能块，按地址由低到高顺序如下所示。

（1）0x0000 0000 ~ 0x0007 FFFF　　取决于 BOOT 引脚，为 FLASH、系统存储器、SRAM 的别名。

（2）0x0008 0000 ~ 0x07FF FFFF　　预留。

（3）0x0800 0000 ~ 0x0807 FFFF　　片内 FLASH，编写的程序就放在这一区域（512kB）。

（4）0x0808 0000 ~ 0x1FFF EFFF　　预留。

（5）0x1FFF F000 ~ 0x1FFF F7FF　　系统存储器，里面存放的是 ST 出厂时烧写好的 ISP 自举程序，用户无法改动。使用串口下载的时候需要用到这部分程序。

（6）0x1FFF F800 ~ 0x1FFF F80F　　选项字节，用于配置读写保护、BOR 级别、软件/硬件看门狗以及器件处于待机或停止模式下的复位。当芯片不小心被锁住之后，可以从 RAM 里面启动来修改这部分相应的寄存器位。

（7）0x1FFF F810 ~ 0x1FFF FFFF　　预留。

2. Block1 内部区域功能划分   Block1 用于设计片内的 SRAM，使用的 STM32F103ZET6 的 SRAM 是 64kB。从存储器映像中可以看到，Block1 内部又划分了好多个功能块，按地址由低到高顺序如下所示。

（1）0x2000 0000 ~ 0x2000 FFFF   SRAM，容量为 64kB。

（2）0x2001 0000 ~ 0x3FFF FFFF   预留。

3. Block2 内部区域功能划分   Block2 用于设计片内外设，根据外设总线速度的不同，Block2 被划分为 AHB 和 APB 两部分，APB 又被分成 APB1 和 APB2 总线。这些都可以在存储器映像中看到，按地址由低到高顺序如下所示。

（1）0x4000 0000 ~ 0x4000 77FF   APB1 总线外设。

（2）0x4000 7800 ~ 0x4000 FFFF   预留。

（3）0x4001 0000 ~ 0x4001 3FFF   APB2 总线外设。

（4）0x4001 4000 ~ 0x4001 7FFF   预留。

（5）0x4001 8000 ~ 0x4002 33FF   AHB 总线外设。

（6）0x4002 4400 ~ 0x5FFF FFFF   预留。

在 Block3/4/5 中还包含了 FSMC 扩展区域，这三个块可用于扩展外部存储器，比如 SRAM、NOR-FLASH 和 NANDFLASH 等。

三、启动配置

在 STM32F10x 里，可以通过 BOOT［1∶0］引脚选择三种不同启动模式（表 2 - 5）。

表 2 - 5   启动模式

启动模式选择引脚		启动模式	说明
BOOT1	BOOT0		
X	0	主闪存存储器	主闪存存储器被选为启动区域
0	1	系统存储器	系统存储器被选为启动区域
1	1	内置 SRAM	内置 SPAM 被选为启动区域

在系统复位后，SYSCLK 的第 4 个上升沿，BOOT 引脚的值将被锁存。用户可以通过设置 BOOT1 和 BOOT0 引脚的状态，来选择在复位后的启动模式。

在从待机模式退出时，BOOT 引脚的值将被重新锁存。因此，在待机模式下 BOOT 引脚应保持为需要的启动配置。在启动延迟之后，CPU 从地址 0x0000 0000 获取堆栈顶的地址，并从启动存储器的 0x0000 0004 指示的地址开始执行代码。

因为固定的存储器映像，代码区始终从地址 0x0000 0000 开始（通过 ICode 和 DCode 总线访问），而数据区（SRAM）始终从地址 0x2000 0000 开始（通过系统总线访问）。Cortex - M3 的 CPU 始终从 ICode 总线获取复位向量，即启动仅适合于从代码区开始（典型地从 Flash 启动）。STM32F10x 微控制器实现了一个特殊的机制，系统可以不仅仅从 Flash 存储器或系统存储器启动，还可以从内置 SRAM 启动。

根据选定的启动模式，主闪存存储器、系统存储器和 SRAM 可以按照以下方式访问。

1. 从主闪存存储器启动   主闪存存储器被映射到启动空间（0x0000 0000），但仍然能够在它原有的地址（0x0800 0000）访问它，即闪存存储器的内容可以在两个地址区域访问，0x0000 0000 或 0x0800 0000。

2. 从系统存储器启动   系统存储器被映射到启动空间（0x0000 0000），但仍然能够在它原有的地址

（互联型产品原有地址为 0x1FFF B000，其他产品原有地址为 0x1FFF F000）访问它。

3. 从内置 SRAM 启动　只能在 0x2000 0000 开始的地址区访问 SRAM。注意：当从内置 SRAM 启动时，在应用程序的初始化代码中，必须使用 NVIC 的异常表和偏移寄存器，重新映射向量表到 SRAM 中。

第三节　电　源

一、主工作电源

STM32 的工作电压（VDD）为 2.0 ~ 3.6V。通过内置的电压调节器提供所需的 1.8V 电源。当主电源 VDD 掉电后，通过 VBAT 脚为实时时钟（RTC）和备份寄存器提供电源。内部结构及功能如图 2-6 所示。

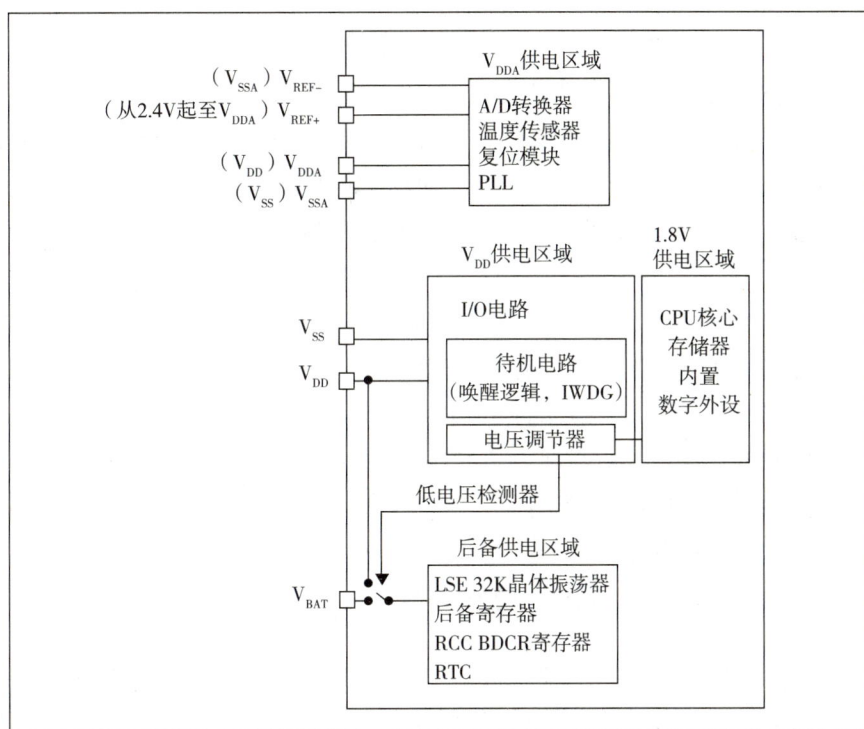

图 2-6　电源框图

二、ADC 电源

独立的 A/D 转换器供电和参考电压。为了提高转换的精确度，ADC 使用一个独立的电源供电，过滤和屏蔽来自印刷电路板上的毛刺干扰。ADC 的电源引脚为 V_{DDA}，独立的电源地 V_{SSA}，如果有 V_{REF-} 引脚（根据封装而定），则必须连接到 V_{SSA}。

1. 100 脚和 144 脚封装　为了确保输入为低压时获得更好精度，用户可以连接一个独立的外部参考电压 ADC 到 V_{REF+} 和 V_{REF-} 脚上。在 V_{REF+} 的电压范围为 2.4V ~ V_{DDA}。

2. 64 脚或更少封装　没有 V_{REF+} 和 V_{REF-} 引脚，它们在芯片内部与 ADC 的电源（V_{DDA}）和地（V_{SSA}）相连。

三、电压调节器

复位后电压调节器总是使能的。根据应用方式，以三种不同的模式工作。

1. 运转模式　调节器以正常功耗模式提供 1.8V 电源（内核、内存和外设）。

2. 停止模式　调节器以低功耗模式提供 1.8V 电源，以保存寄存器和 SRAM 的内容。

3. 待机模式　调节器停止供电。除了备用电路和备份域外，寄存器和 SRAM 的内容全部丢失。

四、电源管理器

1. 上电复位（POR）和掉电复位（PDR）　STM32 内部有一个完整的上电复位（POR）和掉电复位（PDR）电路，当供电电压达到 2V 时系统即能正常工作。当 VDD/VDDA 低于指定的限位电压 VPOR/VPDR 时，系统保持为复位状态，而无须外部复位电路。

2. 可编程电压监测器（PVD）　用户可以利用 PVD，对 VDD 电压与电源控制寄存器（PWR_CR）中的 PLS [2：0] 位进行比较来监控电源，这几位选择监控电压的阈值。

通过设置 PVDE 位来使能 PVD。电源控制/状态寄存器（PWR_CSR）中的 PVDO 标志用来表明 VDD 是高于还是低于 PVD 的电压阈值。该事件在内部连接到外部中断的第 16 线，如果该中断在外部中断寄存器中是使能的，该事件就会产生中断。当 VDD 下降到 PVD 阈值以下和（或）当 VDD 上升到 PVD 阈值之上时，根据外部中断第 16 线的上升/下降边沿触发设置，会产生 PVD 中断。这一特性可用于执行紧急关闭任务。

3. 低功耗模式　在系统或电源复位以后，微控制器处于运行状态。当 CPU 不需继续运行时，可以利用多种低功耗模式来节省功耗，例如等待某个外部事件时。用户需要根据最低电源消耗、最快速启动时间和可用的唤醒源等条件，选定一个最佳的低功耗模式。

STM32F10xxx 有三种低功耗模式：睡眠模式（Cortex™ - M3 内核停止，所有外设包括 Cortex - M3 核心的外设，如 NVIC、系统时钟等仍在运行）、停止模式（所有的时钟都已停止）、待机模式（1.8V 电源关闭）。低功耗模式及功能参考表 2 - 6。此外，在运行模式下，可以通过以下方式降低功耗：降低系统时钟、关闭 APB 和 AHB 总线上未被使用的外设时钟。

表 2 - 6　低功耗模式一览表

模式	进入	唤醒	对 1.8V 区域时钟的影响	对 V_{DD} 区域时钟的影响	电压调节器
睡眠（SLEEP - NOW 或 SLEEP - ON - EXIT）	WFI	任一中断	CPU 时钟关，对其他时钟和 ADC 时钟无影响	无	开
	WFE	唤醒事件			
停止	PDDS 和 LPDS 位 + SLEEPDEEP 位 + WFI 或 WFE	任一外部中断（在外部中断寄存器中设置）	关闭所有 1.8V 区域的时钟	HIS 和 HSE 的振荡器关闭	开启或处于低功耗模式 [依据电源控制寄存器（PWR_CR）设定]
待机	PDDS 位 + SLEEPDEEP 位 + WFI 或 WFE	WKUP 引脚的上升沿、RTC 闹钟事件、NRST 引脚上的外部复位、IWDG 复位			关

第四节 复 位

STM32F10xxx 支持三种复位形式，分别为系统复位、电源复位和备份区域复位。

一、系统复位

除了时钟控制器的 RCC_CSR 寄存器中的复位标志位和备份区域中的寄存器以外，系统复位将复位所有寄存器至它们的复位状态。

当发生以下任一事件时，产生一个系统复位：①NRST 引脚上的低电平（外部复位）；②窗口看门狗计数终止（WWDG 复位）；③独立看门狗计数终止（IWDG 复位）；④软件复位（SW 复位）；⑤低功耗管理复位。

可通过查看 RCC_CSR 控制状态寄存器中的复位状态标志位，识别复位事件来源。

二、电源复位

当发生以下任一事件时，产生电源复位：①上电/掉电复位（POR/PDR 复位）；②从待机模式中返回。

电源复位将复位除了备份区域外的所有寄存器。复位源将最终作用于 RESET 引脚，并在复位过程中保持低电平。复位入口矢量被固定在地址 0x0000_0004。

芯片内部的复位信号会在 NRST 引脚上输出，脉冲发生器保证每一个（外部或内部）复位源都能有至少 20 微秒的脉冲延时；当 NRST 引脚被拉低产生外部复位时，它将产生复位脉冲。如图 2-7 所示。

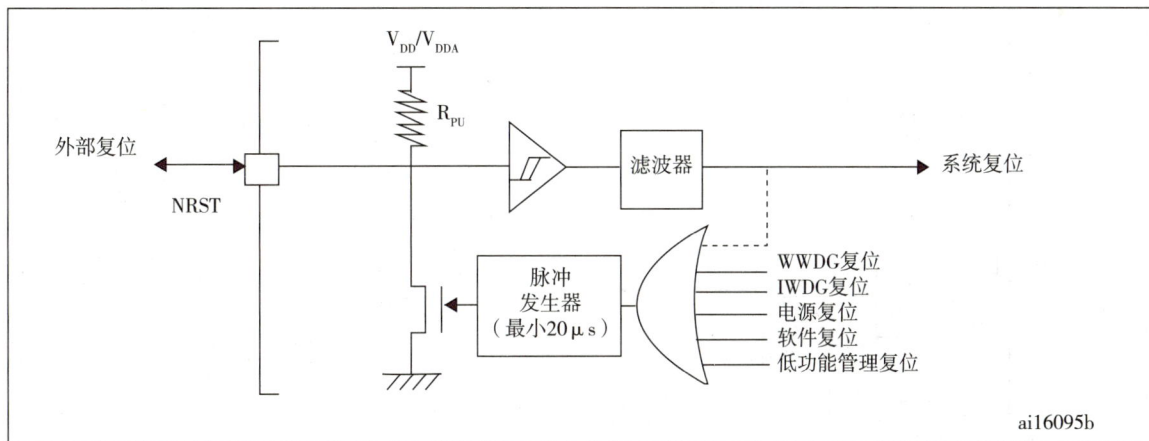

图 2-7 复位电路

三、备份区域复位

备份区域拥有两个专门的复位，它们只影响备份区域。当发生以下任一事件时，产生备份区域复位：①软件复位，备份区域复位可由设置备份域控制寄存器（RCC_BDCR）中的 BDRST 位产生；②在 VDD 和 VBAT 两者掉电的前提下，VDD 或 VBAT 上电将引发备份区域复位。

第五节　时　钟

三种不同的时钟源可被用来驱动系统时钟（SYSCLK）：HSI 振荡器时钟；HSE 振荡器时钟；PLL 时钟，系统时钟树参考图 2-8。这些设备有以下两种二级时钟源：①40kHz 低速内部 RC，可以用于驱动独立看门狗和通过程序选择驱动 RTC。RTC 用于从停机/待机模式下自动唤醒系统。②32.768kHz 低速外部晶体，也可用来通过程序选择驱动 RTC（RTCCLK）。

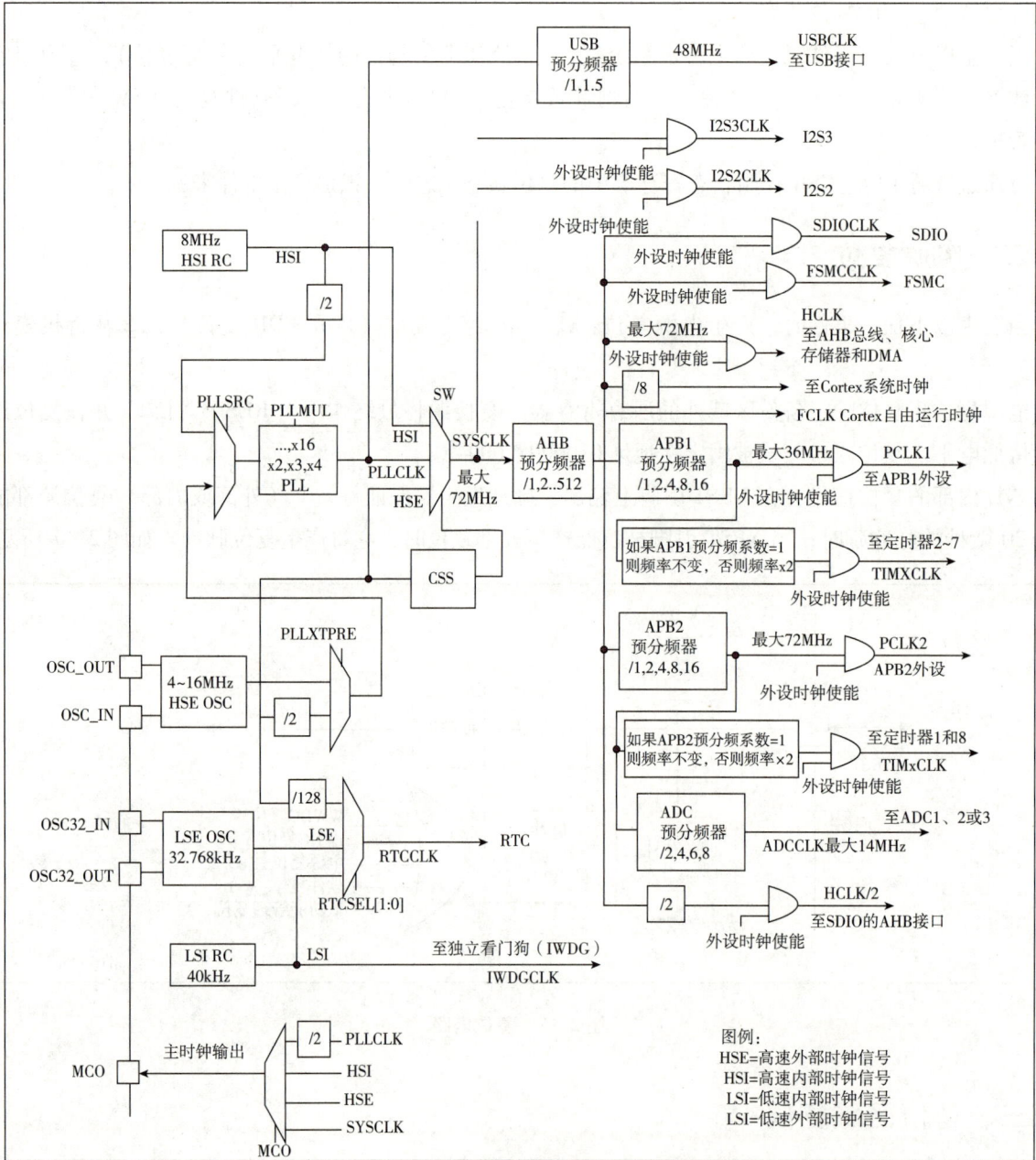

图 2-8　时钟树

当不被使用时，任一个时钟源都可被独立地启动或关闭，由此优化系统功耗。

时钟和复位配置涉及的寄存器较多，在表 2-7 中列出，其中每一个寄存器的配置详细可以参考

《STM32F1xx 中文参考手册》。

表 2-7　复位和时钟控制（RCC）寄存器

偏移地址	名称	类型	复位值	说明
0x00	CR	读/写	0x0000 XX83	时钟控制寄存器（HSIRDY = 1，HSION = 1）
0x04	CFGR	读/写	0x0000 0000	时钟配置寄存器（SYSCLK = HIS，AHB、APB1 和 APB2 均不分频，即频率均为 8MHz，ADC 时钟为 APB2/2，即频率为 4MHz）
0x08	CIR	读/写	0x0000 0000	时钟中断寄存器（禁止所有中断）
0x0C	APB2RSTR	读/写	0x0000 0000	APB2 设置复位寄存器
0x10	APB1RSTR	读/写	0x0000 0000	APB1 设置复位寄存器
0x14	AHBENR	读/写	0x0000 0014	AHB 设备时钟使能寄存器（开启 Flash 接口和 SRAM 时钟）
0x18	APB2ENR	读/写	0x0000 0000	AHB2 设备时钟使能寄存器（关闭所有 APB2 设备时钟）
0x1C	APB1ENR	读/写	0x0000 0000	AHB1 设备时钟使能寄存器（关闭所有 APB1 设备时钟）
0x20	BNCR	读/写	0x0000 0000	备份域控制寄存器
0x24	CSR	读/写	0x0C00 0000	控制状态寄存器（上电复位，NRST 引脚复位）

一、HSE 时钟

高速外部时钟信号（HSE）由以下两种时钟源产生：HSE 外部晶体/陶瓷谐振器；HSE 用户外部时钟，如图 2-9 所示。

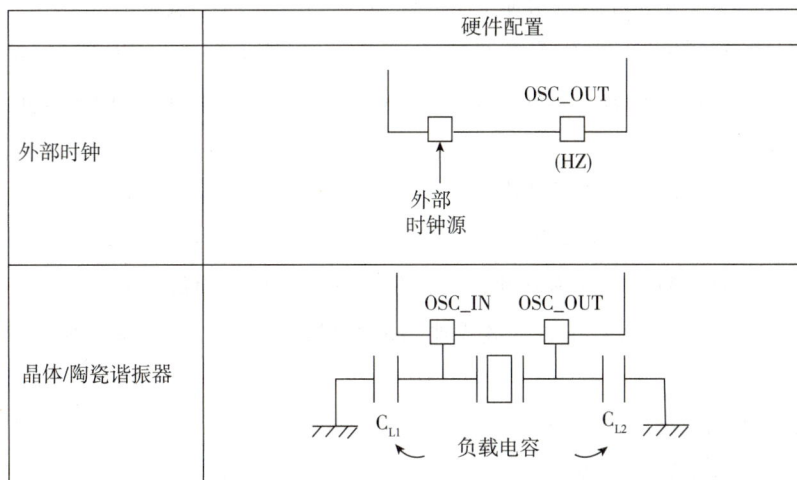

图 2-9　HSE/LSE 时钟源

为了减少时钟输出的失真和缩短启动稳定时间，晶体/陶瓷谐振器和负载电容器必须尽可能地靠近振荡器引脚。负载电容值必须根据所选择的振荡器来调整。

1. 外部时钟源（HSE 旁路）　在这个模式里，必须提供外部时钟。它的频率最高可达 25MHz。用户可通过设置在时钟控制寄存器中的 HSEBYP 和 HSEON 位来选择这一模式（表 2-7）。外部时钟信号（50% 占空比的方波、正弦波或三角波）必须连到 SOC_ IN 引脚，同时保证 OSC_ OUT 引脚悬空。

2. 外部晶体/陶瓷谐振器（HSE 晶体）　4～16Mz 外部振荡器可为系统提供更为精确的主时钟。在时钟控制寄存器 RCC_ CR 中的 HSERDY 位用来指示高速外部振荡器是否稳定。在启动时，直到这一位被硬件置"1"，时钟才被释放出来。如果在时钟中断寄存器 RCC_ CIR 中允许产生中断，将会产生相应中断。HSE 晶体可以通过设置时钟控制寄存器里 RCC_CR 中的 HSEON 位被启动和关闭。

二、HSI 时钟

HSI 时钟信号由内部 8MHz 的 RC 振荡器产生，可直接作为系统时钟或在 2 分频后作为 PLL 输入。HSI RC 振荡器能够在不需要任何外部器件的条件下提供系统时钟。它的启动时间比 HSE 晶体振荡器短。然而，即使在校准之后它的时钟频率精度仍较差。

三、PLL 时钟

内部 PLL 可以用来倍频 HSI RC 的输出时钟或 HSE 晶体输出时钟。

PLL 的设置（选择 HIS 振荡器除 2 或 HSE 振荡器为 PLL 的输入时钟，选择倍频因子）必须在其被激活前完成。一旦 PLL 被激活，这些参数就不能被改动。

如果 PLL 中断在时钟中断寄存器里被允许，当 PLL 准备就绪时，可产生中断申请。

如果需要在应用中使用 USB 接口，则 PLL 必须被设置为输出 48 或 72MHz 时钟，用于提供 48MHz 的 USBCLK 时钟。

知识链接

锁相环（PLL）的原理

锁相环（phase-locked loop，PLL）是一种自动控制系统，用于将输出信号的相位与输入信号的相位保持一致，主要应用于频率合成、时钟生成和信号解调等领域。

一个典型的锁相环系统主要组成由相位比较器（phase detector，PD）、环路滤波器（loop filter，LF）、压控振荡器（voltage-controlled oscillator，VCO）、分频器（frequency divider，FD）组成。

锁相环的工作过程可以分为以下几个步骤。

1. 相位比较 相位比较器接收输入信号和 VCO 输出信号（经过分频器后的信号），并比较这两个信号的相位。如果两者相位不一致，比较器则输出一个与相位差成比例的误差信号。

2. 误差信号滤波 误差信号通过环路滤波器进行滤波，去除高频噪声和不稳定分量，生成一个平滑的控制信号。

3. 频率调整 控制信号传递给压控振荡器，改变其输出频率。VCO 的频率变化使得输出信号的相位逐渐与输入信号的相位锁定。

4. 分频反馈 VCO 输出信号通过分频器反馈到相位比较器，形成一个闭环控制系统。这种反馈机制使得锁相环能够精确地调整输出信号的频率和相位，使之与输入信号同步。

四、LSE 时钟

LSE 晶体是一个 32.768kHz 的低速外部晶体或陶瓷谐振器。它为实时时钟或者其他定时功能提供一个低功耗且精确的时钟源。

LSE 晶体通过在备份域控制寄存器（RCC_BDCR）里的 LSEON 位启动和关闭。

在备份域控制寄存器（RCC_BDCR）里的 LSERDY 指示 LSE 晶体振荡是否稳定。在启动阶段，直到这个位被硬件设置为"1"后，LSE 时钟信号才被释放出来。如果在时钟中断寄存器里被允许，将产生中断申请。

外部时钟源（LSE 旁路）。在这个模式里必须提供一个 32.768kHz 频率的外部时钟源。可以通过设置在备份域控制寄存器（RCC_BDCR）里的 LSEBYP 和 LSEON 位来选择这个模式。具有 50% 占空比的外部时钟信号（方波、正弦波或三角波）必须连到 OSC32_IN 引脚，同时保证 OSC32_OUT 引脚悬空。

五、LSI 时钟

LSI RC 担当一个低功耗时钟源的角色，它可以在停机和待机模式下保持运行，为独立看门狗和自动唤醒单元提供时钟。LSI 时钟频率大约 40kHz（在 30～60kHz 之间）LSI RC 可以通过控制/状态寄存器（RCC_CSR）里的 LSION 位来启动或关闭。

在控制/状态寄存器（RCC_CSR）里的 LSIRDY 位指示低速内部振荡器是否稳定。在启动阶段，直到这个位被硬件设置为"1"后，LSI 时钟才被释放出来。如果在时钟中断寄存器（RCC_CIR）里被允许，将产生 LSI 中断申请。

六、系统时钟（SYSCLK）选择

系统复位后，HSI 振荡器被选为系统时钟。当时钟源被直接或通过 PLL 间接作为系统时钟时，它将不能被停止。

只有当目标时钟源准备就绪（经过启动稳定阶段的延迟或 PLL 稳定），从一个时钟源到另一个时钟源的切换才会发生。在被选择时钟源没有就绪时，系统时钟的切换不会发生。直至目标时钟源就绪，才发生切换。

在时钟控制寄存器（RCC_CR）里的状态位指示哪个时钟已经准备好，哪个时钟就被用作系统时钟。

七、RTC 时钟

通过设置备份域控制寄存器（RCC_BDCR）里的 RTCSEL [1:0] 位，RTCCLK 时钟源可以由 HSE/128、LSE 或 LSI 时钟提供。除非备份域复位，此选择不能被改变。

LSE 时钟在备份域里，但 HSE 和 LSI 时钟不是。因此：①LSE 被选为 RTC 时钟，只要 VBAT 维持供电，尽管 VDD 供电被切断，RTC 仍继续工作；②LSI 被选为自动唤醒单元（AWU）时钟，如果 VDD 供电被切断，则 AWU 状态不能被保证；③HSE 时钟 128 分频后作为 RTC 时钟，如果 VDD 供电被切断或内部电压调压器被关闭（1.8V 域的供电被切断），则 RTC 状态不确定。必须设置电源控制寄存器的 DPB 位（取消后备区域的写保护）为"1"。

八、看门狗时钟

如果独立看门狗已经由硬件选项或软件启动，则 LSI 振荡器将被强制在打开状态，并且不能被关闭。在 LSI 振荡器稳定后，时钟供应给 IWDG。

九、时钟输出

微控制器允许输出时钟信号到外部 MCO 引脚。相应的 GPIO 端口寄存器必须被配置为相应功能。以下四个时钟信号可被选作 MCO 时钟：SYSCLK、HIS、HSE、除 2 的 PLL 时钟。

时钟的选择由时钟配置寄存器（RCC_ CFGR）中的 MCO［2：0］位控制。

目标检测

答案解析

一、单选题

1. STM32 系列微控制器的主要特点是（　　）

    A. 高功耗　　　　　　　B. 高性能　　　　　　　C. 单核　　　　　　　D. 低成本

2. STM32F10X 系列微控制器的主要特点是（　　）

    A. 高功耗　　　　　　　B. 高性能　　　　　　　C. 低功耗　　　　　　　D. 中性能

3. STM32 MCU 的启动配置步骤不包括（　　）

    A. 设置栈指针　　　　　B. 初始化数据段　　　　　C. 启动主函数　　　　　D. 调用操作系统

4. STM32 MCU 的电源管理功能包括（　　）

    A. 开关电源　　　　　　B. 电压调节　　　　　　C. 低功耗模式　　　　　D. 电流保护

5. STM32 MCU 的复位源不包括（　　）

    A. 外部复位　　　　　　B. 看门狗复位　　　　　C. 电源复位　　　　　　D. 软件复位

6. STM32 MCU 的时钟系统不包括（　　）

    A. HSE　　　　　　　　B. HIS　　　　　　　　C. USB　　　　　　　　D. PLL

7. STM32 MCU 的 HSE 时钟频率通常为（　　）

    A. 4MHz　　　　　　　B. 8MHz　　　　　　　C. 16MHz　　　　　　　D. 32MHz

8. STM32 MCU 的 PLL 时钟用于（　　）

    A. 提高时钟频率　　　　B. 降低时钟频率　　　　C. 稳定时钟频率　　　　D. 生成低频时钟

9. LSE 时钟主要用于（　　）

    A. USB 通信　　　　　　B. RTC　　　　　　　　C. PWM　　　　　　　　D. DMA

10. STM32 MCU 的时钟树结构是（　　）

    A. 单级　　　　　　　　B. 双级　　　　　　　　C. 多级　　　　　　　　D. 无级

11. STM32 MCU 的系统时钟 SYSCLK 选择不包括（　　）

    A. HIS　　　　　　　　B. HSE　　　　　　　　C. PLL　　　　　　　　D. USB

12. RTC 时钟的配置方法是（　　）

    A. 固定设置　　　　　　B. 动态调整　　　　　　C. 编程配置　　　　　　D. 硬件跳线

13. 看门狗时钟的作用是（　　）

    A. 提高处理器速度　　　　　　　　　　　　B. 降低处理器功耗

    C. 防止系统失控　　　　　　　　　　　　D. 增强系统安全

14. STM32 MCU 的外部中断配置步骤不包括（　　）

    A. 设置中断优先级　　　　　　　　　　　　B. 使能中断源

    C. 配置中断向量表　　　　　　　　　　　　D. 调用中断服务程序

15. 在 STM32F103 系列的启动配置中，通过配置 BOOT0 和 BOOT1 引脚，可以选择不同的启动模式。如果 BOOT0 设置为高电平，BOOT1 设置为低电平，系统将从（　　）启动

　　A. 主闪存（main flash memory）　　　　　B. 系统存储器（system memory）

　　C. 嵌入式 SRAM（embedded SRAM）　　　D. 外部存储器（external memory）

16. STM32 MCU 的电源模式包括（　　）

　　A. 高功耗模式　　　　　　　　　　　　B. 低功耗模式

　　C. 睡眠模式　　　　　　　　　　　　　D. 断电模式

17. STM32 MCU 的时钟输出用于（　　）

　　A. 提高处理速度　　　　　　　　　　　B. 增加外设数量

　　C. 提供稳定时钟　　　　　　　　　　　D. 减少功耗

18. STM32 MCU 的外部中断源包括（　　）

　　A. ADC　　　　　　　B. UART　　　　　　C. GPIO　　　　　　D. TIM

二、简答题

1. STM32 系列微控制器的主要特点有哪些？

2. STM32 MCU 的电源管理功能有哪些？

3. STM32 MCU 的时钟系统包括哪些部分？

4. 请简述 STM32 MCU 的时钟树主要结构。

书网融合……

本章小结

第三章　MDK – ARM 与固件库

学习目标

　　1. 掌握　Keil ARM 集成开发环境（IDE）的基本使用方法；STM32F103 标准库的基本结构和使用方法；C 语言的基本语法和结构。

　　2. 熟悉　STM32F103 标准库的命名方式和文件组织结构；Keil ARM 中的调试工具和调试方法。

　　3. 了解　嵌入式系统的基本概念和开发流程，从硬件配置到软件编写再到系统调试的完整过程；C 语言中的数据类型、控制结构、函数和指针等高级特性，为编写复杂程序打下基础。

　　4. 学会使用 Keil ARM 创建新的工程，配置工程选项，并导入标准库；学会通过 Keil ARM 进行程序调试，使用断点、单步执行、变量监视等功能排查程序中的问题；能够进行库函数调用，实现基本的硬件功能；能够编写简单的嵌入式程序。

　　5. 培养自主学习和解决问题的能力，通过查阅文档、搜索资料等途径独立解决开发过程中遇到的各种问题；培养团队合作精神，能够与其他工程师协作，共同完成复杂的嵌入式系统开发项目。

⇒ 实例分析

　　实例　假设我们需要实现一个智能家居控制系统的核心功能之一：基于 STM32F103 微控制器的远程温度监测和警报系统。该系统不仅能够读取温度传感器的数据，并通过串口发送到 PC 端进行实时显示，还可以在检测到异常高温时自动触发警报，并发送报警信息到远程服务器。

　　问题　1. 如何使用 Keil ARM 创建和配置远程温度监测系统的工程？

　　　　　2. 如何使用 STM32F103 标准库进行外设初始化和控制，实现远程温度监测和警报功能？

　　　　　3. 如何编写 C 语言程序实现远程温度监测和警报功能？

　　学习 STM32 单片机要先熟悉一款合适的开发工具。下面介绍 ARM 公司开发的利器——MDK – ARM。

　　MDK – ARM 是比较官方的名字，其实在实际使用中有很多工程师习惯用别的名字叫它：Keil MDK、RVMDK、ARM MDK 等。为何 MDK – ARM 会有这么多的名字呢？来了解一下它的发展历史：2005 年 10 月，ARM 公司收购了 Keil 公司，说到 Keil 公司，从 51 单片机入门的读者应该很熟悉，Keil C51 是大多数 51 单片机入门者的首选。2006 年 1 月，ARM 推出集成 Keil uVision3 的 RealView MDK 开发环境，当时叫 DK – ARM（有时也称为 Keil for ARM），后来经过版本的演变，ARM 公司最后将其命名为 MDK – ARM。在 Keil for arm 出现以前，ARM 公司推出的 ARM 处理器开发工具是 ADS，因而很多书上介绍 MDK – ARM 的优越性时会有一个与 ADS 的比较。

　　MDK – ARM 的全称是 Microcontroller Development Kit for ARM，其集成开发环境是 Keil uVision IDE，和 Keil C51 是同一个集成开发环境，因而深得从 51 单片机向 STM32 转型的工程师的喜爱。而且其集成了 ARM 公司的开发工具集 RealView（包括 RVD、RVI、RVT、RVDS 等）。

第一节　安装 MDK – ARM

安装软件的过程对读者来说相对简单，下面简单介绍一下。要安装软件，第一步当然是要下载一个安装包了（不同版本的 Windows 和 MDK – ARM，可能显示界面有少量差别）。接下来就是双击安装包程序，进入程序安装的欢迎界面，如图 3 – 1 所示。直接单击"Next"，进入安装协议界面。勾选"I agree to all the…"，单击"Next"进入下一步，如图 3 – 2 所示。

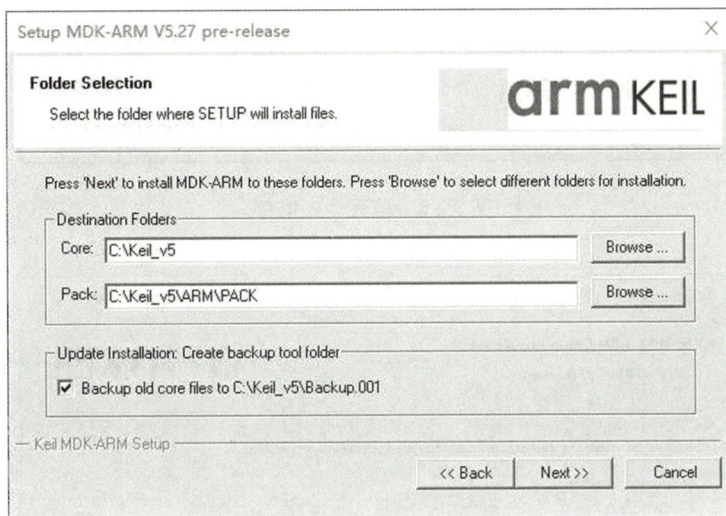

图 3 – 1　MDK – ARM 欢迎界面

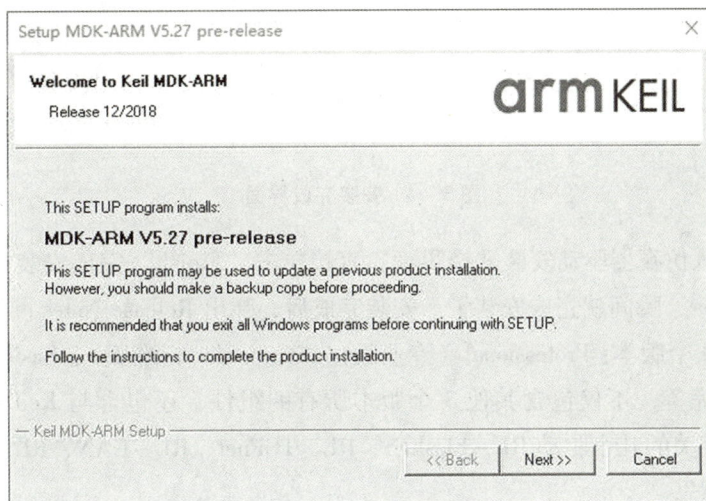

图 3 – 2　安装目录选择

该步骤是选择安装目录，这里最好按照默认的目录安装。当然也可以选择其他目录，但要注意：最好选择不含中文路径的目录；目录的层数也不要太多。否则在编译或调试时可能会出现问题。

选择好目录，单击"Next"进入注册个人信息界面，如图 3 – 3 所示。

该页面随便填写就可以，不过在 E – mail 栏至少要填写邮箱的格式，否则无法进行下一步。一切完成，单击"Next"，进入安装过程。安装完成后，系统会提示 MDK – ARM 已安装成功，如图 3 – 4 所示。

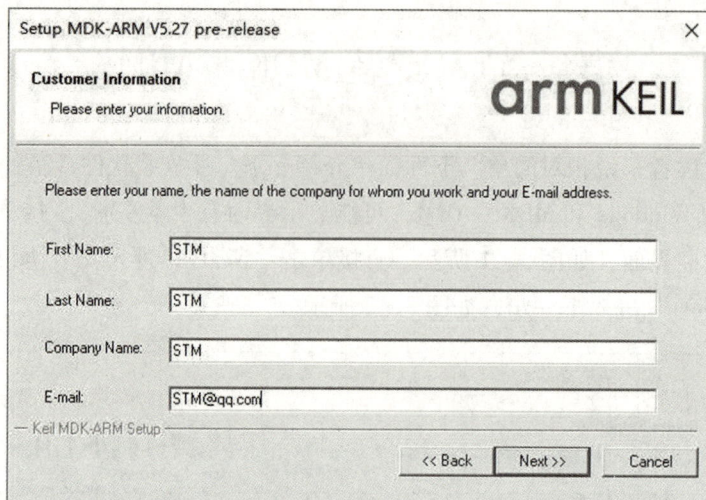

图 3 - 3　填写个人信息

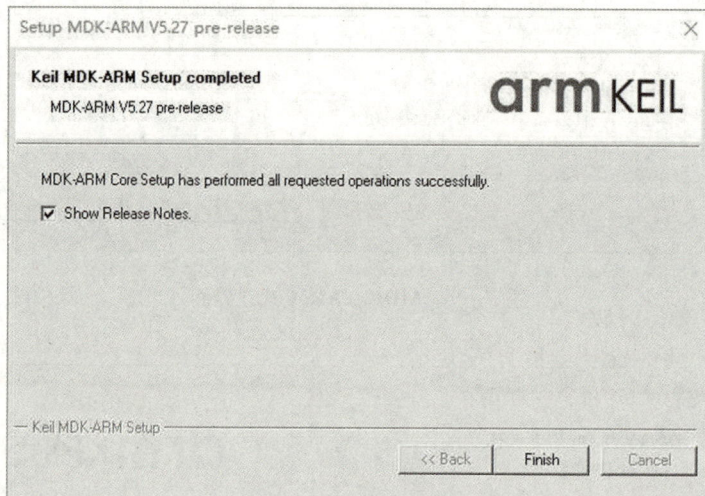

图 3 - 4　安装完成界面

　　单击"Next",进入仿真器驱动安装选择界面,直接单击"Finish"完成安装,会弹出"Dos"对话框安装 ULINK Pro Driver,瞬间就完成安装了。安装完成后,弹出 Release Notes 网页,如图 3 - 5 所示。

　　MDK - ARM 分为 4 个版本:Professional(专业版)、Standard(标准版)、Basic(基础版)、Lite(简化版)。其中专业版最完备,不仅包含其他 3 个版本所有的组件,还包含与 Keil 的实时操作系统 RTX (Real - Time Kernel)相关的几个驱动 RL - FlashFS、RL - TCPnet、RL - CAN、RL - USB 等,这里 RL 是 Real - Time Library 的意思。

　　在帮助文档"ARM Development Tools"中单击"uVision IDE"进入"uVision4 User's Guide"页面,几乎包括了在开发过程中可能遇到的所有问题。

第二节　MDK 下 C 语言基础

　　这一节主要介绍 C 语言基础知识,复习一下几个语言基础知识点,引导帮助读者尽快回忆 C 语言基础知识,能够快速开发 STM32 程序。

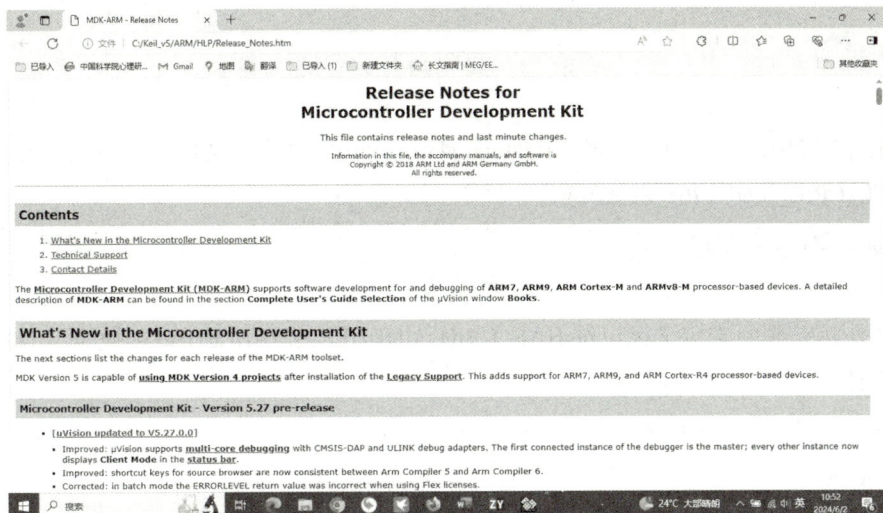

图 3-5　Release Notes 网页

1. 位操作　C 语言位操作相信学过 C 语言的人都不陌生，简而言之，就是对基本类型变量可以在位级别进行操作。这节的内容很多读者已经很熟练，点到为止，不深入探讨。下面先介绍几种位操作符，然后介绍位操作使用技巧。

C 语言支持表 3-1 所列 6 种位操作。

表 3-1　C 语言位运算符

运算符	含义	运算符	含义
&	按位与	~	取反
|	按位或	<<	左移
^	按位异或	>>	右移

2. define 宏定义　define 是 C 语言中的预处理命令，它用于宏定义，可以提高源代码的可读性，为编程提供方便。常见的格式：

#define 标识符 字符串

"标识符"为所定义的宏名。"字符串"可以是常数、表达式、格式串等。例如：

#define　HSI_VALUE　　（（uint32_t）16000000）

定义标识符 HSI_VALUE 的值为 16000000。这样就可以在代码中直接使用标识符 HSI_VALUE，而不用直接使用常量 16000000，同时也可以很方便地修改 HSI_VALUE 的值。

3. # ifdef 和 #if defined 条件编译　单片机程序开发过程中，经常会遇到一种情况，当满足某条件时对一组语句进行编译，而当条件不满足时则编译另一组语句。条件编译命令最常见的形式为：

#ifdef 标识符

　程序段 1

#else

　程序段 2

#endif

它的作用：当标识符已经被定义过（一般是用#define 命令定义），则对程序段 1 进行编译，否则编译程序段 2。其中#else 部分也可以没有，即：

```
#ifdef
  程序段 1
#endif
```

这个条件编译在 MDK 里面用得很多，在 stm32f4xx _conf. h 这个头文件中会看到这样的语句：

```
#ifdef   HAL_GPIO_MODULE_ENABLED
#include "stm32f1xx_hal_gpio. h"
#endif
```

这段代码的作用是判断宏定义标识符 HAL_GPIO_MODULE_ENABLED 是否被定义，如果被定义了，那么就引入头文件 stm32f1xx_hal_gpio. h。

对于条件编译，还有个常用的格式，如下：

```
#if defined XXX1
  程序段 1
#elif defined XXX2
  程序段 2
  …
#elif defined XXXn
  程序段 n
  …
#endif
```

这种写法的作用实际跟 ifdef 很相似，不同的是 ifdef 只能在两个选择中判断是否定义，而 if defined 可以在多个选择中判断是否定义。条件编译也是 C 语言的基础知识。

4. extern 变量申明   C 语言中 extern 可以置于变量或者函数前，以表示变量或者函数的定义在别的文件中已经完成，提示编译器遇到此变量和函数时在其他模块中寻找其定义。需要注意的是，对于 extern 申明变量可以多次，但定义只有一次。在代码中会看到这样的语句：

```
extern   u16   USART_RX_STA;
```

这个语句是申明 USART_ RX_ STA 变量在其他文件中已经定义了，在这里要使用到。因此，肯定可以找到在某个文件中有变量定义的语句的出现：

```
u16   USART_RX_STA;
```

下面通过一个例子说明一下使用方法。

在 Main. c 定义的全局变量 id，id 的初始化在 Main. c 里面进行的。

Main. c 文件

```
u8 id;        //定义只允许一次
main( )
{

id = 1;
printf( "d%",id);      //id =1
test( );
printf( "d%",id);      //id =2
}
```

但是如果希望在 main.c 文件外的某个文件（如 led.c）的函数中使用变量 id［如 test（void）函数］，这个时候就需要在 led.c 文件中申明变量 id 是外部定义，因为如果不申明，变量 id 的作用域到不了该文件中。看下面 led.c 中的代码：

```
extern u8 id;//申明变量 id 是在外部定义的,申明可以在很多个文件中进行
void test( void) {
id = 2;
}
```

在 led.c 中申明变量 id 在外部定义，然后在 led.c 中就可以使用变量 id 了。

5. typedef 类型别名　typedef 用于为现有类型创建一个新的名字，或称为类型别名，用来简化变量的定义。typedef 在 MDK 用得最多的就是定义结构体的类型别名和枚举类型了。

```
struct _GPIO
{
    __IO uint32_t MODER;
    __IO uint32_t OTYPER;
    …
};
```

定义了一个结构体 GPIO，这样定义变量的方式为：

```
struct   _GPIO   GPIOA;        //定义结构体变量 GPIOA
```

但是这样很繁琐，MDK 中有很多这样的结构体变量需要定义。这里可以为结构体定义一个别名 GPIO_InitTypeDef，这样就可以在其他地方通过别名 GPIO_InitTypeDef 来定义结构体变量了，例如在标准库文件 stm32f10x_gpio.h 中可以看到如下定义：

```
typedef struct
{   uint16_t   GPIO_Pin;
    GPIOSpeed_TypeDef   GPIO_Speed;
    GPIOMode_TypeDef   GPIO_Mode;
}GPIO_InitTypeDef;
```

Typedef 为结构体定义一个别名 GPIO_InitTypeDef，这样可以通过 GPIO_InitTypeDef 来定义结构体变量：

```
GPIO_InitTypeDef   GPIOA,   GPIOB;
```

这里的 GPIO_InitTypeDef 就跟 struct _GPIO 是等同的作用。

6. 结构体　声明结构体类型：

```
Struct 结构体名 {
成员列表;
}变量名列表;
```

例如：

```
Struct G_TYPE {
uint32_t Pin;
uint32_t Mode;
uint32_t Speed;
```

}GPIOA, GPIOB;

在结构体申明的时候可以定义变量，也可以申明之后定义，方法如下：

Struct 结构体名字 结构体变量列表;

例如：struct G_TYPE GPIOA, GPIOB;

结构体成员变量的引用方法是点操作符：

结构体变量名字. 成员名

比如要引用 GPIOA 的成员 Mode，方法是 GPIOA. Mode;

结构体指针变量定义也是一样的，跟其他变量没什么区别。例如：

struct G_TYPE *GPIOC; //定义结构体指针变量 GPIOC;

结构体指针成员变量引用方法是通过" -> "符号实现，比如要访问 GPIOC 结构体指针指向的结构体的成员变量 Speed，方法是：

GPIOC -> Speed;

上面介绍了结构体和结构体指针的一些知识，其他的初始化内容暂时不做过多介绍。读者可能会问，结构体到底有什么作用呢？为什么要使用结构体呢？下面将简单通过一个实例回答这个问题。

在单片机程序开发过程中，经常会遇到要初始化一个外设比如 IO 口。它的初始化状态是由几个属性来决定的，比如模式、速度等。对于这种情况，在没有学习结构体的时候，一般的方法如下：

void HAL_GPIO_Init(uint32_t Pin, uint32_t Mode, uint32_t Speed);

这种方式是有效的，同时在一定场合是可取的。但是如果希望往这个函数里面再传入一个参数，那么就需要修改这个函数的定义，重新加入上下拉 Pull 这个入口参数。于是定义被修改为：

void HAL_GPIO_Init(uint32_t Pin, uint32_t Mode, uint32_t Speed, uint32_t Pull);

但是如果这个函数的入口参数随着开发不断增多，那么就要不断修改函数的定义。怎样解决这种情况？

使用到结构体可以解决这个问题。在不改变入口参数的情况下，只需要改变结构体的成员变量，就可以达到上面改变入口参数的目的。

结构体就是将多个变量组合为一个有机的整体。上面函数中 Pin、Mode、Speed 和 Pull 这些参数，对于 GPIO 而言就是一个有机整体，都是来设置 IO 口参数的，所以可以将它们通过定义一个结构体来组合在一个。MDK 中是这样定义的：

```c
typedef struct
{
    uint32_t Pin;
    uint32_t Mode;
    uint32_t Pull;
    uint32_t Speed;
}GPIO_InitTypeDef;
```

于是，在初始化 GPIO 口的时候入口参数就可以是 GPIO_InitTypeDef 类型的变量或者指针变量了，MDK 中是这样做的：

```c
GPIO_InitTypeDef GPIO_InitStructure;          //定义结构体变量
GPIO_InitStructure. GPIO_Pin = GPIO_Pin_13;   //选择你要设置的 IO 口
GPIO_InitStructure. GPIO_Mode = GPIO_Mode_Out_PP; //设置推挽输出模式
GPIO_InitStructure. GPIO_Speed = GPIO_Speed_50MHz;   //设置传输速率
GPIO_Init(GPIOC , &GPIO_InitStructure);       /*初始化 GPIO */
```

第三节　CMSIS 层次结构

一、CMSIS 层次结构

ARM 公司的商业模式是为各个芯片厂商提供相同的运算内核，各个厂商则通过片上外设做出芯片差异，这种差异会导致程序软件在相同内核、不同厂商的微处理器芯片间移植困难。为了解决此问题，ARM 公司与下游芯片厂商一起制定了内核与外设、实时操作系统和中间设备之间的通用接口标准 CMSIS。

ARM Cortex 微控制器软件接口标准（cortex microcontroller software interface standard，CMSIS）是 Cortex – M 系列处理器与供应商无关的硬件抽象层，使用 CMSIS 可以为处理器和外设实现一致且简单的软件接口，从而简化软件的重用和移植、缩短微控制器开发人员的学习过程、缩短产品和工程的研发时间。

CMSIS 可以分为多个软件层次，分别由 ARM 公司和芯片厂商提供，一个典型的基于 CMSIS 应用程序的基本结构如图 3 – 6 所示。

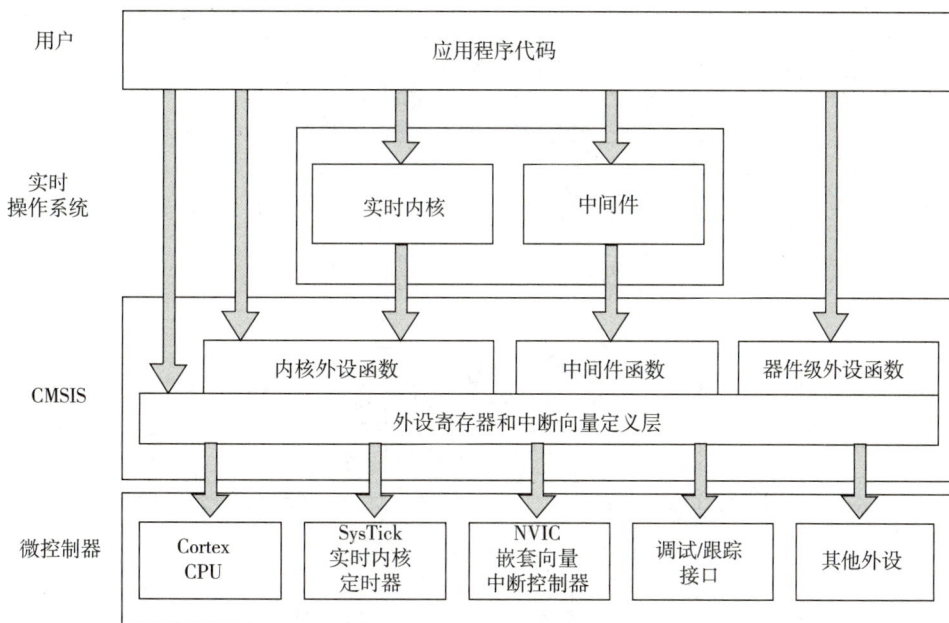

图 3 – 6　基于 CMSIS 应用程序的基本结构

CMSIS 的内核外设函数包括用于访问内核寄存器以及内核外设寄存器的名称、地址定义，主要由 ARM 公司提供。

外设寄存器和中断向量定义层则提供了片上的核外外设的地址和中断定义，主要由芯片厂商提供。

可以看到，CMSIS 位于微控制器外设和用户应用程序之间，为用户提供与具体芯片厂商无关的统一的硬件驱动接口，通过对用户屏蔽具体硬件之间的差异，方便软件的移植。

为了减轻 STM32 微控制器程序设计人员的编程负担，提高编程效率，意法半导体公司（ST）组织技术人员按照 CMSIS 标准为 STM32 微控制器中各个外设（包括核内外设和核外外设）的操作，编写了比较规范和完备的 C 语言标准外设驱动函数。

在使用 STM32 进行程序设计时，如果要对外设进行配置和操作，只需按照函数使用说明，调用这些外设的标准驱动函数即可，并不需要深入了解这些函数在代码层面的具体实现细节。

　　这些驱动函数按照不同外设的分类编排在不同的 C 语言文件中，并对应有各自的头文件，这些文件的集合就构成了 STM32 的标准外设库。

　　STM32 标准外设库历经 2.0 版本、3.2 版本，直到现在的 3.5 版本。虽然 ST 公司后来又推出了更为抽象化的 HAL 库，一般在库文件中带有"_ HAL"字样。但是目前占据市场统治地位的 STM32F10x 和 STM32F40x 系列微控制器芯片的编程，仍然以采用标准外设库为主流。

　　既然 STM32 标准外设库是按照 CMSIS 标准编写的，就可以对图 3 - 6 的内容进行具体化，如图 3 - 7 所示。结合后面有关具体外设库文件功能的介绍，可以进一步系统地了解标准外设库的组织结构。

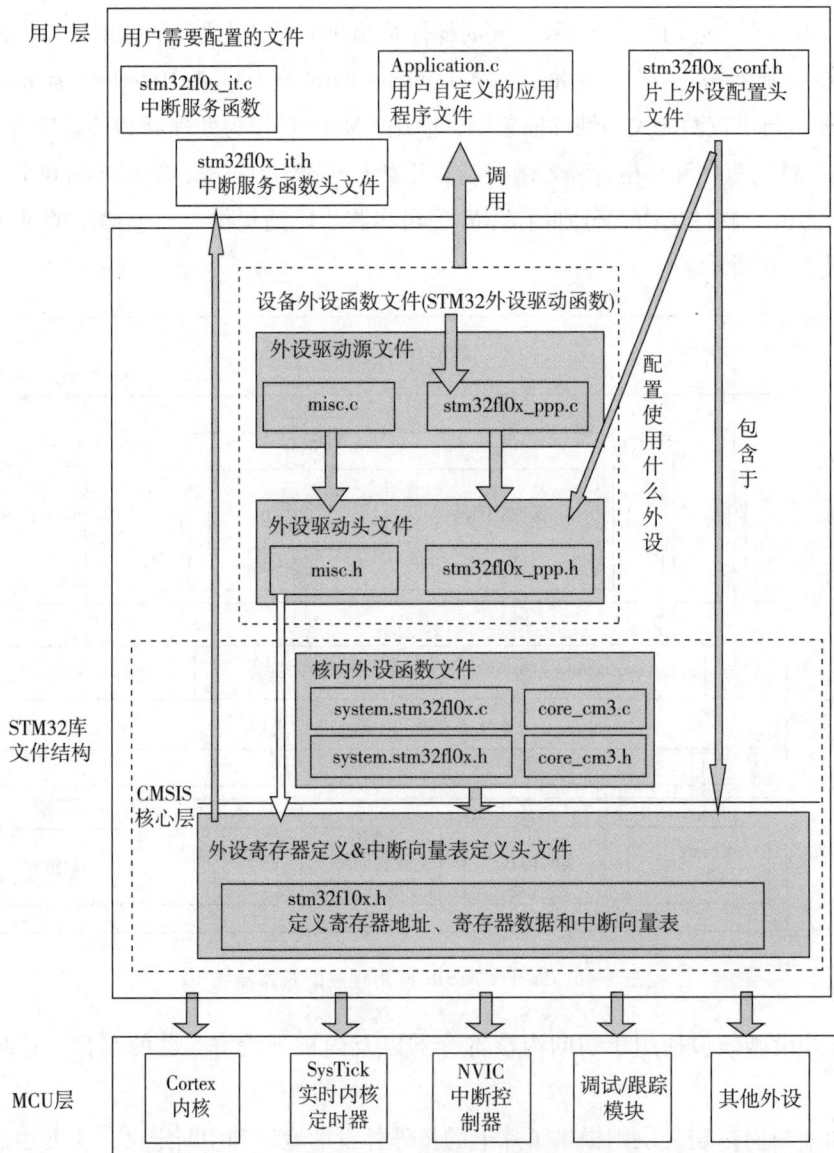

图 3 - 7　STM32 库层次结构

　　在实际使用库开发工程的过程中，把位于 CMSIS 层的文件包含进工程，基本不用修改，也不建议修改。

　　图 3 - 8 中的方框文字代表了库目录，非方框文字表示目录下面的文件。从库的结构来看，"CMSIS/CM3/CoreSupport" 及其下面的文件 core_ cm3. h/c 距离 CM3 核最近，它们由 ARM 公司实现，因此在 CMSIS 标准中它们被称为 CPAL 层，"CMSIS/CM3/DeviceSupport/.. " 下面的文件具有明显的厂

商芯片特征，它们完成启动代码、芯片寄存器级的诸多定义和操作，对应于 CMSIS 标准的 DPAL 层。可见，"CMSIS/CM3/.." 目录下的文件是开发工作的基础，是每一个应用工程都必须要包含的。

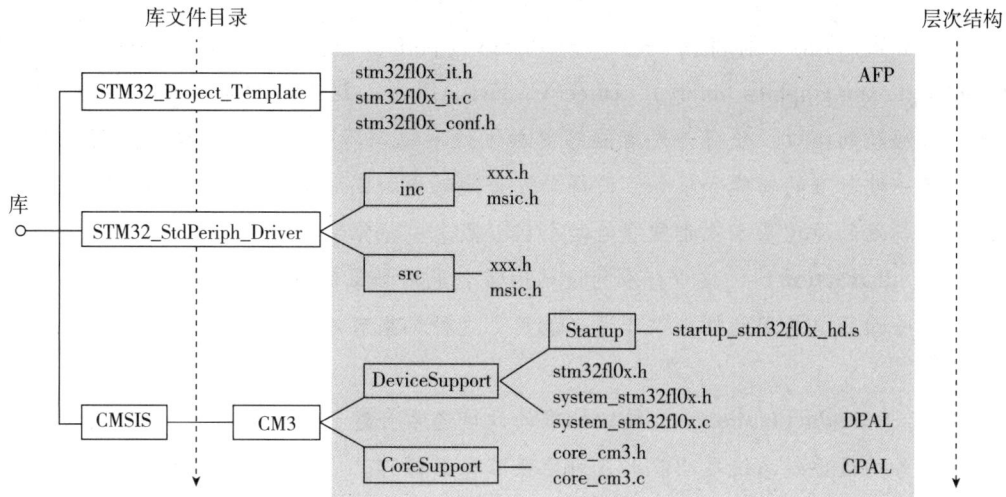

图 3 - 8　库文件及目录

"STM32_StdPeriph_Driver/.." 下是芯片上各种外设 xx. h 和 xx. c 文件的集合，比如 USART、I2C 接口分别对应于 stm32f10x_usart. h/c、stm32f10x_i2c. h/c 文件。这些文件实现相应外设功能所必需的操作函数，按 CMSIS 标准，被划分为 AFP 层。

"STM32_Project_Template/.." 下的文件，主要完成某些配置，如 stm32f10x_conf. h 文件就实现工程所用外设头文件的选择。这部分文件需要用户进行修改（stm32f10x_conf. h）或（stm32f10x_it. h/c）代码实现。

通过上面对 STM32 库层次结构的描述，也可以看出 CMSIS 从下（CM3 核）到上（应用）分别有以下 3 个层次。

1. 核内外设访问层（core peripheral access layer，CPAL）　该层由 ARM 负责实现，所定义的接口函数都是可重入的。其实现文件为 core_cm3. h 和 core_cm3. c，其内容主要如下。

（1）对核内寄存器名称、地址的定义。

（2）NVIC 以及对特殊用途寄存器、调试子系统的访问接口定义。

（3）对不同编译器的差异使用_ _INLINE 来进行统一化处理。

（4）定义了一些访问 CM3 核内寄存器的函数，如对 xPSR、MSP、PSP 寄存器的访问。

2. 片上外设访问层（device peripheral access layer，DPAL）　该层由芯片厂商负责实现，负责对外设寄存器地址及其访问接口进行定义。该层可调用 CPAL 层提供的接口函数，同时根据处理器特性对异常向量表进行扩展，以处理相应外设的中断请求。相应的实现文件有 stm32f10x. h、system_stm32f10x. h/c、startup_stm32f10x_hd. s、stm32f10x_it. h/c。

3. 外设访问函数（access functions for peripherals，AFP）　这一层也由芯片厂商负责实现，主要提供访问片上外设的操作函数。

🔗 **知识链接** --

软硬件接口标准

　　类似于 CMSIS 的接口标准有许多，如 POSIX（portable operating system interface）、Win32 API、OpenGL（open graphics library）、DirectX、Java API 等。这些接口标准都旨在为软件开发提供统一的、可移植的接口，使得开发者能够更加方便地编写跨平台、可移植的应用程序。同时，它们也提供了一些标准的功能和服务，使得开发者能够更加高效地开发和维护应用程序。

　　这些接口标准的原理基本上都围绕着两个核心概念：抽象和标准化。

　　1. 抽象（abstraction）　　接口标准的设计通常会采用抽象的方式来隐藏底层的硬件或操作系统细节，提供一组简单易用的接口供开发者调用。这种抽象可以分为两个方面：功能抽象和数据抽象。

　　2. 标准化（standardization）　　接口标准的设计通常会遵循一定的标准化规范，以确保不同厂家、不同型号的设备或系统之间能够良好地兼容和互操作。

　　通过抽象和标准化，这些接口标准为软件开发提供了一种统一的、可移植的开发模式，让开发者能够更加专注于应用程序的开发和功能实现，而无须过多关心底层硬件或操作系统细节。同时，它们也为软件的互操作性和兼容性提供了保证，促进了不同系统和设备之间的通信和交互。

二、STM32 库函数命名规则

　　固态函数库遵从一定的命名规则。

　　系统、源程序文件和头文件命名都以"stm32f10x_"作为开头，例如：stm32f10x_conf.h。

　　常量仅被应用于一个文件的，定义于该文件中。被应用于多个文件的，在对应头文件中定义。所有常量都由英文字母大写书写。

　　寄存器作为常量处理。它们的命名都由英文字母大写书写。在大多数情况下，与缩写规范和产品的用户手册一致。

　　外设函数的命名以该外设的缩写加下划线为开头。每个单词的第一个字母都由英文字母大写书写，例如：SPI_SendData。在函数名中，只允许存在一个下划线，用以分隔外设缩写和函数名的其他部分。XXX 表示任一外设缩写，例如：ADC、USART、GPIO 等。更多缩写相关信息参阅产品的用户手册。

　　名为 XXX_Init 的函数，其功能是根据 XXX_InitTypeDef 中指定的参数，初始化外设 XXX，例如 TIM_Init.

　　名为 XXX_DeInit 的函数，其功能为复位外设 XXX 的所有寄存器至缺省值，例如 TIM_DeInit.

　　名为 XXX_StructInit 的函数，其功能为通过设置 XXX_InitTypeDef 结构中的各种参数来定义外设的功能，例如：USART_StructInit.

　　名为 XXX_Cmd 的函数，其功能为使能或者失能外设 XXX，例如：SPI_Cmd.

　　名为 XXX_ITConfig 的函数，其功能为使能或者失能来自外设 XXX 某中断源，例如：RCC_ITConfig.

　　名为 XXX_DMAConfig 的函数，其功能为使能或者失能外设 XXX 的 DMA 接口，例如：TIM1_DMAConfig.

　　用以配置外设功能的函数，总是以字符串"Config"结尾，例如 GPIO_PinRemapConfig.

　　名为 XXX_GetFlagStatus 的函数，其功能为检查外设 XXX 某标志位被设置与否，例如：I2C_Get-

FlagStatus.

名为 XXX＿ClearFlag 的函数，其功能为清除外设 XXX 标志位，例如：I2C＿ClearFlag.

名为 XXX＿GetITStatus 的函数，其功能为判断来自外设 XXX 的中断发生与否，例如：I2C＿GetIT-Status.

名为 XXX＿ClearITPendingBit 的函数，其功能为清除外设 XXX 中断待处理标志位，例如：I2C＿ClearITPendingBit.

三、固态库文件

下面将对固态库文件进行介绍，表 3 － 2 中列出了使用到的库文件。

表 3 － 2　固态库文件

文件名	功能描述	具体功能说明
core＿cm3. h core＿cm3. c	Cortex － M3 内核及其设备文件	访问 Cortex － M3 内核及其设备：NVIC、SysTick 等 访问 Cortex － M3 的 CPU 寄存器和内核外设的函数
stm32f10x. h	微控制器专用头文件	这个文件包含了 STM32F10x 全系列所有外设寄存器的定义（寄存器的基地址和布局）、位定义、中断向量表、存储空间的地址映射等
system＿stm32f10x. h system＿stm32f10x. c	微控制器专用系统文件	函数 SystemInit，用来初始化微控制器 函数 Sysem＿ExtMemCtl，用来配置外部存储器控制器。它位于文件 startup＿stm32f10x＿xx. s／. c，在跳转到 main 前调用 SystemFrequncy，该值代表系统时钟频率
startup＿stm32f10x＿Xd. s	编译器启动代码	微控制器专用的中断处理程序列表（与头文件一致）弱定义（Weak）的中断处理程序默认函数（可以被用户代码覆盖），该文件与编译器相关
stm32f10x＿conf. h	固件库配置文件	通过更改包含的外设头文件来选择固件库所使用的外设，在新建程序和进行功能变更之前应当首先修改对应的配置
stm32f10x＿it. h stm32f10x＿it. c	外设中断函数文件	用户可以相应地加入自己的中断程序的代码，对于指向同一个中断向量的多个不同中断请求，用户可以通过判断外设的中断标志位来确定准确的中断源，执行相应的中断服务函数
stm32f10x＿xxx. h stm32f10x＿xxx. c	外设驱动函数文件	包括了相关外设的初始化配置和部分功能应用函数，这部分是进行编程功能实现的重要组成部分
Application. c	用户文件	用户程序文件，通过标准外设库提供的接口进行相应的外设配置和功能设计

1. stm32f10x. h　该文件为最基础的头文件，它主要包含了以下几个方面的内容。

（1）通用数据类型定义　例如：

typedef　int32_t　　　　s32；

typedef　__I　int32_t　vsc32；　　　　　　　　//read only

...

（2）定义所有外设的寄存器组结构　例如 GPIO。

typedef struct

{

　　__IO　unit32_t　CRL；　　　　　// GPIO 端口配置低寄存器

　　__IO　unit32_t　CRH；　　　　　// GPIO 端口配置高寄存器

　　__IO　unit32_t　IDR；　　　　　// GPIO 端口输入数据寄存器

```
    _ _ IO  unit32_t  ODR ;                 // GPIO 端口输出数据寄存器
    _ _ IO  uint32_t  BSR                   //端口位设置/清除寄存器
    _ _ IO  uint32_t  BRR;                  //端口位清除寄存器
    _ _ IO  unit32_t  LCKR ;                // 端口配置锁定寄存器
} GPIO_TypeDef;
...
```

由于外设的功能是通过其内部的寄存器来实现的，因此应将这些寄存器视为一个整体。通过 C 语言的结构体类型定义的方式在代码级就可实现这个操作。上面代码片断中的结构体类型 GPIO_ TypeDef 代表了外设 GPIO，其内部成员是 GPIO 的 7 个寄存器。

（3）外设变量的声明

```
#define    USART2      ( ( USART_TypeDef ∗ ) USART2_BASE )
#define    GPIOA       ( ( GPIO_TypeDef ∗ ) GPIOA_BASE )
#define    SPI1        ( ( SPI_TypeDef ∗ ) SPI1 )
...
```

所谓的"外设的声明"，其实质主要是一些宏定义，宏名就代表了某种外设，而宏值就是该外设基地址（实际上这种表述并不准确，在没有介绍具体外设之前，姑且这样来认为）。如此一来，操作外设名就是在操作外设地址所在的寄存器，比如对外设 GPIOA 的操作可以是 "GPIOA – > IDR =17 ;"。

由此可见文件 stm32f10x. h 在基于 STM32 库开发过程中的地位和作用。由于 stm32f10x. h 中绝大部分代码都是进行外设的声明和寄存器位定义，所以在用户使用 STM32 库编写外设驱动时，必须将其包含在自己的工程文件中。

2. system_ stm32f10x. h 和 system_ stm32f10x. c   在系统上电复位那一刻，完成系统初始化的两个函数 SystemInit () 和 SystemCore ClockUpdate ()，以及全局变量 SystemCoreClock 就在这两个文件中实现，它们的作用分别如下。

（1）SystemInit ()   设置系统时钟源，其中涉及 PLL 倍频因子、AHB – APB 预分频因子，以及扩展 Flash 的设置等，该函数在启动文件（startup_ stm32f10x_ xx. s）中被调用。

（2）SystemCoreClock   此变量代表了系统核心时钟 HCLK 的频率值，系统的"滴答"定时器定时长度的计算也是基于这个变量。

（3）SystemCoreClockUpdate ()   在系统运行期间，如果核心时钟 HCLK 需要改变，则必须调用此函数来调整 SystemCoreClock 的值。注意，只是在 HCLK 有了变化的情况下才使用它。

3. 启动文件：startup_ stm32f10x_ hd. s   这是一个汇编源代码文件，使用 STM32 库开发时，startup_ stm32f10x_ hd. s 文件中的函数完成系统启动任务，具体来说，完成了如下工作：设置系统运行的初始堆栈；设置系统运行的初始 PC 值；设置异常/中断向量表；调用系统初始化函数 SystemInit ()，完成对系统时钟的设置；跳转到 C 库中的_ _main () 函数，完成应用程序运行环境的设置（如堆、栈、代码段、数据段等在内存中的布局）和系统引导工作。当这些都完成后，最后调用用户主程序入口函数 main ()，将系统控制权交给用户程序。

4. 外设文件：stm32f10x_ xxx. h、stm32f10x_ xxx. c 和 stm32f10x_ conf. h   标题中的"xxx"对应某种外设，如 USART，相应的外设文件就是 stm32f10x_ usart. h 和 stm32f10x_ usart. c。因此，STM32F10x 系列芯片上有多少种外设，就相应有多少个这样的源文件。这类文件中定义和实现了针对相应外设功能的各种操作，如初始化、读/写数据寄存器、中断控制等。对于这些外设文件，应根据工作实际，导入实际使用到的外设文件，而这种"选择性的导入"是通过 stm32f10x＿conf. h 来实现的。

stm32f10x＿conf. h 文件内容是这样的：　…

//Uncomment/comment the line below to enable/disable peripheral header file inclusion

//#include "stm32f10x_adc. h"

//#include "stm32f10x_bkp. h"　　　//前有"//"注释符,没有导入

#include "stm32f10x_exti. h"　　　//移除包含文件前面的"//"注释符,即表示导入

#include "stm32f10x_gpio. h"

…

5. 与异常/中断向量相关的文件：misc. c、stm32f10x＿it. h、stm32f10x＿it. c　在众多的外设源文件中，misc. h 和 misc. c 是比较特殊的一对，其特殊性在于它不是普通的片上外设，而是针对 CM3 核内的 NVIC 而设计的。系统异常和片上外设中断都必须通过 NVIC 进行统一管理，因此，在基于中断的系统应用中，这两个文件是必不可少的。

同理，有异常或中断产生，就必须有对应的 ISR（中断服务程序）。外设负责产生中断，NVIC 负责管理中断，异常/中断向量表中保存了相关 ISR 的服务程序地址，而真正响应中断的服务程序是在文件 stm32f10x＿it. h/c 或其他文件中实现的。

图 3 -9 很好地展示了异常或中断的传递及处理过程，以及此过程所涉及的相关文件。

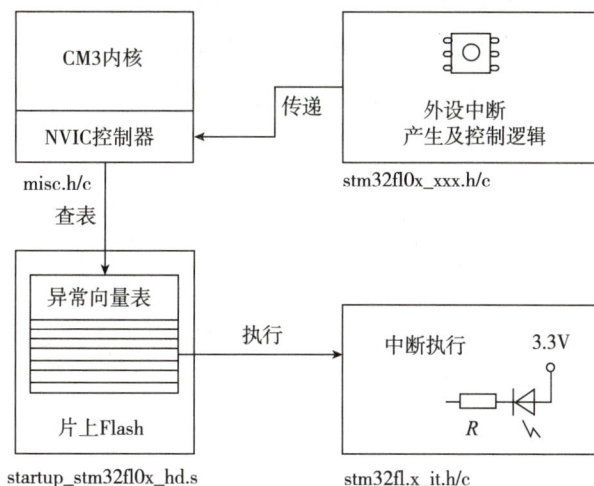

图 3 - 9　中断的产生、管理和响应

四、变量

固态函数库定义了 24 个变量类型，其类型和大小是固定的。在文件 stm32f10x. h 中定义了这些变量：

typedef　　　signed long　　　s32；

typedef　　　signed short　　　s16；

typedef　　　signed char　　　s8；

typedef　　　signed long const　　sc32；　　　/* Read Only */

typedef　　　signed short const　　sc16；　　　/* Read Only */

typedef　　　signed char const　　sc8；　　　/* Read Only */

```
typedef     volatile signed long     vs32;
typedef     volatile signed short    vs16;
typedef     volatile signed char     vs8;
typedef     volatile signed long const     vsc32;            /* Read Only */
typedef     volatile signed short const     vsc16;           /* Read Only */
typedef     volatile signed char const     vsc8;            /* Read Only */
typedef     unsigned long     u32;
typedef     unsigned short    u16;
typedef     unsigned char     u8;
typedef     unsigned long const     uc32;    /* Read Only */
typedef     unsigned short const     uc16;    /* Read Only */
typedef     unsigned char const     uc8;   /* Read Only */
typedef     volatile unsigned long     vu32;
typedef     volatile unsigned short     vu16;
typedef     volatile unsigned char     vu8;
typedef     volatile unsigned long const     vuc32;    /* Read Only */
typedef     volatile unsigned short const     vuc16;    /* Read Only */
typedef     volatile unsigned char const     vuc8;    /* Read Only */
```

1. 布尔型　布尔形变量被定义如下：

```
typedef enum
{FALSE = 0,
TRUE = ! FALSE} bool;
```

2. 标志位状态类型（flag status type）　定义标志位类型的两个可能值为"设置"与"重置"（SET or RESET）。

```
typedef enum
{
RESET = 0, SET =! RESET
} FlagStatus;
```

3. 功能状态类型（functional state type）　定义功能状态类型的两个可能值为"使能"与"失能"（ENABLE or DISABLE）。

```
typedef enum
{ DISABLE = 0,
ENABLE = ! DISABLE
} FunctionalState;
```

4. 错误状态类型（error status type）　定义功能错误类型的两个可能值为"成功"与"出错"（SUCCESS or ERROR）。

```
typedef enum
{ ERROR = 0,
```

SUCCESS =! ERROR

} ErrorStatus；

5. 外设 用户可以通过指向各个外设的指针访问各外设的控制寄存器。这些指针所指向的数据结构与各个外设的控制寄存器布局一一对应。

文件 stm32f10x. h 包含了所有外设控制寄存器的结构，下例为 SPI 寄存器结构的声明：

/* ------------------ Serial Peripheral Interface ------------------ */

typedef struct

{ vu16 CR1；

u16 RESERVED0；

vu16 CR2；u16 RESERVED1；

vu16 SR；

u16 RESERVED2；vu16 DR；

u16 RESERVED3；

vu16 CRCPR；u16 RESERVED4；

vu16 RXCRCR；

u16 RESERVED5；vu16 TXCRCR；

u16 RESERVED6；

} SPI_TypeDef；

文件 stm32f10x. h 包含了所有外设的声明，下例为 SPI 外设的声明：

#ifndef EXT #Define EXT extern

#endif

... #define PERIPH_BASE((u32)0x40000000)

#define APB1PERIPH_BASE PERIPH_BASE

#define APB2PERIPH_BASE(PERIPH_BASE + 0x10000)...

/* SPI2 Base Address definition*/

#define SPI2_BASE(APB1PERIPH_BASE + 0x3800)...

/* SPI2 peripheral declaration*/

#ifndef DEBUG ...

#ifdef _SPI2

#define SPI2((SPI_TypeDef *) SPI2_BASE) #endif /* _SPI2 */

...

#else /* DEBUG */...

#ifdef _SPI2

EXT SPI_TypeDef *SPI2；#endif /* _SPI2 */

...

#endif /* DEBUG */

如果用户希望使用外设 SPI，那么必须在文件 stm32f10x_ conf. h 中定义_ SPI 标签。

通过定义标签_ SPIn，用户可以访问外设 SPIn 的寄存器。例如，用户必须在文件 stm32f10x_ conf. h 中定义标签_ SPI2，否则是不能访问 SPI2 的寄存器的。在文件 stm32f10x_ conf. h 中，用户可以按照下例定义标签_ SPI 和_ SPIn：

#define _SPI

#define _SPI1

#define _SPI2

每个外设都有若干寄存器专门分配给标志位。按照相应的结构定义这些寄存器。标志位的命名，同样遵循上节的外设缩写规范，以"XXX_ FLAG_ "开始。对于不同的外设，标志位都被定义在相应的文件 stm32f10x_ xxx. h 中。

用户想要进入除错（DEBUG）模式的话，必须在文件 stm32f10x_ conf. h 中定义标签 DEBUG。这样会在 SRAM 的外设结构部分创建一个指针。因此可以简化除错过程，并且通过转储外设来获得所有寄存器的状态。在所有情况下，SPI2 都是一个指向外设 SPI2 首地址的指针。

变量 DEBUG 可以仿照下例定义：

#define DEBUG 1

可以初始化 DEBUG 模式与文件 stm32f10x. c 中如下：

#ifdef DEBUG

void debug(void)

{ ...

#ifdef _SPI2

SPI2 =（SPI_TypeDef*）SPI2_BASE; #endif /* _SPI2 */

...

} #endif /* DEBUG*/

进入 DEBUG 模式会增大代码的尺寸，降低代码的运行效率。因此，强烈建议仅仅在除错的时候使用相应代码，在最终的应用程序中删除它们。

五、外设的初始化和设置

本节按步骤描述了如何初始化和设置任意外设。这里 XXX 代表任意外设。

1. 申明结构体 在主应用文件中，声明一个结构 XXX_ InitTypeDef，例如：

XXX_InitTypeDef XXX_InitStructure;

这里 XXX_ InitStructure 是一个位于内存中的工作变量，用来初始化一个或者多个外设 XXX。

2. 为结构体赋值 为变量 XXX_ InitStructure 的各个结构成员填入允许的值。可以采用以下两种方式：

（1）按照如下程序设置整个结构体

XXX_InitStructure. member1 = val1; XXX_InitStructure. member2 = val2;

XXX_InitStructure. memberN = valN;

/* where N is the number of the structure members */

以上步骤可以合并在同一行里，用以优化代码大小：

XXX_InitTypeDef XXX_InitStructure = { val1, val2,.., valN}

（2）仅设置结构体中的部分成员 这种情况下用户应当首先调用函数 XXX_ SturcInit（..）来初始化变量 XXX_ InitStructure，然后再修改其中需要修改的成员。这样可以保证其他成员的值（多为缺省值）被正确填入。

XXX_StructInit(&XXX_InitStructure)；XXX_InitStructure. memberX ＝ valX；

XXX_InitStructure. memberY ＝ valY；

/ * where X and Y are the members the user wants to configure * /

3. 初始化　调用函数 XXX_ Init（..）来初始化外设 XXX。

4. 使能　在这一步，外设 XXX 已被初始化。可以调用函数 XXX_ Cmd（..）来使能。

XXX_Cmd(XXX, ENABLE)；

可以通过调用一系列函数来使用外设，每个外设都拥有各自的功能函数，更多细节参阅外设固件概述。

另外，还有一些在设置外设中常用的函数。

（1）在设置一个外设前，必须调用以下一个函数来使能它的时钟：

RCC_AHBPeriphClockCmd(RCC_AHBPeriph_XXXx, ENABLE)；

RCC_APB2PeriphClockCmd(RCC_APB2Periph_XXXx, ENABLE)；

RCC_APB1PeriphClockCmd(RCC_APB1Periph_XXXx, ENABLE)；

（2）可以调用函数 XXX_ Deinit（..）来把外设 XXX 的所有寄存器复位为缺省值：

XXX_DeInit(XXX)

（3）在外设设置完成以后，继续修改它的一些参数，可以参照如下步骤：

XXX_InitStucture. memberX ＝ valX；

XXX_InitStructure. memberY ＝ valY；/ * where X and Y are the only

members that user wants to modify * /XXX_Init(XXX, &XXX_InitStructure)；

第四节　使用库建立工程

一、MDK 概述

本节使用 ARM 公司的集成开发工具 MDK 对这最后一步做个交代，其中包括使用 MDK 进行基本的工程管理，其他更高级的技巧，尤其是工程调试，将在后面的章节中结合工程实例予以介绍。

MDK（Microcontroller Development Kit）是 ARM 公司收购了 Keil 之后，推出的一款主要基于 Cortex – M 处理器的开发工具，它是 Keil 公司集成开发环境 uVision IDE 与 ARM 公司的编译工具 RVCT （Real View Compile Tools）的完美组合，主要由以下 4 个部分组成。

1. uVision IDE　是一个集项目管理器、源代码编辑器、调试器于一体的强大集成开发环境。

2. RVCT　ARM 公司提供的编译工具链，包含编译器、汇编器、链接器等。

3. RL – ARM　实时库，可根据工程需要将其作为代码库来使用。

4. ULINK USB – JTAG 仿真器　用于连接目标板的调试接口（JTAG 或 SWD），帮助用户在目标板上调试程序。

图 3 – 10 是打开一个工程时的完整界面。以此来大致说明一下此 GUI 的功能区域划分。

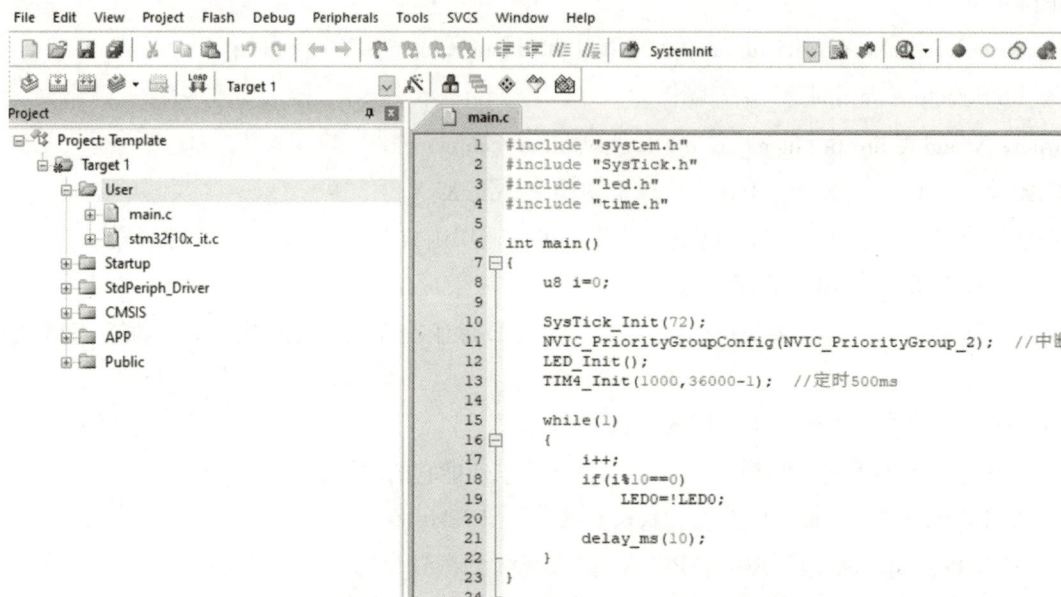

图 3-10　Keil MDK 工程管理界面

默认时整个窗口分为 5 个区：菜单栏、工具栏、工程管理区、源码编辑区和编译输出区。菜单栏和工具栏与传统 Window 程序相类似，其中与开发相关的工具或菜单在接下来的"使用 MDK 建立工程的步骤"介绍中会做详细说明。

工程管理区：以分组（将工程源文件按不同性质划分为不同的分组）的方式管理整个工程的源文件。

源代码编辑区：在工程管理区选择的当前文件，其内容会显示在这个区域，开发人员可以在此进行源代码编辑和修改。

编译输出区（build output）：编译工程时，编译成功或出错、报警等信息会显示在个区域。

二、使用 MDK 建立工程的步骤

1. 建立工程结构目录　在一个硬盘分区上建立工程文件夹，以本章"跑马灯"为例，取工程名为 keyLed，并且在该目录下再建立 4 个空文件夹。

（1）project　在使用 MDK 新建工程时，工程文件应放在此目录下。

（2）usr　用户自定义的源码文件，如 main.c、usart.h、usart.c 等应存放于此目录下。

（3）output　编译链接过程中所产生的中间输出文件等会存放于此处。

（4）stm32　将原始的 STM32 库文件复制到此文件夹下。

2. 工程创建过程

（1）创建工程并选择处理器　选择"Project→New uVision Project"菜单项，弹出如图 3-11 所示对话框询问新工程文件存放在哪里，选择在第一步中建立好的 project 文件夹。

单击"保存"按钮后，弹出"选择处理器"对话框，如图 3-12 所示。依据所使用的芯片型号选择，如 MCU"STM32F103ZET6"，所以在芯片列表中选择"STM32F103ZE"。

选择了芯片型号之后，MDK 会弹出"是否在工程中加入 CPU 的启动代码"的提示框，在此选择"否"。因为会在随后的"新建源文件及文件组"步骤中，引入 STM32 库中自带的启动代码。

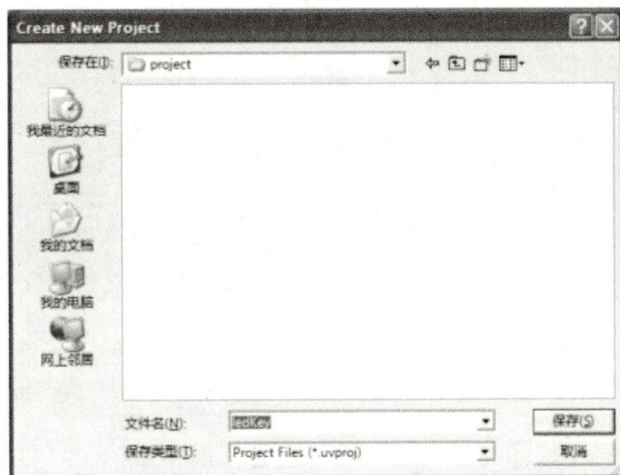

图 3 – 11　创建工程对话框

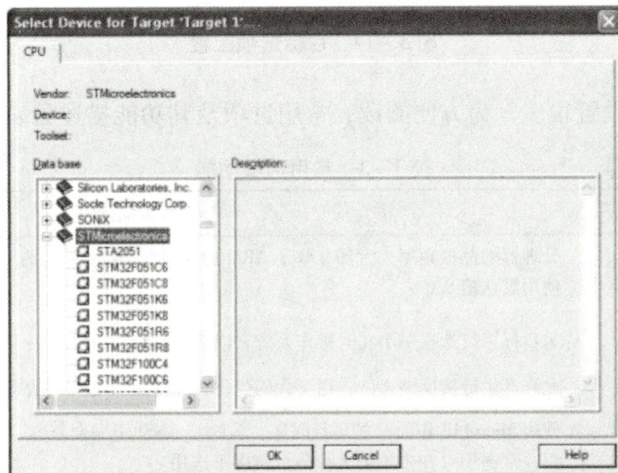

图 3 – 12　选择处理器

（2）选择工具链　选择 "Project→Manage→Components，Environment and Books" 菜单项，弹出图 3 –13 所示的对话框。选择 "Folders / Extensions" 标签页，并注意 "Select ARMDevelopment Tools" 群组框，选择的 "Use RealView Compiler" 使用 ARM 公司的 RVCT 工具链。

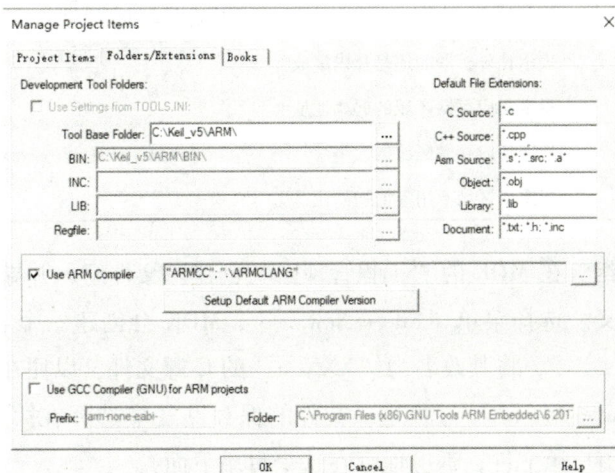

图 3 – 13　选择工具链

3. 目标选项配置 选择 "Project→Options for Target..." 菜单项，弹出 "Options for Target" 对话框，如图 3-14 所示。

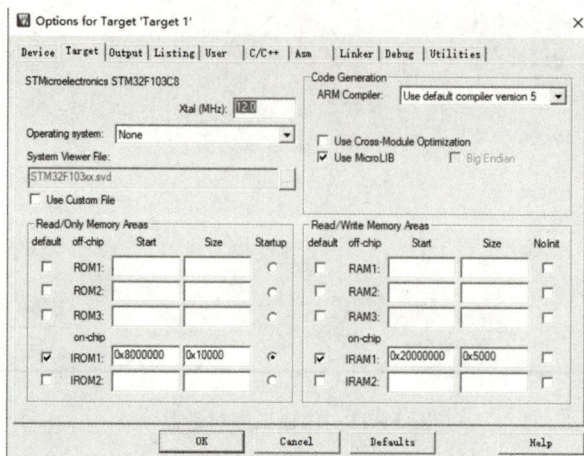

图 3-14 目标选项配置

由于该对话框的选项设置很多，为方便阅读，常用选项及其功能描述见表 3-3。

表 3-3 常用选项功能

选项	作用描述
Xtal（MHz）	处理器的晶振频率，大部分基于 ARM 的 MCU 都使用片内的 PLL 作为 CPU 时钟源，所以此处使用默认值 8.0
Operating System	为目标系统选择一个实时操作系统，以后自己移植 μC/OS-Ⅲ，所以此处也选择默认值 None
Use Cross-Module Optimization	允许产生链接反馈文件，用于代码优化，保持默认不选的状态
Use MicroIB	使用 MicroLIB 作为 C 的运行时库，该库与 ANSI 不完全兼容，但能满足绝大多数小型嵌入式应用，常选用（在书本的大部分示例中不选用）
Big Endian	大小端字节序的选择，大多数嵌入式系统使用小端字节序
ROMx	片外扩展的只读存储区域，一般通过启动代码进行配置
IROMx	片内集成只读存储区域，一般通过启动代码进行配置
RAMx	片外扩展的指定 ZI（零值初始化）和 RW（读写）存储器
IRAMx	片内扩展的指定 ZI（零值初始化）和 RW（读写）存储器，通过启动代码进行配置
default	如果勾选，表示对于应用而言，此区域是全局可访问的
Off-chip / on-chip	表示片外扩展的还是片内集成
Start	指定相应存储区域的起始地址
Size	指定相应存储区域的大小
NoInit	指定该区域不用零值初始化

4. 新建源文件及文件组 在 MDK 的 "工程管理区" 创建源文件组，并导入源文件，读者由此可以明白 "工程管理区" 的含义。选择菜单 "File→New..."，MDK 会创建一个名为 "Text1" 的空白文本文件，选择 "File→Save As..."，将其改名为 "XXX. c" 的 C 源文件，以便在进行源代码编写时提供语法高亮显示。在 "File→Save As..." 过程中，文件的保存路径应选择在第一步建立的 "ledKey/usr" 路径下（所有后续新建的用户源文件，都应保存在这个目录下面）。

在第一步已经新建的文件夹 stm32 中，放入了 STM32 库相关的文件（以后涉及的操作系统 mC/

OS－Ⅲ、网络协议栈 uIP 和 eFats 文件协议等文件也在第一步准备妥当）。

当所有的源码文件都已准备完成之后，开始着手在"工程管理区"建立文件组，目的是将工程所涉及的源代码文件进行分类管理。一般的裸板实验工程，可以建立如下的文件组，并在它们之中导入相关的源码文件。

（1）文件组分类及其源文件

1）CMSIS：其下导入 CPAL、DPAL 下的全部文件 core_cm3.h/c、stm32f10x.h、system_stm32f10x.h/c、startup_stm32f10x_hd.s。

2）FWlib：其下导入 misc.c/h 和本工程所用的外设源文件，如 stm32f10x_gpio.c/h、stm32f10x_rcc.c/h 等。

3）Usr：其下导入用户自定义源文件，包括 main.c、ledKey.c、stm32f10x_it.c、stm32f10x_conf.h。

首先，在工程管理区间断双击（双击之间间隔1秒左右）需要修改的文本，待其呈现深色背景且处于可编辑状态后，修改其内容为工程实际的标题内容，将默认的 Target1 和 Source Group1 修改为 ledKey 和 CMSIS。

然后，右击 ledKey 或 CMSIS 文件组名，弹出新增文件组菜单，单击后，在工程管理区多出"New Group"文件组，将其修改为 FWlib。

（2）向文件组中导入源码文件　选中需要添加源文件的文件组，右击并在弹出的浮动菜单中单击"Add Files to Group..."，按照"文件组分类及其源文件"样板，将在第一步中准备好的源代码文件添加进工程。添加完源文件后的工程管理区如图3-15所示。

5. 配置编译、链接工具

（1）定义中间输出文件保存位置　在编译过程中，会产生许多诸如".o"（或目标模块）的文件，这些中间文件是下一步链接过程的输入，得有一个地方存放它们。这一步就是定义放置这些中间文件的位置，选择菜单"Project→Options for Target..."，单击"Select Folder for Objects..."，询问编译过程中间文件的输出位置，选择在第一步所建立的 output 文件夹。

（2）定义链接器链接输出文件位置　同样，在选择菜单"Project→Options for Target..."弹出的对话框中选择"Listing"标签页。单击"Select Folder for Listing..."后，询问链接过程中间文件的输出位置，选择在第一步所建立的 output 文件夹。

（3）添加条件宏和头文件　在选择菜单"Project→Options for Target..."弹出的对话框中选择"C/C++"标签页，弹出如图3-16所示的对话框。在"Define"标签后的编辑框中输入宏常量 USE_STDPERIPH_DRIVER 和 STM32F10X_MD。

图3-15　工程文件组及其源代码文件

1）USE_STDPERIPH_DRIVER：表明本工程开发过程中需要使用 STM32 库函数。

2）STM32F10x_HD：表明工程采用的芯片系列为 STM32F10X 高密度高容量芯片，因而在 Coding 过程中，就可以使用只有 HD 芯片才具有的一些宏定义、变量等。

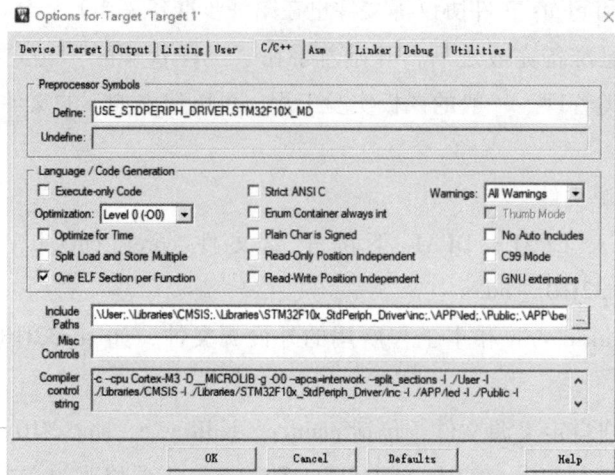

图 3-16 添加条件宏和头文件对话框

单击"Include Paths"标签所在编辑框后的"…"按钮，弹出图 3-17 所示的头文件设置对话框，添加工程所需要的头文件。方法是单击右边的添加按钮，找到工程所用到的头文件（这些文件实际存放于第一步所建立的 usr 或 stm32 文件夹下面），确认后该头文件就会自动添加到头文件列表中。添加了所有头文件后的对话框如图 3-17 所示。

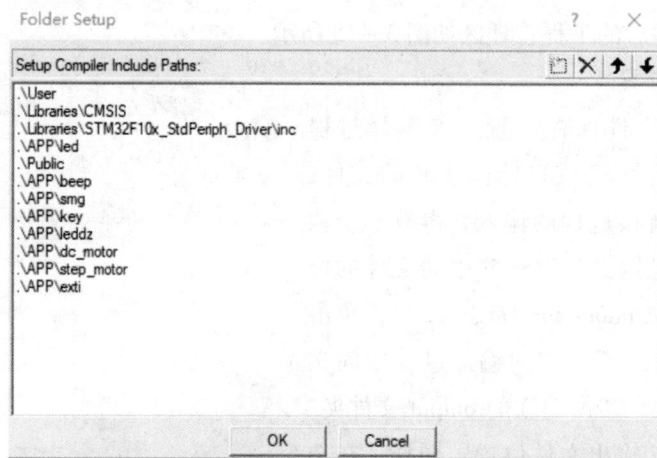

图 3-17 添加工程头文件

6. 工程调试

（1）选择调试方式及调试器　调试方式两种：软件模拟器调试和硬件调试器调试。

1）软件模拟器模式：在没有目标硬件的情况下，如果想学习 ARM 体系结构的开发，就可以使用软件模拟器模式。绝大部分情况下，学习 STM32 嵌入式开发一般都配有学习板，所以这里着重介绍硬件调试器模式。

2）硬件调试器模式：就是使用一个外接的在线仿真器连接目标板与 PC，通过 MDK GUI 界面的调试操作来控制目标系统运行（或单步，或连续）的一种工作模式。

（2）MDK 中硬件调试设置　选择菜单"Project→Options for Target …"在弹出的对话框中选择"Debug"标签（图 3-18），在此对话框的右边部分设置"硬件调试"。

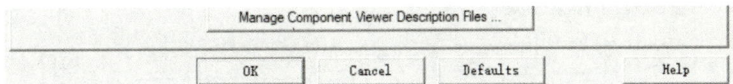

图 3 – 18　仿真器设置

在右边"Use"对应的下拉列表框中，MDK 列出了支持的仿真器驱动程序，在这里请选择读者配套开发板，本书使用的"ULINK2/ME Cortex Debugger"仿真驱动。

选择好所需的硬件仿真器驱动之后，单击"Settings"按钮，弹出"Cortex – M Target Driver Setup"窗口，如果调试器与目标板正确连接，则会在"JTAG Device Chain"群组框中显示该仿真器相关的信息。

至此，仿真调试设置完成，接下来就是下载编译好的 Image 文件到目标系统。

7. 工程下载　当经过调试，解决了所有的软件 Bug 之后，需要将编译后的可执行代码烧录进入目标系统的 Flash 之中。MDK 能够生成 AXF 和 HEX 两种格式的镜像文件（通常称为 Image）。它们的区别在于：AXF 是 ARM 特有的文件格式，也是编译输出的默认格式，它除了包含 bin 文件之外，还包括了额外的调试信息。HEX 格式的文件包含了地址信息，在烧录或下载 HEX 文件的时候，一般不需要用户指定地址。

在开发过程中，使用 AXF 格式的文件可以方便调试；但在正式的产品中，选择更小尺寸的 HEX 格式文件，更有利于产品性能的发挥。在"Output"标签中，可以通过取消复选框"Debug Information"来移除调试信息，如图 3 – 19 所示。但在开发阶段，不建议这样做。

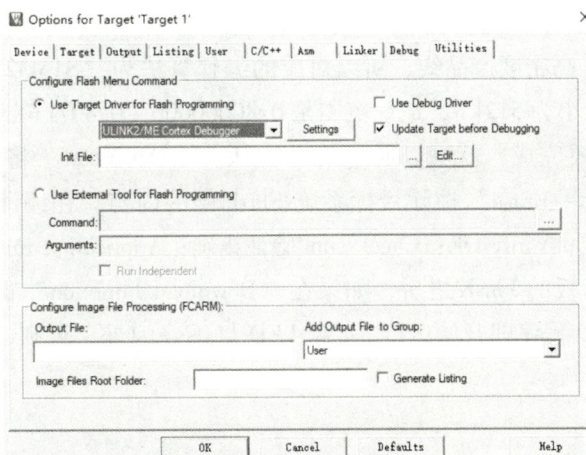

图 3 – 19　工程镜像文件格式选择

配置 Flash 编程工具及算法：选择菜单"Project→Options for Target ..."，在弹出的对话框中选择"Utilites"标签，如图 3 – 20 所示。

此标签页配置 Flash 编程工具及算法，MDK 提供两种 Flash 编程方法：外部工具和目标板驱动。

（1）外部工具（External Tool）　使用第三方基于命令行的编程工具，这种方式较为复杂，一般不用。

（2）目标板驱动（Target Driver）　默认的 Flash 编程驱动，即根据选择的调试器（前面提到的仿真器）选择合适的驱动，比如本书所有示例都使用 ULINK2 调试 CM3 处理器，所以可以选择"ULINK Cortex Debugger"作为 Flash 烧录（编程）驱动。其他设置选项采用默认设置。

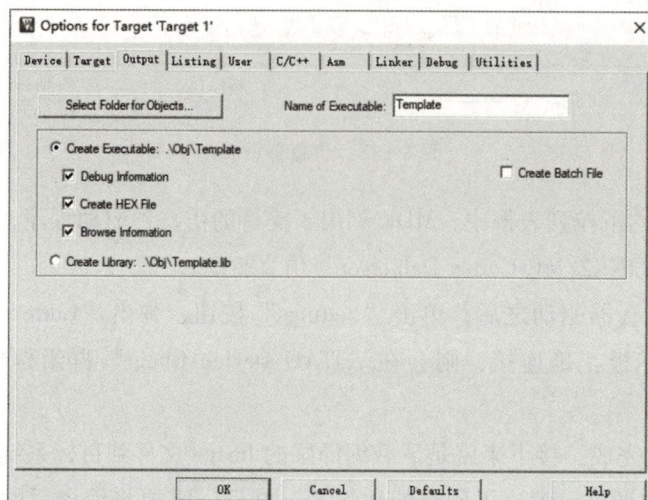

图 3 - 20 Flash 编程算法选择

选择好 Flash 编程驱动后，单击其后的"Settings"按钮，在弹出的对话框中可以对 Flash 编程过程中做进一步的设置。

在"Download Function"群组框中，左边的 3 个单选框是依次询问"下载（编程）前：擦写整个 Flash 空间/只擦写所用到的扇区/不擦写"；而右边的 3 个复选框分别表示编程（烧录）、进行 Check Sum 校验、（下载后立即）复位并运行，可以根据工程的实际情况进行选择。

至于"Programming Algorithm"复选框，主要是对片上 Flash 的编程算法的选择。当在前面第一步中选择好了处理器的型号之后，这里的编程算法就确定了下来。比如前面选择的 CPU 芯片是"STM32F103ZET6"，它属于高密度产品线，所以对应的编程算法为"STM32F10x High - density Flash"。此 CPU 内置的 Flash 容量大小为 512kB，地址范围是 0x80000000 ~ 0x807FFFFF。

一旦 Flash 编程算法配置完成，就可以通过菜单"Flash→Download"将 AXF 文件下载到目标系统的 Flash 中，或通过"Flash→Erase"擦除目标系统 Flash 中的内容。在编译输出区将输出的如下提示 Programming Done：烧录完成；V rify OK：Check sum 验证正确；Application running . . . 程序正在运行。

AXF 文件被烧录进目标板的 Flash 之后，如果在"Download Function"群组框中选择了"Reset and Run"，此时学习板上的 LED 程序即开始运行，4 颗 LED 灯不停闪烁。否则，需要按一下开发板上的复位键，LED 程序才能开始运行。

目标检测

答案解析

一、单选题

1. MDK 下 C 语言的基础知识不包括（ ）
   A. 变量声明　　　　B. 函数定义　　　　C. 类的继承　　　　D. 指针操作
2. CMSIS 层次结构包括（ ）
   A. 核心层　　　　B. 驱动层　　　　C. 应用层　　　　D. 以上所有
3. STM32 库函数的命名规则是（ ）
   A. 随意命名　　　　　　　　　　B. 按照 C 标准命名
   C. 以库函数名开头　　　　　　　D. 以外设名称开头

4. 初始化和设置 STM32 外设的方法是（ ）

    A. 通过手动操作寄存器   B. 使用库函数

    C. 使用外部工具   D. 通过固件更新

5. 使用库建立工程的步骤不包括（ ）

    A. 创建项目   B. 配置编译器

    C. 编写代码   D. 发布项目

6. MDK-ARM 的主要功能不包括（ ）

    A. 编译代码   B. 调试代码   C. 管理数据库   D. 仿真调试

7. CMSIS 的主要作用是（ ）

    A. 提供标准的硬件抽象层   B. 管理内存

    C. 提供高级编程接口   D. 管理文件系统

8. 使用 MDK-ARM 进行调试的方法是（ ）

    A. 通过硬件仿真器   B. 通过模拟器

    C. 通过在线调试工具   D. 通过代码分析工具

9. MDK-ARM 的配置文件不包括（ ）

    A. 项目配置文件   B. 编译器配置文件

    C. 调试器配置文件   D. 网络配置文件

10. 配置 MDK-ARM 编译环境的方法是（ ）

    A. 通过项目设置   B. 通过硬件设置

    C. 通过软件设置   D. 通过文件设置

11. STM32 库函数调用的方法是（ ）

    A. 通过 API 接口   B. 直接在代码中调用

    C. 通过命令行调用   D. 通过外部工具调用

12. 使用 MDK-ARM 进行代码优化的方法是（ ）

    A. 通过编译器选项   B. 通过代码重构

    C. 通过硬件升级   D. 通过软件更新

13. 固态库文件的主要用途是（ ）

    A. 提供动态链接库   B. 提供静态链接库

    C. 提供外部接口   D. 提供硬件支持

二、简答题

1. 如何安装 MDK-ARM？

2. CMSIS 的主要作用是什么？

3. 如何使用 MDK-ARM 进行调试？

4. 如何在 MDK-ARM 中创建新工程？

5. STM32 库函数的命名规则是什么？

书网融合……

本章小结

第四章 通用并行接口 GPIO

学习目标

1. 掌握 STM32F103 的 GPIO 硬件结构。

2. 了解 STM32F103 微控制器的 GPIO 引脚数量、排列方式和功能特性；GPIO 的寄存器结构和操作。

3. 熟悉 GPIO 引脚的复用功能，包括通用输入/输出、模拟输入、复用功能、GPIO 的标准库函数等。

4. 学会使用 GPIO 标准库函数，如初始化 GPIO_Init () 函数等。

5. 通过实践掌握 GPIO 的初始化和配置方法，培养对硬件接口的理解和操作能力；培养分析和解决硬件相关问题的能力，例如 GPIO 引脚连接错误、配置错误等。

⇒ 实例分析 -

实例 假设你正在开发一个智能灯控系统，该系统可以通过按键控制 LED 灯的开关状态。按下按键时，LED 灯打开；再次按下按键时，LED 灯关闭。为了实现这一功能，需要使用 STM32F103 的 GPIO（通用输入输出）引脚来读取按键状态并控制 LED 灯。

问题 1. 如何配置 STM32F103 的 GPIO 引脚，用于按键输入和 LED 输出？

2. 如何编写代码实现按键控制 LED 灯的功能？

- -

GPIO（general purpose input/output，通用输入输出）是微控制器中最基本和最常用的外设之一。它的主要作用是提供与外部设备或系统交互的接口。通用并行接口 GPIO 包括多个 16 位 I/O 端口（PA0 ～ PA15、PB0 ～ PB15 和 PC0 ～ PC15 等），每个端口可以独立设置 3 种输入方式和 4 种输出方式，并可以独立地置位或复位。

第一节 GPIO 结构及寄存器说明

GPIO 的基本结构如图 4 - 1 所示。

GPIO 由寄存器、输入驱动器和输出驱动器等部分组成。

1. GPIO 寄存器 包括配置寄存器（CRL 和 CRH）、输入数据寄存器 IDR、输出数据寄存器 ODR 和位设置/清除寄存器（BSRR 和 BRR）等（表 4 - 1）。GPIOA ～ GPIOC 的基地址依次为 0x4001 0800、0x4001 0C00 和 0x4001 1000。

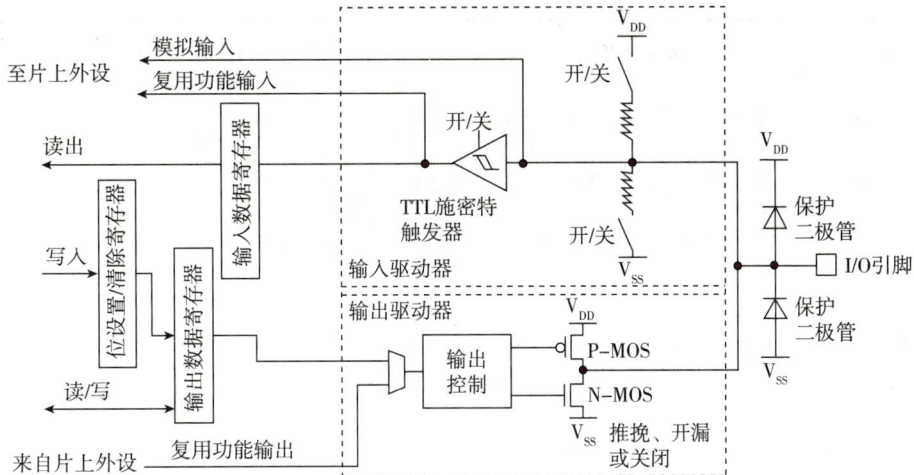

图 4－1 GPIO 的基本结构

表 4－1 GPIO 寄存器

偏移地址	名称	类型	复位值	说明
0x00	CRL	读/写	0x4444 4444	配置寄存器低位
0x04	CRH	读/写	0x4444 4444	配置寄存器高位
0x08	IDR	读	—	输入数据寄存器（16 位）
0x0C	ODR	读/写	0x0000	输出数据寄存器（16 位）
0x10	BSRR	写	0x0000 0000	位设置/清除寄存器：低 16 设置，高 16 位清除。0—不影响，1—ODR 对应位设置/清除
0x14	BRR	写	0x0000	位清除寄存器：与 BSRR 的高 16 位功能。相同 0—不影响，1—ODR 对应位清除
0x18	LCKR	读/写	0x0000 0000	配置锁定寄存器

GPIO 寄存器结构体在 stm32f10x. h 中定义如下：

```
typedef struct
{
    vu32 CRL;        // 配置寄存器低位
    vu32 CRH;        // 配置寄存器高位
    vu32 IDR;        // 输入数据寄存器
    vu32 ODR;        // 输出数据寄存器
    vu32 BSRR;       // 位设置/清除寄存器
    vu32 BRR;        // 位清除寄存器
    vu32 LCKR;       // 配置锁定寄存器
} GPIO_TypeDef;
```

配置寄存器（CRL 和 CRH）中每个端口对应的 4 个配置位是 CNF［1：0］和 MODE［1：0］，GPIO 端口配置见表 4－2。

表 4 – 2　GPIO 端口配置

CNF [1:0]	MODE [1:0]	输入配置	CNF [1:0]	MODE [1:0]	输出配置
00	00	模拟输入	00	01/10/11	通用推挽输出
01	00	浮空输入（复位状态）	01	01/10/11	通用开漏输出
10	00	上拉/下拉输入	10	01/10/11	复用推挽输出
11	00	保留	11	01/10/11	复用开漏输出

2. 输入驱动器　包括上拉/下拉电阻和施密特触发器，实现 3 种输入配置：浮空输入时上拉/下拉电阻断开；上拉/下拉输入时根据 ODR 的数据连接上拉/下拉电阻，这两种输入配置下施密特触发器打开，输入数据经施密特触发器输入输入数据寄存器或片上设备（复用输入）；模拟输入时上拉/下拉电阻断开，施密特触发器关闭，模拟输入片上设备（如 ADC 等）。

3. 输出驱动器　包括输出控制和输出 MOS 管等，实现 4 种输出配置：通用输出的数据来自输出数据寄存器，复用输出的数据来自片上设备。推挽输出 0 时 N – MOS 管导通，输出 1 时 P – MOS 管导通；开漏输出时 P – MOS 管关闭，输出 0 时 N – MOS 管导通，输出 1 时 N – MOS 管也关闭，端口处于高阻状态。输入配置时输出驱动器关闭，输出配置时输入驱动器的上拉/下拉电阻断开，施密特触发器打开，输出数据可经施密特触发器输入输入数据寄存器。

输入数据通过 IDR 实现。输出数据可以通过 ODR 实现，也可以通过 BSRR 和 BRR 实现位操作，即只对 1 对应的位设置或清除，而不影响 0 对应的位，相当于对 ODR 进行按位"或"操作（设置）和按位"与"操作（清除）。

Keil 中 GPIO 的对话框如图 4 – 2 所示。

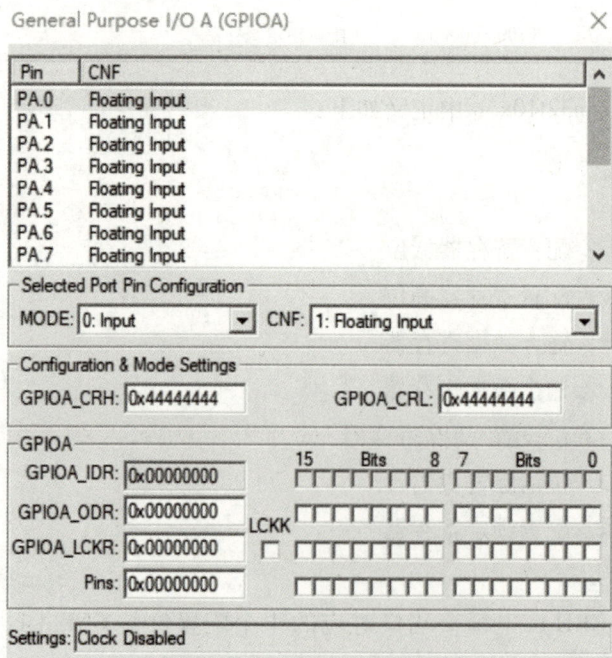

图 4 – 2　GPIO 对话框

📎 **知识链接** -

GPIO 的发展历程

GPIO 是通用输入/输出的缩写,是数字集成电路中的一种基本组件,用于处理输入和输出信号。GPIO 的发展历程主要随着数字集成电路技术的发展而演变。

1. 早期阶段　在早期的计算机系统中,通用输入/输出通常通过电气开关、继电器等离散元件实现。这些系统的输入/输出接口往往需要单独设计,且功能有限,无法灵活适应不同的应用场景。

2. 集成电路时代　随着集成电路技术的发展,数字集成电路中出现了可编程的 GPIO 端口。这些可编程的 GPIO 端口可以通过编程方式配置为输入或输出,并可用于连接外部设备,如传感器、执行器等。

3. 微控制器的兴起　随着微控制器技术的发展,GPIO 成为微控制器中的基本组成部分。

现代微控制器通常具有多个 GPIO 引脚,可以通过软件配置为不同的功能,如数字输入、数字输出、模拟输入、模拟输出等。GPIO 的灵活性和可编程性使得微控制器能够广泛应用于各种嵌入式系统中,如工业控制、汽车电子、智能家居等领域。

第二节　GPIO 库函数说明

基本的 GPIO 库函数在 stm32f10x_gpio.h 中声明如下:

```
void        GPIO_Init(GPIO_TypeDef*        GPIOx,        GPIO_InitTypeDef* GPIO_InitStruct);
u8 GPIO_ReadInputDataBit(GPIO_TypeDef * GPIOx, u16 GPIO_Pin);
u16 GPIO_ReadInputData(GPIO_TypeDef * GPIOx);
u8 GPIO_ReadOutputDataBit(GPIO_TypeDef * GPIOx, u16 GPIO_Pin);
u16 GPIO_ReadOutputData(GPIO_TypeDef * GPIOx);
void GPIO_SetBits(GPIO_TypeDef * GPIOx, u16 GPIO_Pin);
void GPIO_ResetBits(GPIO_TypeDef * GPIOx, u16 GPIO_Pin);
void GPIO_WriteBit(GPIO_TypeDef * GPIOx, u16 GPIO_Pin, BitAction BitVal);
void GPIO_Write(GPIO_TypeDef * GPIOx, u16 PortVal);
void GPIO_PinRemapConfig(u32 GPIO_Remap, FunctionalState NewState);
```

1. 初始化 GPIO

```
void        GPIO_Init(GPIO_TypeDef*        GPIOx,        GPIO_InitTypeDef* GPIO_InitStruct);
```

参数说明:

GPIOx:GPIO 名称,取值是 GPIOA、GPIOB、GPIOC 或 GPIOD 等。

GPIO_InitStruct:GPIO 初始化参数结构体指针,初始化参数结构体定义如下:

```
typedef struct
{ u16 GPIO_Pin;          // GPIO 引脚
  GPIOSpeed_TypeDef GPIO_Speed;   // GPIO 速度
  GPIOMode_TypeDef GPIO_Mode;    // GPIO 模式
```

```
} GPIO_InitTypeDef;
```

其中 GPIO_ Pin、GPIO_ Speed 和 GPIO_ Mode 分别定义如下：

```
#define GPIO_Pin_0      ((u16)0x0001)   /* Pin 0 selected */
#define GPIO_Pin_1      ((u16)0x0002)   /* Pin 1 selected */
#define GPIO_Pin_2      ((u16)0x0004)   /* Pin 2 selected */
#define GPIO_Pin_3      ((u16)0x0008)   /* Pin 3 selected */
#define GPIO_Pin_4      ((u16)0x0010)   /* Pin 4 selected */
#define GPIO_Pin_5      ((u16)0x0020)   /* Pin 5 selected */
#define GPIO_Pin_6      ((u16)0x0040)   /* Pin 6 selected */
#define GPIO_Pin_7      ((u16)0x0080)   /* Pin 7 selected */
#define GPIO_Pin_8      ((u16)0x0100)   /* Pin 8 selected */
#define GPIO_Pin_9      ((u16)0x0200)   /* Pin 9 selected */
#define GPIO_Pin_10     ((u16)0x0400)   /* Pin 10 selected */
#define GPIO_Pin_11     ((u16)0x0800)   /* Pin 11 selected */
#define GPIO_Pin_12     ((u16)0x1000)   /* Pin 12 selected */
#define GPIO_Pin_13     ((u16)0x2000)   /* Pin 13 selected */
#define GPIO_Pin_14     ((u16)0x4000)   /* Pin 14 selected */
#define GPIO_Pin_15     ((u16)0x8000)   /* Pin 15 selected */
#define GPIO_Pin_All    ((u16)0xFFFF)   /* All pins selected */

typedef enum
{  GPIO_Speed_10MHz = 1,
   GPIO_Speed_2MHz,
   GPIO_Speed_50MHz
} GPIOSpeed_TypeDef;

typedef enum
{  GPIO_Mode_AIN = 0x0,        // 模拟输入
   GPIO_Mode_IN_FLOATING = 0x04,  // 浮空输入
   GPIO_Mode_IPD = 0x28,       // 下拉输入
   GPIO_Mode_IPU = 0x48,       // 上拉输入
   GPIO_Mode_Out_PP = 0x10,    // 通用推挽输出
   GPIO_Mode_Out_OD = 0x14,    // 通用开漏输出
   GPIO_Mode_AF_PP = 0x18      // 复用推挽输出
   GPIO_Mode_AF_OD = 0x1C,     // 复用开漏输出
}  GPIOMode_TypeDef;
```

GPIO_ Init（）函数的核心语句是：

```
GPIOx -> CRL = tmpreg;
GPIOx -> CRH = tmpreg;
```

2. 读输入数据位

u8 GPIO_ReadInputDataBit(GPIO_TypeDef * GPIOx, u16 GPIO_Pin);

参数说明：

GPIO_ Pin：GPIO 引脚，取值是 GPIO_ Pin_ 0 ~ GPIO_ Pin_ 15。

返回值：输入数据位，0 或 1。

GPIO_ ReadInputDataBit（）函数的核心语句是：

if((GPIOx -> IDR & GPIO_Pin)！= (u32)Bit_RESET)

可以简化为：　　if（GPIOx -> IDR & GPIO_ Pin）

3. 读输入数据

u16 GPIO_ReadInputData(GPIO_TypeDef * GPIOx);

返回值：输入数据。

GPIO_ ReadInputData（）函数的核心语句是：

return((u16)GPIOx -> IDR);

GPIOx -> BSRR = GPIO_Pin;

GPIOx -> BRR = GPIO_Pin;

4. 写输出数据

void GPIO_Write(GPIO_TypeDef* GPIOx, u16 PortVal);

参数说明：

PortVal：输出数据值。

GPIO_ Write（）函数的核心语句是：

GPIOx -> ODR = PortVal;

5. 配置引脚映射

void GPIO_PinRemapConfig(u32 GPIO_Remap, FunctionalState NewState);

参数说明：

GPIO_ Remap：映射引脚，主要定义如下：

#define　GPIO_Remap_SWJ_NoJTRST　　((u32)0x00300100) /* Full SWJ Enabled （JTAG – DP + SW – DP) but without JTRST */

#define　GPIO_Remap_SWJ_JTAGDisable　　((u32)0x00300200) /* JTAG – DP Disabled and SW – DP Enabled */

#define GPIO_Remap_SWJ_Disable　((u32)0x00300400) /* Full SWJ Disabled(JTAG – DP + SW – DP)*/

NewState：映射新状态，ENABLE（1）—允许，DISABLE（0）—禁止

GPIO_ PinRemapConfig（）函数的核心语句是：

AFIO -> MAPR = tmpreg;

6. 读输出数据位

u8 GPIO_ReadOutputDataBit(GPIO_TypeDef * GPIOx, u16 GPIO_Pin);

返回值：输出数据位，0 或 1。

GPIO_ ReadOutputDataBit（）函数的核心语句是（也可以简化）：

if((GPIOx -> ODR & GPIO_Pin)！= (u32)Bit_RESET)

7. 读输出数据

u16 GPIO_ReadOutputData(GPIO_TypeDef ∗ GPIOx) ;

返回值：输出数据。

GPIO_ ReadOutputData （） 函数的核心语句是：

return((u16) GPIOx –> ODR) ;

8. 设置输出数据位

void GPIO_SetBits(GPIO_TypeDef ∗ GPIOx, u16 GPIO_Pin) ;

GPIO_ SetBits （） 函数的核心语句是：

GPIOx –> BSRR = GPIO_Pin;

9. 清除输出数据位

void GPIO_ResetBits(GPIO_TypeDef ∗ GPIOx, u16 GPIO_Pin) ;

GPIO_ ResetBits （） 函数的核心语句是：

GPIOx –> BRR = GPIO_Pin;

10. 写输出数据位

void   GPIO_WriteBit(GPIO_TypeDef∗   GPIOx,   u16   GPIO_Pin, BitAction BitVal) ;

第三节　GPIO 应用

本节将介绍如何在创建好的库函数模板上，通过库函数使开发板上的 LED 灯点亮，对于不同品牌的开发板，读者在学习本章内容后根据实际电路配置进行适当修改即可。以后章节中涉及开发板的不同配置不再额外声明。学习本节可以参考《STM32F1xx 中文参考手册》的 "通用 I/O （GPIO）" 章节，特别是在涉及 GPIO 内部结构和寄存器功能部分。通过本节的学习，可以学会如何使用库函数控制 STM32 的 GPIO 输出高低电平。

本节所要实现的功能：点亮 LED 发光二极管，即让 STM32 的 PB5 管脚输出一个低电平。实现该功能的主要程序框架如下：①初始化系统时钟，默认配置为 72MHz；②初始化 LED 对应的 GPIO 相关参数，并使能 GPIOB 时钟；③点亮 LED。

因为采用的是库函数开发，可以使用 STM32CUBEMX 创建库函数模板，在此模板上进行程序开发。为了能够与开发文档章节对应，将复制过来的模板文件夹重新命名为 "使用库函数点亮一个 LED"。打开此文件夹，在其目录下新建一个 APP 文件夹，用于存放开发板上所有外围器件的驱动程序，本章所要操作的外围器件是 LED，所以在 APP 目录下再新建一个 led 文件夹用于存放编写的 led 驱动程序，这样做的好处是能方便快速移植代码，并且工程目录非常清晰，为后续维护带来方便。另外，再创建一个 Public 文件夹，用于存放 STM32 开发所需的公共应用、调试文件，比如后续要学习的 SysTick 滴答定时器、USART 串口等。创建的文件夹名可自定义，不过通常使用一定意义的英文来取名，让别人看到 led 文件夹就知道里面的是存放驱动 LED 文件。注意：本章对 STM32 的 GPIO 外设操作，需在工程中添加 stm32f1xx_gpio.c 和 stm32f1xx_rcc.c 文件，对 GPIO 操作的函数都在 stm32f1xx_gpio.c 中，stm32f1xx_gpio.h 是函数的申明及一些选项配置的宏定义。在工程模板中这个已经添加，在后面的实验中不再强调工程模板已调用的那几个文件。还需在 KEIL5 中把新建的 APP 下的 led、Public 文件的路径包括进来。

1. 系统时钟初始化函数　在启动文件中，系统复位后先执行的是 SystemInit （） 函数，正常情况下通过该函数可配置好 STM32 的系统时钟。虽然 SystemInit （） 会在 main 之前被执行，但我们可以手动调用此函数,以利于我们跟踪时钟是否配置正确。此函数位于 system_ stm32f10x. c 文件中。

对于使用 STM32F103 开发的任意工程,系统初始化都是需要的,所以将它存放在新建的 Public 文件夹内。在工程模板上新建一个 system. c 和 system. h 文件,将其存放在 Public 文件夹内。这两个文件内容是需要自己编写的,不是库文件。通常 xxx. c 文件用于存放编写的驱动程序,xxx. h 文件用于存放 xxx. c 内的 stm32 头文件、管脚定义、全局变量声明、函数声明等内容。

2. LED 初始化函数 要完成 LED 的驱动,所以在工程模板上新建一个 led. c 和 led. h 文件,将其存放在 led 文件夹内。这两个文件内容是需要自己编写的,不是库文件。通常 xxx. c 文件用于存放编写的驱动程序,xxx. h 文件用于存放 xxx. c 内的 stm32 头文件、管脚定义、全局变量声明、函数声明等内容。

因此在 led. c 文件内编写如下代码:

```
void LED_Init(void)
{
GPIO_InitTypeDef GPIO_InitStructure;//定义结构体变量
RCC_APB2PeriphClockCmd(LED1_PORT_RCC|LED2_PORT_RCC,ENABLE);
GPIO_InitStructure. GPIO_Pin = LED1_PIN;   //选择需要设置的 IO 口
GPIO_InitStructure. GPIO_Mode = GPIO_Mode_Out_PP;//设置推挽输出模式
GPIO_InitStructure. GPIO_Speed = GPIO_Speed_50MHz;//设置传输速率
GPIO_Init(LED1_PORT,&GPIO_InitStructure);   /*初始化 GPIO */
GPIO_SetBits(LED1_PORT,LED1_PIN);   //将 LED 端口拉高,熄灭所有 LED
GPIO_InitStructure. GPIO_Pin = LED2_PIN;   //选择需要设置的 IO 口
GPIO_Init(LED2_PORT,&GPIO_InitStructure);      /*初始化 GPIO */
GPIO_SetBits(LED2_PORT,LED2_PIN);   //将 LED 端口拉高,熄灭所有 LED
}
```

在 led. h 文件内编写如下代码:(请注意,读者在实际使用中需要依据自己开发板中使用的端口做适当修改)

```
#ifndef _led_H
#define _led_H
#include "stm32f10x. h"
/*  LED 时钟端口、引脚定义 */
#define LED1_PORT                GPIOB
#define LED1_PIN            GPIO_Pin_5
#define LED1_PORT_RCC            RCC_APB2Periph_GPIOB

#define LED2_PORT            GPIOE
#define LED2_PIN            GPIO_Pin_5
#define LED2_PORT_RCC    RCC_APB2Periph_GPIOE

void LED_Init(void);

#endif
```

LED_ Init （ ）函数就是对 LED 所接端口的初始化，是按照 GPIO 初始化步骤完成，这些内容在前面 GPIO 内部结构时有介绍。

下面看看 HAL 库函数是如何实现 GPIO 初始化的。在库函数中实现 GPIO 的初始化函数是：

void   HAL_GPIO_Init(GPIO_TypeDef   * GPIOx,   GPIO_InitTypeDef   * GPIO_Init)；

HAL_ GPIO_ Init 函数内有两个形参，第一个形参是 GPIO_ TypeDef 类型的指针变量，而 GPIO_ TypeDef 又是一个结构体类型，封装了 GPIO 外设的所有寄存器，所以给它传送 GPIO 外设基地址即可通过指针操作寄存器内容，第一个参数值可以为 GPIOA、GPIOB、...GPIOH 等，其实这些就是封装好的 GPIO 外设基地址，在 stm32f1xx. h 文件中可以找到。第二个形参是 GPIO_ InitTypeDef 类型的指针变量，而 GPIO_ InitTypeDef 也是一个结构体类型，里面封装了 GPIO 外设的寄存器配置成员。初始化 GPIO，就是对这个结构体配置。

在 LED 初始化函数中最开始调用的一个函数是：

__HAL_RCC_GPIOB_CLK_ENABLE( )；//使能 GPIOB 端口时钟

此函数功能是使能 GPIOB 外设时钟，在 STM32 中要操作外设必须将其外设时钟使能，否则即使其他的内容都配置好，也是徒劳无功。因为 GPIO 外设是挂接在 AHB1 总线上，所以其内部也是对 AHB1 总线时钟进行使能。当然有使能肯定也会有失能，其函数如下：

__HAL_RCC_GPIOB_CLK_DISABLE( )；   //失能 GPIOB 时钟

从函数名也非常好理解，ENABLE 使能，DISABLE 失能。

在 LED 初始化函数内最后还调用了

HAL_GPIO_WritePin(GPIOB,GPIO_PIN_5,GPIO_PIN_SET)

此函数功能是让 GPIOB 端口的第 5 个引脚输出高电平，如果要对同一端口的多个引脚输出高电平，可以使用"｜"运算符，相应地，在对结构体初始化配置时，管脚设置那里也要使用"｜"将管脚添加进去（前提条件：要操作的多个引脚必须配置同一种工作模式）。例如：

GPIO_InitStructure. Pin = GPIO_PIN_5|GPIO_PIN_6；//PB5,6

HAL_GPIO_WritePin(GPIOB,GPIO_PIN_5|GPIO_PIN_6,GPIO_PIN_SET)；

当然也可以分开来写，如下：

HAL_GPIO_WritePin(GPIOB,GPIO_PIN_5,GPIO_PIN_SET)；//PB5 输出高

HAL_GPIO_WritePin(GPIOB,GPIO_PIN_6,GPIO_PIN_SET)；//PB6 输出高

其实从函数名大致可以知道函数的功能。函数内有 3 个参数：一个是端口的选择，一个是端口管脚的选择，还有一个是输出高电平还是低电平选择。

如果要输出低电平的话，最后一个参数可以选择 GPIO_ PIN_ RESET。

GPIO 输出函数还有好几个，例如：

void HAL_GPIO_TogglePin(GPIO_TypeDef * GPIOx, uint16_t GPIO_Pin)；

功能：设置端口管脚翻转输出，即当前输出高电平时，下一次就输出低电平。

这个在实现 LED 闪烁时就会使用到。

从 GPIO 内部结构可知，STM32 的 GPIO 还可以读取引脚电平状态。其函数如下：

GPIO_PinState   HAL_GPIO_ReadPin(GPIO_TypeDef *   GPIOx,   uint16_t GPIO_Pin)；

功能：读取端口中的某个管脚输入电平。底层是通过读取 IDR 寄存器。

3. 主函数　最后在 main. c 文件内输入如下代码，代码如下：

```
int main()
{
HAL_Init(); //初始化 HAL 库
SystemClock_Init(RCC_PLL_MUL9); //设置时钟,72M
LED_Init();
while(1)
{
HAL_GPIO_WritePin(GPIOB,GPIO_PIN_5,GPIO_PIN_RESET); //PB5 输出低
}
}
```

主函数非常简单，首先调用 HAL_ Init () 函数完成 HAL 库的初始化，修改中断分组，将 4 组改为 2 组。然后调用 SystemClock_ Init（RCC_ PLL_ MUL9）函数初始化系统时钟，通过传递上述参数值，STM32F103 默认系统时钟频率为 72MHz。接着调用 LED_ Init () 函数完成 LED 初始化，即将 PB5、PE5 引脚配置为上拉模式、推挽输出模式、管脚速度为高速，默认让管脚输出高电平，即 LED 熄灭状态。最后进入 while 循环内调用库函数 HAL_ GPIO_ WritePin 让 PB5 引脚输出一个低电平，从而点亮 LED。

如果想要实现 LED 闪烁也非常简单，只需要在 PB5 引脚输出高低电平间调用一个延时函数即可，延时函数的编写很简单，延时函数如下：

```
void delay(u32 i)
{
While(i — );
}
```

第四节　位带操作

在学习 51 单片机的时候就使用过位操作，通过关键字 sbit 对单片机 I/O 口进行位定义。但是 STM32 没有这样的关键字，而是通过访问位带别名区来实现。即将每个比特位膨胀成一个 32 位字，当访问这些字的时候就达到了访问比特的目的。比方说 BSRR 寄存器有 32 个位，那么可以映射到 32 个地址上，当访问这 32 个地址就达到访问 32 个比特的目的。

STM32F1 中有两个区域支持位带操作，一个是 SRAM 区的最低 1MB 范围，一个是片内外设区的最低 1MB 范围（APB1、APB2、AHB 外设）。如图 4-3 所示。

从图 4-3 中可知，SRAM 的最低 1MB 区域，地址范围是 0x2000 0000-0x200F FFFF。片内外设最低 1MB 区域，地址范围是 0x4000 0000-0x400F FFFF，在这个地址范围内包括了 APB1、APB2、AHB 总线上所有的外设寄存器。

在 SRAM 区中还有 32MB 空间，其地址范围是 0x2200 0000-0x23FF FFFF，它是 SRAM 的 1MB 位带区膨胀后的位带别名区，前面已经说过位带操作，要实现位操作即将每一位膨胀成一个 32 位的字，因此，SRAM 的 1MB 位带区就膨胀为 32MB 的位带别名区，通过访问位带别名区就可以实现访问位带中每一位的目的。

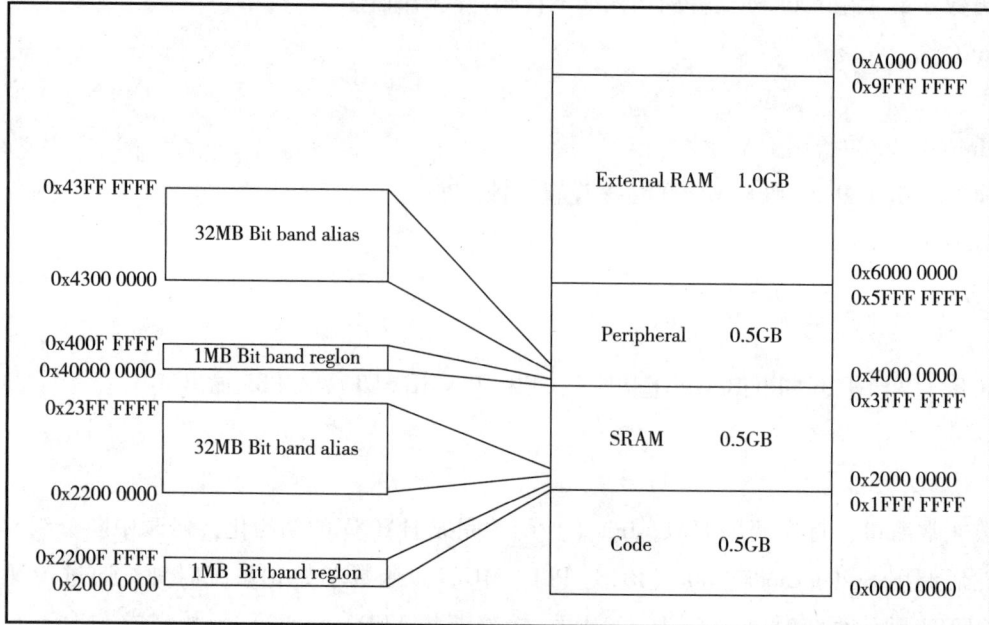

图 4 – 3 位带区地址

片内外设区的 32MB 的空间也是同样的原理。片内外设区的 32MB 地址范围是 0x4200 0000 ~ 0x43FF FFFF。

通常使用位带操作都是在外设区，在外设区中应用比较多的也就是 GPIO 外设，SRAM 区内很少使用位操作。

一、位带区与位带别名区地址转换

位带操作就是将位带区中的每一位膨胀成位带别名区中的一个 32 位的字，通过访问位带别名区中的字就实现了访问位带区中位的目的。因此可以使用指针来访问位带别名区的地址，从而实现访问位带区内位的目的。那么位带别名区与位带区地址是如何转换的？下面就来介绍下：

1. 外设位带别名区地址　对于片上外设位带区的某个比特，记它所在字节地址为 A，位序号为 n，n 值的范围是 0 – 7，则该比特在别名区的地址为：

$$AliasAddr = 0x42000000 + (A - 0x40000000) * 8 * 4 + n * 4$$

其中 0x42000000 是外设位带别名区的起始地址，0x40000000 是外设位带区的起始地址，（A – 0x40000000）表示该比特前面有多少个字节，一个字节有 8 位，所以 *8，一个位膨胀后是 4 个字节，所以 *4，n 表示该比特在 A 地址的序号，因为一个位经过膨胀后是 4 个字节，所以也 *4。

2. SRAM 位带别名区地址　对于 SRAM 位带区的某个比特，记它所在字节地址为 A，位序号为 n，n 值的范围是 0 ~ 7，则该比特在别名区的地址为：

$$AliasAddr = = 0x22000000 + (A - 0x20000000) * 8 * 4 + n * 4$$

其中 0x22000000 是 SRAM 位带别名区的起始地址，0x20000000 是 SRAM 位带区的起始地址，（A – 0x20000000）表示该比特前面有多少个字节，一个字节有 8 位，所以 *8，一个位膨胀后是 4 个字节，所以 *4，n 表示该比特在 A 地址的序号，因为一个位经过膨胀后是 4 个字节，所以也 *4。

上面已经把外设位带别名区地址和 SRAM 位带别名区地址使用公式表示出来，为了操作方便，将这两个公式进行合并，通过一个宏来定义，并把位带地址和位序号作为这个宏定义的参数。公式如下：

#define BITBAND(addr, bitnum)((addr & 0xF0000000) + 0x2000000 + ((addr&0xFFFFF) << 5) + (bitnum << 2))

addr & 0xF0000000 是为了区分操作的是 SRAM 还是外设，实际上就是获取最高位的值是 4 还是 2。如果操作的是外设，那么 addr & 0xF0000000 结果就是 0x40000000，后面 + 0x2000000 就等于 0x42000000，0x42000000 是外设别名区的起始地址。如果操作的是 SRAM，那么 addr & 0xF0000000 结果就是 0x20000000，后面 +0x2000000 就等于 0x22000000，0x22000000 是 SRAM 别名区的起始地址。

addr & 0x000FFFFF 屏蔽了高三位，相当于减去 0x20000000 或者 0x40000000，屏蔽高三位是因为 SRAM 和外设的位带区最高地址是 0x200F FFFF 和 0x400F FFFF，SRAM 或者外设位带区上任意地址减去其对应的起始地址，总是低 5 位有效，所以这里屏蔽高 3 位就相当于减去了 0x20000000 或者 0x40000000。< <5 相当于 *8*4，< <2 相当于 *4。

最后就可以通过指针形式来操作这些位带别名区地址，实现位带区对应位的操作。代码如下：

//把 addr 地址强制转换为 unsigned long 类型的指针

#define MEM_ADDR(addr) *((volatile unsigned long *)(addr))

//把位带别名区内地址转换为指针 ,获取地址内的数据

#define BIT_ADDR(addr, bitnum) MEM_ADDR(BITBAND(addr, bitnum))

在此，对 volatile 关键字简单介绍一下，volatile 提醒编译器它后面所定义的变量随时都有可能改变，因此编译后的程序每次需要存储或读取这个变量的时候，都会直接从变量地址中读取数据。如果没有 volatile 关键字，则编译器可能优化读取和存储，可能暂时使用寄存器中的值，如果这个变量由别的程序更新了的话，将出现不一致的现象。更详细的内容读者可以查阅相关资料。

二、GPIO 位带操作

已经知道 STM32F1 支持的位带操作区有两个，其中应用最多的还是外设位带区，在外设位带区中包含了 APB1、APB2 还有 AHB 总线上的所有外设寄存器，使用位带操作应用最多的外设还属 GPIO，通过位带操作控制 STM32 引脚输入与输出，因此以 GPIO 中 IDR 和 ODR 这两个寄存器的位操作进行介绍。

根据《STM32F1xx 中文参考手册》对应的 GPIO 寄存器章节中可以知道，IDR 和 ODR 寄存器相对于 GPIO 基地址的偏移量是 8 和 12。所以可以通过宏定义实现这两个寄存器的地址映射，具体代码如下：

//IO 口地址映射

#define GPIOA_ODR_Addr   (GPIOA_BASE +12) //0x4001080C

#define GPIOB_ODR_Addr   (GPIOB_BASE +12) //0x40010C0C

#define GPIOC_ODR_Addr   (GPIOC_BASE +12) //0x4001100C

#define GPIOD_ODR_Addr   (GPIOD_BASE +12) //0x4001140C

#define GPIOE_ODR_Addr   (GPIOE_BASE +12) //0x4001180C

#define GPIOF_ODR_Addr   (GPIOF_BASE +12) //0x40011A0C

#define GPIOG_ODR_Addr   (GPIOG_BASE +12) //0x40011E0C

#define GPIOA_IDR_Addr   (GPIOA_BASE +8) //0x40010808

#define GPIOB_IDR_Addr   (GPIOB_BASE +8) //0x40010C08

```
#define GPIOC_IDR_Addr     (GPIOC_BASE +8) //0x40011008
#define GPIOD_IDR_Addr     (GPIOD_BASE +8) //0x40011408
#define GPIOE_IDR_Addr     (GPIOE_BASE +8) //0x40011808
#define GPIOF_IDR_Addr     (GPIOF_BASE +8) //0x40011A08
#define GPIOG_IDR_Addr     (GPIOG_BASE +8) //0x40011E08
```

从上述代码中可以看到 GPIOx_ BASE，这个也是一个宏，里面封装的是相应 GPIO 端口的基地址，在库函数中有定义。

获取寄存器的地址以后，就可以采用位操作的方法来操作 GPIO 的输入和输出，代码如下：

```
//IO 口操作,只对单一的 IO 口
//确保 n 的值小于 16
#define PAout(n)     BIT_ADDR(GPIOA_ODR_Addr,n)     //输出
#define PAin(n)      BIT_ADDR(GPIOA_IDR_Addr,n)     //输入
#define PBout(n)     BIT_ADDR(GPIOB_ODR_Addr,n)     //输出
#define PBin(n)      BIT_ADDR(GPIOB_IDR_Addr,n)     //输入
#define PCout(n)     BIT_ADDR(GPIOC_ODR_Addr,n)     //输出
#define PCin(n)      BIT_ADDR(GPIOC_IDR_Addr,n)     //输入
#define PDout(n)     BIT_ADDR(GPIOD_ODR_Addr,n)     //输出
#define PDin(n)      BIT_ADDR(GPIOD_IDR_Addr,n)     //输入
#define PEout(n)     BIT_ADDR(GPIOE_ODR_Addr,n)     //输出
#define PEin(n)      BIT_ADDR(GPIOE_IDR_Addr,n)     //输入
#define PFout(n)     BIT_ADDR(GPIOF_ODR_Addr,n)     //输出
#define PFin(n)      BIT_ADDR(GPIOF_IDR_Addr,n)     //输入
#define PGout(n)     BIT_ADDR(GPIOG_ODR_Addr,n)     //输出
#define PGin(n)      BIT_ADDR(GPIOG_IDR_Addr,n)     //输入
```

上述代码中已经将 STM32F1 芯片的所有端口都进行了位定义封装，假如要使用 PB5 管脚进行输出，那么就可以调用 PBout（n）宏，n 值为 5。假如使用的是 PB5 管脚作为输入，那么就可以调用 PBin（n）宏，n 值为 5。其他端口调用方法类似。

主函数中对位带操作的代码如下：

```
int main(void) {
LED_GPIO_Config();
while(1) {
PBout(0) = 0;
SOFT_Delay(0x0FFFFF);
PBout(0) = 1;
SOFT_Delay(0x0FFFFF);}}
```

目标检测

答案解析

一、单选题

1. GPIO 的主要功能是（　　）

　　A. 串行通信　　　　　　B. 并行通信　　　　　C. 输入输出控制　　　　D. 电压调节

2. GPIO 的寄存器结构不包括（　　）

　　A. 数据寄存器　　　　　　　　　　　　　B. 控制寄存器

　　C. 配置寄存器　　　　　　　　　　　　　D. 状态寄存器

3. 配置 GPIO 输入输出模式的方法是（　　）

　　A. 设置数据寄存器　　　　　　　　　　　B. 设置配置寄存器

　　C. 设置控制寄存器　　　　　　　　　　　D. 设置状态寄存器

4. GPIO 的中断功能用于（　　）

　　A. 提高处理速度　　　　B. 增加功耗　　　　　C. 处理异步事件　　　　D. 控制电压

5. GPIO 的一个端口通常有（　　）个引脚

　　A. 4　　　　　　　　　　B. 8　　　　　　　　　C. 16　　　　　　　　　D. 32

6. GPIO 的输出模式不包括（　　）

　　A. 推挽输出　　　　　　B. 开漏输出　　　　　C. 复用功能　　　　　　D. 单端输出

7. 读取 GPIO 输入状态的方法是（　　）

　　A. 读取数据寄存器　　　　　　　　　　　B. 读取配置寄存器

　　C. 读取控制寄存器　　　　　　　　　　　D. 读取状态寄存器

8. GPIO 的引脚复用功能用于（　　）

　　A. 提高处理速度　　　　　　　　　　　　B. 减少引脚数量

　　C. 实现多功能　　　　　　　　　　　　　D. 控制功耗

9. 使能 GPIO 中断的方法是（　　）

　　A. 设置中断使能寄存器　　　　　　　　　B. 设置配置寄存器

　　C. 设置数据寄存器　　　　　　　　　　　D. 设置状态寄存器

10. GPIO 的引脚上拉和下拉功能用于（　　）

　　A. 提高电压　　　　　　B. 降低电压　　　　　C. 稳定信号　　　　　　D. 控制电流

11. GPIO 的模拟功能用于（　　）

　　A. 数字信号处理　　　　　　　　　　　　B. 模拟信号处理

　　C. 串行通信　　　　　　　　　　　　　　D. 并行通信

12. 配置 GPIO 输出速度的方法是（　　）

　　A. 设置速度寄存器　　　　　　　　　　　B. 设置数据寄存器

　　C. 设置控制寄存器　　　　　　　　　　　D. 设置配置寄存器

13. STM32 的 GPIO 库函数不包括（　　）

　　A. GPIO_ INIT（）　　　　　　　　　　　B. GPIO_ SETBITS（）

　　C. GPIO_ RESETBITS（）　　　　　　　　D. GPIO_ WRITE（）

14. 配置 GPIO 复用功能的方法是 (   )

    A. 设置复用寄存器   B. 设置数据寄存器

    C. 设置控制寄存器   D. 设置配置寄存器

15. GPIO 的输入模式不包括 (   )

    A. 上拉输入   B. 下拉输入   C. 悬空输入   D. 推挽输入

16. GPIO 的输出电压范围通常为 (   )

    A. 0~1V   B. 0~3.3V   C. 0~5V   D. 0~12V

17. 使能 GPIO 复用功能的方法是 (   )

    A. 设置复用使能寄存器   B. 设置数据寄存器

    C. 设置控制寄存器   D. 设置配置寄存器

18. GPIO 的中断触发方式不包括 (   )

    A. 上升沿触发   B. 下降沿触发

    C. 电平触发   D. 时间触发

19. 要初始化一个 GPIO 引脚为输出模式，应该使用的库函数是 (   )

    A. GPIO_Init ()   B. GPIO_SetBits ()

    C. GPIO_ResetBits ()   D. GPIO_ReadInputData ()

20. 以下函数中，用于将指定 GPIO 引脚置为高电平的是 (   )

    A. GPIO_Init ()   B. GPIO_SetBits ()

    C. GPIO_ResetBits ()   D. GPIO_ReadInputData ()

21. 将一个 GPIO 引脚配置为输入模式的方法是 (   )

    A. 使用 GPIO_SetBits ()

    B. 使用 GPIO_Init () 并将模式设置为 GPIO_Mode_IN_FLOATING

    C. 使用 GPIO_ResetBits ()

    D. 使用 GPIO_ReadInputData ()

22. 以下函数中，用于读取某个 GPIO 引脚电平状态的是 (   )

    A. GPIO_Init ()   B. GPIO_SetBits ()

    C. GPIO_ResetBits ()   D. GPIO_ReadInputDataBit ()

23. 要配置 GPIO 引脚为复用功能模式，设置 GPIO_InitTypeDef 结构体的方法是 (   )

    A. 将 GPIO_Mode 设置为 GPIO_Mode_Out_PP

    B. 将 GPIO_Mode 设置为 GPIO_Mode_AF_PP

    C. 将 GPIO_Mode 设置为 GPIO_Mode_IPD

    D. 将 GPIO_Mode 设置为 GPIO_Mode_AIN

24. 要使能 GPIO 时钟，应该使用的库函数是 (   )

    A. RCC_APB2PeriphClockCmd ()   B. GPIO_Init ()

    C. GPIO_SetBits ()   D. GPIO_ResetBits ()

25. 以下函数中，可以读取整个 GPIO 端口输入数据的是 (   )

    A. GPIO_ReadInputData ()   B. GPIO_ReadInputDataBit ()

    C. GPIO_SetBits ()   D. GPIO_ResetBits ()

二、简答题

1. GPIO 的主要功能是什么?

2. 如何配置 GPIO 的输入输出模式?

3. GPIO 的中断功能有什么作用?

4. 如何读取 GPIO 的输入状态?

5. GPIO 的引脚复用功能如何实现?

三、编程题

编写一个程序,将 STM32F103 的一个 GPIO 引脚配置为推挽输出模式,并使该引脚周期性地输出高低电平。

书网融合······

本章小结

第五章 中断系统

学习目标

1. **掌握** STM32F103 的 NVIC 和 EXTI 的基本原理和功能。

2. **熟悉** STM32F103 中 NVIC 和 EXTI 的硬件结构和工作原理，包括中断向量表、中断线和中断控制器等。

3. **了解** 如何使用 STM32F103 的标准库函数配置 NVIC 和 EXTI，实现外部中断的初始化和中断处理。

4. 学会使用 STM32F103 的标准库函数配置 NVIC 和 EXTI，包括初始化外部中断、设置中断优先级、使能中断等操作，以实现系统的中断控制功能。

5. 培养通过实际案例理解和应用中断控制的概念和方法，提高问题解决能力和系统调试能力，为未来嵌入式系统开发提供实用的技能和经验。

⇒ 实例分析

实例 假设你正在开发一个门禁控制系统，该系统通过检测门上的传感器（如红外传感器或磁簧开关）来判断门的开关状态，并在门被打开时触发报警。为了实现这一功能，你需要使用 STM32F103 的外部中断（nested vectored interrupt controller，EXTI）来检测传感器的状态变化，并使用嵌套向量中断控制器（external interrupt，NVIC）来管理中断的优先级和响应。

问题 1. 如何配置 STM32F103 的 EXTI 来检测传感器状态变化并触发中断？

2. 如何通过 NVIC 配置中断优先级和响应策略，以确保门禁系统能够及时响应开门事件？

第一节 中断的概述

一、中断的概念

中断其实就是当 CPU 执行程序时，由于发生了某种随机的事件（外部或内部），引起 CPU 暂时中断正在运行的程序，转去执行一段特殊的服务程序（中断服务子程序或中断处理程序），以处理该事件，该事件处理完后又返回被中断的程序继续执行，这一过程就称为中断，引发中断的事件称为中断源。比如：看电视时突然门铃响，那么门铃响就相当于中断源。有些中断还能够被其他高优先级的中断所中断，那么这种情况又叫作中断的嵌套。中断示意图如图 5-1 所示。

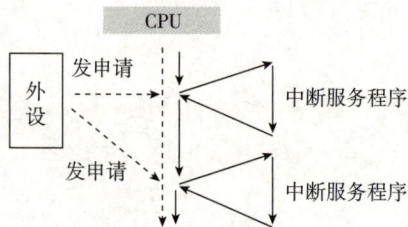

图 5-1 中断示意图

计算机系统处理事件的方式

　　1. 轮询（polling）　在轮询方式下，系统会周期性地检查事件是否发生。在每次循环中，系统会依次检查每个可能发生事件的地方，看是否有事件发生。这种方式简单直接，但会消耗大量的 CPU 资源，特别是当系统中有大量的事件需要处理时。

　　2. 中断（interrupt）　是一种事件驱动的处理方式。当硬件设备或外部事件发生时，中断控制器会中断当前正在执行的程序，转而执行与中断相关联的中断服务程序（ISR），处理完后再返回原来的执行流程。中断方式能够有效地降低 CPU 的资源占用，提高系统的响应速度。

　　3. 事件驱动（event-driven）　事件驱动方式是指系统在等待事件发生时，处于休眠状态，当事件发生时，系统被唤醒，执行与事件相关的处理程序。事件驱动方式常见于图形用户界面（GUI）和网络通信等场景下，例如用户点击鼠标或键盘时，系统会相应地执行相应的事件处理程序。

　　4. 信号量和消息队列（semaphore and message queue）　是一种用于多任务并发处理的方式。通过信号量和消息队列，不同的任务之间可以进行通信和同步，实现数据共享和任务协作。当某个任务完成了特定的操作或者产生了某个事件时，可以通过信号量或消息队列通知其他任务执行相应的处理。

二、中断流程

　　中断系统在嵌入式系统和微控制器中起着关键作用，它使得处理器可以立即响应外部和内部事件，而不必不停地轮询这些事件。中断系统的工作原理可以分为以下几个步骤。

　　1. 中断请求（interrupt request）　中断源（如外部设备或定时器）产生一个中断信号，通知处理器有事件需要处理。每个中断源都有一个中断请求信号。当中断条件满足（例如按键按下或定时器溢出）时，中断源将中断请求信号发送到中断控制器（NVIC）。

　　2. 中断响应（interrupt response）　处理器当前执行的指令完成后，检查是否有中断请求。若有，则暂停当前执行的任务，保存当前上下文（寄存器状态和程序计数器）。中断控制器（NVIC）接收中断请求信号，并根据中断优先级和当前中断屏蔽状态决定是否响应中断。如果决定响应中断，NVIC 将中断请求信号发送给处理器核。处理器核完成当前指令后，暂停程序执行，保存当前上下文，包括程序计数器（PC）、状态寄存器（PSR）、通用寄存器等。

　　3. 中断向量表（interrupt vector table）　处理器根据中断类型查找中断向量表，找到对应中断服务例程（ISR）的地址。中断向量表是一个固定地址的内存区域，存储了各个中断源对应的中断服务例程（ISR）的入口地址。每个中断类型在中断向量表中都有一个对应的入口，处理器通过中断类型找到相应的 ISR 地址。

　　4. 执行中断服务例程（ISR）　处理器跳转到 ISR 地址，执行该中断处理函数。ISR 完成后，清除中断标志。处理器根据中断向量表找到 ISR 的入口地址，跳转到该地址开始执行 ISR。ISR 是一个特殊的函数，用于处理特定的中断事件。ISR 完成后，通常需要清除中断标志，以避免重复响应同一个中断。在 ISR 中，可以进行各种中断处理任务，例如读取数据、设置标志、启动其他任务等。

5. 恢复执行（interrupt return）   ISR 执行完毕后，处理器恢复先前保存的上下文，包括恢复程序计数器（PC）和状态寄存器（PSR）。处理器返回中断前的程序继续执行，仿佛中断没有发生过。

第二节　NVIC 介绍

NVIC 英文全称是 nested vectored interrupt controller，中文意思就是嵌套向量中断控制器，它属于 M3 内核的一个外设，控制着芯片的中断相关功能。由于 ARM 给 NVIC 预留了非常多的功能，但对于使用 M3 内核设计芯片的公司可能就不需要这么多功能，于是就需要在 NVIC 上裁剪。ST 公司的 STM32F103 芯片内部中断数量就是 NVIC 裁剪后的结果。

Crotex - M3 内核支持 256 个中断，其中包含了 16 个内核中断和 240 个外部中断。但 STM32 并没有使用 M3 内核的全部东西，而只是用了它的一部分。STM32F10x 芯片有 84 个中断通道，包括 16 个内核中断和 68 个可屏蔽中断，对于 STM32F103 系列芯片只有 60 个可屏蔽中断，在 STM32F107 系列才有 68 个。除了个别异常的优先级被定死外，其他异常的优先级都是可编程的。这些中断通道已按照不同优先级顺序固定分配给相应的外部设备。NVIC 通过一系列的寄存器实现对中断的管理：使能与除能寄存器、悬起与"解悬"寄存器、优先级寄存器、活动状态寄存器。另外，下列寄存器也对中断处理有重大影响：异常掩蔽寄存器（PRIMASK、FAULTMASK 以及 BASEPRI）、向量表偏移量寄存器软件触发中断寄存器、优先级分组位段。

从《STM32F1xx 中文参考手册》的中断向量表可以知道具体分配到哪些外设，这里只截取一部分，如需更详细了解可参考《STM32F10x 中文参考手册》 - 9 中断和事件章节内容。中断向量表见表 5 - 1。

表 5 - 1　中断向量表

位置	优先级	优先级类型	名称	说明	地址
–	–	–	–	保留	0x0000_0000
	–3	固定	Reset	复位	0x0000_0004
	–2	固定	NMI	不可屏蔽中断 RCC 时钟安全系统（CSS）连接到 NMI 向量	0x0000_0008
	–1	固定	硬件失效（HardFault）	所有类型的失效	0x0000_000C
	0	可设置	存储管理（MemManage）	存储器管理	0x0000_0010
	1	可设置	总线错误（BusFault）	预取指失败，存储器访问失败	0x0000_0014
	2	可设置	错误应用（UsageFault）	未定义的指令或非法状态	0x0000_0018
–	–	–	–	保留	0x0000_001C ~ 0x0000_002B
	3	可设置	SVCall	通过 SWI 指令的系统服务调用	0x0000_002C
	4	可设置	调试监控（DebugMonitor）	调试监控器	0x0000_0030
–	–	–	–	保留	0x0000_0034
	5	可设置	PendSV	可挂起的系统服务	0x0000_0038
	6	可设置	SysTick	系统嘀嗒定时器	0x0000_003C
0	7	可设置	WWDG	窗口定时器中断	0x0000_0040
1	8	可设置	PVD	连到 EXTI 的电源电压检测（PVD） 中断	0x0000_0044

位置	优先级	优先级类型	名称	说明	地址
2	9	可设置	TAMPER	侵入检测中断	0x0000_0048
3	10	可设置	RTC	实时时钟（RTC）全局中断	0x0000_004C
4	11	可设置	FLASH	闪存全局中断	0x0000_0050
5	12	可设置	RCC	复位和时钟控制（RCC）中断	0x0000_0054
6	13	可设置	EXTI0	EXTI 线 0 中断	0x0000_0058
7	14	可设置	EXTI1	EXTI 线 1 中断	0x0000_005C
8	15	可设置	EXTI2	EXTI 线 2 中断	0x0000_0060
9	16	可设置	EXTI3	EXTI 线 3 中断	0x0000_0064
10	17	可设置	EXTI4	EXTI 线 4 中断	0x0000_0068
11	18	可设置	DMA1 通道 1	DMA1 通道 1 全局中断	0x0000_006C
12	19	可设置	DMA1 通道 2	DMA1 通道 2 全局中断	0x0000_0070
13	20	可设置	DMA1 通道 3	DMA1 通道 3 全局中断	0x0000_0074
14	21	可设置	DMA1 通道 4	DMA1 通道 4 全局中断	0x0000_0078
15	22	可设置	DMA1 通道 5	DMA1 通道 5 全局中断	0x0000_007C
16	23	可设置	DMA1 通道 6	DMA1 通道 6 全局中断	0x0000_0080
17	24	可设置	DMA1 通道 7	DMA1 通道 7 全局中断	0x0000_0084
18	25	可设置	ADC1_2	ADC1 和 ADC2 全局中断	0x0000_0088
19	26	可设置	CAN1_TX	CAN1 发送中断	0x0000_008C
20	27	可设置	CAN1_RX0	CAN1 接收 0 中断	0x0000_0090
21	28	可设置	CAN1_RX1	CAN1 接收 1 中断	0x0000_0094
22	29	可设置	CAN_SCE	CAN1 SCE 中断	0x0000_0098
23	30	可设置	EXTI9_5	EXTI 线 [9：5] 中断	0x0000_009C
24	31	可设置	TIM1_BRK	TIM1 刹车中断	0x0000_00A0
25	32	可设置	TIM1_UP	TIM1 更新中新	0x0000_00A4
26	33	可设置	TIM1_TRG_COM	TIM1 触发和通信中断	0x0000_00A8
27	34	可设置	TIM1_CC	TIM1 捕获比较中断	0x0000_00AC
28	35	可设置	TIM2	TIM2 全局中断	0x0000_00B0
29	36	可设置	TIM3	TIM3 全局中断	0x0000_00B4
30	37	可设置	TIM4	TIM4 全局中断	0x0000_00B8
31	38	可设置	I2C1_EV	I^2C1 事件中断	0x0000_00BC
32	39	可设置	I2C1_ER	I^2C1 错误中断	0x0000_00C0
33	40	可设置	I2C2_EV	I^2C2 事件中断	0x0000_00C4
34	41	可设置	I2C2_ER	I^2C2 错误中断	0x0000_00C8
35	42	可设置	SPI1	SPI1 全局中断	0x0000_00CC
36	43	可设置	SPI2	SPI2 全局中断	0x0000_00D0
37	44	可设置	USART1	USART1 全局中断	0x0000_00D4
38	45	可设置	USART2	USART2 全局中断	0x0000_00D8
39	46	可设置	USART3	USART3 全局中断	0x0000_00DC
40	47	可设置	EXTI15_10	EXTI 线 [15：10] 中断	0x0000_00E0
41	48	可设置	RTCAlarm	连到 EXTI 的 RTC 闹钟中断	0x0000_00E4

续表

位置	优先级	优先级类型	名称	说明	地址
42	49	可设置	OTG_FS_WKUP 唤醒	连到 EXTI 的全速 USBOTG 唤醒中断	0x0000_00E8
–	–	–	–	保留	0x0000_00EC ~0x0000_0104
50	57	可设置	TIM5	TIM5 全局中断	0x0000_0108
51	58	可设置	SPI3	SPI3 全局中断	0x0000_010C
52	59	可设置	UART4	UART4 全局中断	0x0000_0110
53	60	可设置	UART5	UART5 全局中断	0x0000_0114
54	61		TIM6	TIM6 全局中断	0x0000_0118
55	62		TIM7	TIM7 全局中断	0x0000_011C
56	63		DMA2 通道 1	DMA2 通道 1 全局中断	0x0000_0120
57	64		DMA2 通道 2	DMA2 通道 2 全局中断	0x0000_0124
58	65		DMA2 通道 3	DMA2 通道 3 全局中断	0x0000_0128
59	66		DMA2 通道 4	DMA2 通道 4 全局中断	0x0000_012C
60	67		DMA2 通道 5	DMA2 通道 5 全局中断	0x0000_0130
61	68		ETH	以太网全局中断	0x0000_0134
62	69		ETH_WKUP	连到 EXTI 的以太网唤醒中断	0x0000_0138
63	70		CAN2_TX	CAN2 发送中断	0x0000_013C
64	71		CAN2_RX0	CAN2 接收 0 中断	0x0000_0140
65	72		CAN2_RX1	CAN2 接收 1 中断	0x0000_0144
66	73		CAN2_SCE	CAN2 的 SCE 中断	0x0000_0148
67	74		OTG_FS	全速的 USB OTG 全局中断	0x0000_014C

上面说到 NVIC 控制着芯片的中断相关功能，那么肯定有很多对应的寄存器，在固件库 core_cm3.h 文件内定义了一个 NVIC 结构体，里面定义了相关寄存器，如下：

```
typedef struct
{
__IO uint32_t ISER[8];      //中断使能寄存器
uint32_t RESERVED0[24];
__IO uint32_t ICER[8];      //中断清除寄存器
uint32_t RSERVED1[24];
__IO uint32_t ISPR[8];      //中断使能悬起寄存器
uint32_t RESERVED2[24];
__IO uint32_t ICPR[8];      //中断清除悬起寄存器
uint32_t RESERVED3[24];
__IO uint32_t IABR[8];      //中断有效位寄存器
uint32_t RESERVED4[56];
__IO uint8_t IP[240];       //中断优先级寄存器
uint32_t RESERVED5[644];
__O uint32_t STIR;          //软件触发中断寄存器
} NVIC_Type;
```

在配置中断时，通常使用的有 ISER、ICER 和 IP 这三个寄存器，ISER 是中断使能寄存器，ICER 是中断清除寄存器，IP 是中断优先级寄存器，关于寄存器的详细内容读者可以参考芯片的数据手册。

第三节　NVIC 中断库函数

在固件库 core_cm3.h 文件后面，还提供了一些对 NVIC 操作的库函数（表 5 - 2），这些函数都遵循 CMSIS 标准，所以只要是基于 Cortex - M3 内核的芯片都可以用这些函数来操作 NVIC，只不过很少这样做，甚至不使用这些函数，因为在后面会有其他的办法来配置中断。至于这些函数内容，可以打开库函数找到 core_cm3.h 文件查看。

表 5 - 2　NVIC 库函数

函数名	描述
NVIC_DeInit	将外设 NVIC 寄存器重设为缺省值
NVIC_SCBDeInit	将外设 SCB 寄存器重设为缺省值
NVIC_PriorityGroupConfig	设置优先级分组：抢占优先级和响应优先级
NVIC_Init	根据 NVIC_InitStruct 中指定的参数初始化外设 NVIC 寄存器
NVIC_StructInit	把 NVIC_InitStruct 中的每一个参数按缺省值填入
NVIC_SETPRIMASK	使能 PRIMASK 优先级：提升执行优先级至 0
NVIC_RESETPRIMASK	失能 PRIMASK 优先级
NVIC_SETFAULTMASK	使能 FAULTMASK 优先级：提升执行优先级至 - 1
NVIC_RESETFAULTMASK	失能 FAULTMASK 优先级
NVIC_BASEPRICONFIG	改变执行优先级从 N（最低可设置优先级）提升至 1
NVIC_GetBASEPRI	返回 BASEPRI 屏蔽值
NVIC_GetCurrentPendingIRQChannel	返回当前待处理 IRQ 标识符
NVIC_GetIRQChannelPendingBitStatus	检查指定的 IRQ 通道待处理位设置与否
NVIC_SetIRQChannelPendingBit	设置指定的 IRQ 通道待处理位
NVIC_ClearIRQChannelPendingBit	清除指定的 IRQ 通道待处理位
NVIC_GetCurrentActiveHandler	返回当前活动的 Handler（IRQ 通道和系统 Handler）的标识符
NVIC_GetIRQChannelActiveBitStatus	检查指定的 IRQ 通道活动位设置与否
NVIC_GetCPUID	返回 ID 号码，Cortex - M3 内核的版本号和实现细节
NVIC_SetVectorTable	设置向量表的位置和偏移
NVIC_GenerateSystemReset	产生一个系统复位
NVIC_GenerateCoreReset	产生一个内核（内核 + NVIC）复位
NVIC_SystemLPConfig	选择系统进入低功耗模式的条件
NVIC_SystemHandlerConfig	使能或者失能指定的系统 Handler
NVIC_SystemHandlerPriorityConfig	设置指定的系统 Handler 优先级
NVIC_GetSystemHandlerPendingBitStatus	检查指定的系统 Handler 待处理位设置与否
NVIC_SetSystemHandlerPendingBit	设置系统 Handler 待处理位
NVIC_ClearSystemHandlerPendingBit	清除系统 Handler 待处理位
NVIC_GetSystemHandlerActiveBitStatus	检查系统 Handler 活动位设置与否
NVIC_GetFaultHandlerSources	返回表示出错的系统 Handler 源
NVIC_GetFaultAddress	返回产生表示出错的系统 Handler 所在位置的地址

第四节　中断优先级

STM32F103 芯片支持 60 个可屏蔽中断通道，每个中断通道都具备自己的中断优先级控制字节（8 位，理论上每个外部中断优先级都可以设置为 0～255，数值越小，优先级越高。但是 STM32F103 中只使用 4 位，高 4 位有效），用于表达优先级的高 4 位又被分组成抢占式优先级和响应优先级，通常也把响应优先级称为"亚优先级"或"副优先级"，每个中断源都需要被指定这两种优先级。

高抢占式优先级的中断事件会打断当前的主程序或者中断程序运行，俗称中断嵌套。在抢占式优先级相同的情况下，高响应优先级的中断优先被响应。

当两个中断源的抢占式优先级相同时，这两个中断将没有嵌套关系，当一个中断到来后，如果正在处理另一个中断，这个后到来的中断就要等到前一个中断处理完之后才能被处理。如果这两个中断同时到达，则中断控制器根据它们的响应优先级高低来决定先处理哪一个；如果它们的抢占式优先级和响应优先级都相等，则根据它们在中断表中的排位顺序决定先处理哪一个，越靠前的先执行。

STM32F103 中指定中断优先级的寄存器位有 4 位，这 4 位的分组方式如下。

第 0 组：所有 4 位用于指定响应优先级。

第 1 组：最高 1 位用于指定抢占式优先级，最低 3 位用于指定响应优先级。

第 2 组：最高 2 位用于指定抢占式优先级，最低 2 位用于指定响应优先级。

第 3 组：最高 3 位用于指定抢占式优先级，最低 1 位用于指定响应优先级。

第 4 组：所有 4 位用于指定抢占式优先级。

设置优先级分组可调用库函数 NVIC_ PriorityGroupConfig（）实现，有关 NVIC 中断相关的库函数都在库文件 misc. c 和 misc. h 中，所以当使用到中断时，一定要把这个源文件添加到工程组中，并包含该头文件路径。NVIC_ PriorityGroupConfig（）函数代码如下：

```
void NVIC_PriorityGroupConfig( uint32_t NVIC_PriorityGroup)
{
    /* Check the parameters */
    assert_param(IS_NVIC_PRIORITY_GROUP(NVIC_PriorityGroup));

    /* Set the PRIGROUP[10:8] bits according to NVIC_PriorityGroup value */
    SCB -> AIRCR = AIRCR_VECTKEY_MASK | NVIC_PriorityGroup;
}
```

NVIC_ PriorityGroupConfig 函数带一个形参用于中断优先级分组，该值范围可以是 NVIC_ Priority-Group_ 0 – NVIC_ PriorityGroup_ 4。

在函数内部主要是通过调用 NVIC_ SetPriorityGrouping（）函数实现中断优先级分组，该函数在 core_ cm3. h 头文件内定义的，该函数内部代码如下：

```
__STATIC_INLINE void NVIC_SetPriorityGrouping( uint32_t PriorityGroup)
{
uint32_t reg_value;
uint32_t PriorityGroupTmp = ( PriorityGroup &( uint32_t)0x07UL) ;  /* only values 0..7 are used */
```

reg_value = SCB -> AIRCR; /* read old register configuration */

reg_value &= ~((uint32_t) (SCB_AIRCR_VECTKEY_Msk | SCB_AIRCR_PRIGROUP_Msk));

/* clear bits to change */

reg_value = (reg_value |

((uint32_t)0x5FAUL << SCB_AIRCR_VECTKEY_Pos) |

(PriorityGroupTmp << 8U)); /* Insert write key and priorty group */

SCB -> AIRCR = reg_value;

}

从函数内容可以看出，这个函数主要作用是通过设置 SCB -> AIRCR 寄存器的值来设置中断优先级分组，说明控制中断优先级寄存器是内核外设 SCB 的 AIRCR 寄存器的 PRIGROUP [10：8] 位。

第五节　中断配置

使用中断就需要先配置它，通常都需经过以下步骤。

1. 使能外设中断　这个具体是由外设相关中断使能位来控制，比如定时器有溢出中断，这个可由定时器的控制寄存器中相应中断使能位来控制。

2. 设置中断优先级分组　初始化 NVIC_ PriorityGroupConfig 函数。NVIC_ Init 函数设置抢占优先级和响应优先级，使能中断请求。

该函数用于设置某外设中断的抢占优先级和响应优先级。函数有 3 个入口参数。

第 1 个参数是 IRQn_ Type 结构体变量，用于设置中断源设置，不同的外设中断，中断源不同，自然名字也不同，所以名字不能写错，否则不会进入中断。中断源放在 stm32f1xx. h 文件的 IRQn_ Type 结构体内，由于内容太多，这里就不复制所有中断源，只截取一部分，如下：

typedef enum IRQn

{

//Cortex - M3 处理器异常编号

NonMaskableInt_IRQn = - 14,

MemoryManagement_IRQn = - 12,

BusFault_IRQn = - 11,

UsageFault_IRQn = - 10,

SVCall_IRQn = - 5,

DebugMonitor_IRQn = - 4,

PendSV_IRQn = - 2,

SysTick_IRQn = - 1,

//STM32 外部中断编号

WWDG_IRQn = 0,

PVD_IRQn = 1,

TAMP_STAMP_IRQn = 2,

………

```
DMA2_Channel2_IRQn = 57,
DMA2_Channel3_IRQn = 58,
DMA2_Channel4_5_IRQn = 59
}IRQn_Type;
```

第 2 个参数是变量 PreemptPriority，用于设置抢占式优先级，具体的值要根据优先级分组来确定，可以参考前面中断优先级分组内容。

第 3 个参数是变量 SubPriority，用于设置响应优先级，具体的值要根据优先级分组来确定，可以参考前面中断优先级分组内容。

3. 开启外设中断功能　前面第一步只是使能外设中断功能，要让外设进入中断，还必须调用HAL_ NVIC_ EnableIRQ（）函数开启外设中断。

NVIC_ EnableIRQ（）函数的原型如下：

```
void    NVIC_EnableIRQ(IRQn_Type IRQn);
```

该函数只有一个入口参数，为 IRQn_ Type 枚举类型结构体变量。注意：前面设置了那个外设中断源优先级，调用该函数就也需要使能对应的外设中断源，即 IRQn_ Type IRQn 值要对应。

当然有开启外设中断功能，肯定也有关闭外设中断功能，通过前面库函数的介绍，相信应该能够根据名字就能写出关闭外设中断功能函数，函数原型如下：

```
void NVIC_DisableIRQ(IRQn_Type IRQn);
```

这些函数都可以在 stm32f1xx _ crotex. h 文件中找到声明，其他几个函数不做介绍，打开 stm32f1xx _ crotex. c 或者从 stm32f1xx _ crotex. h 文件中找到所要查看的函数或者变量等，然后 goto defined. . . 进去查看。

4. 编写中断服务函数　配置好中断后如果有触发，即会进入中断服务函数，那么中断服务函数也有固定的函数名，可以在 startup_ stm32f103md. s 启动文件查看，启动文件提供的只是一个中断服务函数名，具体实现什么功能还需要自己编写，可以将中断服务函数放在 stm32f1xx_ it. c 文件内，也可以放在自己的应用程序中。通常把中断函数放在应用程序中。注意，不要任意修改中断服务函数名，因为启动文件内中断服务函数名已经固定，如果要修改，还必须在启动文件内把原中断函数修改。启动文件中原中断函数如下所示：

```
__Vectors    DCD       __initial_sp              ; Top of Stack
             DCD       Reset_Handler            ; Reset Handler
             DCD       NMI_Handler              ; NMI Handler
             DCD       HardFault_Handler        ; Hard Fault Handler
             DCD       MemManage_Handler        ; MPU Fault Handler
             DCD       BusFault_Handler         ; Bus Fault Handler
             DCD       UsageFault_Handler       ; Usage Fault Handler
             DCD       0                        ; Reserved
             DCD       0                        ; Reserved
             DCD       0                        ; Reserved
             DCD       0                        ; Reserved
             DCD       SVC_Handler              ; SVCall Handler
             DCD       DebugMon_Handler         ; Debug Monitor Handler
```

```
        DCD      0                              ; Reserved
        DCD      PendSV_Handler                 ; PendSV Handler
        DCD      SysTick_Handler                ; SysTick Handler; External Interrupts
        DCD      WWDG_IRQHandler                 ; Window Watchdog
        DCD      PVD_IRQHandler         ; PVD through EXTI Line detect
        DCD      TAMPER_IRQHandler              ; Tamper
        DCD      RTC_IRQHandler                 ; RTC
        DCD      FLASH_IRQHandler               ; Flash
        DCD      RCC_IRQHandler                 ; RCC
        DCD      EXTI0_IRQHandler               ; EXTI Line 0
        DCD      EXTI1_IRQHandler               ; EXTI Line 1
        DCD      EXTI2_IRQHandler               ; EXTI Line 2
        DCD      EXTI3_IRQHandler               ; EXTI Line 3
        DCD      EXTI4_IRQHandler               ; EXTI Line 4
        DCD      DMA1_Channel1_IRQHandler       ; DMA1 Channel 1
        DCD      DMA1_Channel2_IRQHandler       ; DMA1 Channel 2
        DCD      DMA1_Channel3_IRQHandler       ; DMA1 Channel 3
        DCD      DMA1_Channel4_IRQHandler       ; DMA1 Channel 4
        DCD      DMA1_Channel5_IRQHandler       ; DMA1 Channel 5
        DCD      DMA1_Channel6_IRQHandler       ; DMA1 Channel 6
        DCD      DMA1_Channel7_IRQHandler       ; DMA1 Channel 7
        DCD      ADC1_2_IRQHandler              ; ADC1_2
        DCD      USB_HP_CAN1_TX_IRQHandler      ; USB High Priority or CAN1 TX
        DCD      USB_LP_CAN1_RX0_IRQHandler     ; USB Low  Priority or CAN1 RX0
        DCD      CAN1_RX1_IRQHandler            ; CAN1 RX1
        DCD      CAN1_SCE_IRQHandler            ; CAN1 SCE
        DCD      EXTI9_5_IRQHandler             ; EXTI Line 9..5
        DCD      TIM1_BRK_IRQHandler            ; TIM1 Break
        DCD      TIM1_UP_IRQHandler             ; TIM1 Update
        DCD      TIM1_TRG_COM_IRQHandler        ; TIM1 Trigger and Commutation
        DCD      TIM1_CC_IRQHandler             ; TIM1 Capture Compare
        DCD      TIM2_IRQHandler                ; TIM2
        DCD      TIM3_IRQHandler                ; TIM3
        DCD      TIM4_IRQHandler                ; TIM4
        DCD      I2C1_EV_IRQHandler             ; I2C1 Event
        DCD      I2C1_ER_IRQHandler             ; I2C1 Error
        DCD      I2C2_EV_IRQHandler             ; I2C2 Event
        DCD      I2C2_ER_IRQHandler             ; I2C2 Error
        DCD      SPI1_IRQHandler                ; SPI1
```

```
    DCD      SPI2_IRQHandler              ; SPI2
    DCD      USART1_IRQHandler            ; USART1
    DCD      USART2_IRQHandler            ; USART2
    DCD      USART3_IRQHandler            ; USART3
    DCD      EXTI15_10_IRQHandler         ; EXTI Line 15..10
    DCD      RTCAlarm_IRQHandler          ; RTC Alarm through EXTI Line
    DCD      USBWakeUp_IRQHandler         ; USB Wakeup from suspend
Vectors_End
```

第六节　外部中断

一、EXTI 概述

STM32F10x 外部中断/事件控制器（EXTI）包含多达 20 个用于产生事件/中断请求的边沿检测器。EXTI 的每根输入线都可单独进行配置，以选择类型（中断或事件）和相应的触发事件（上升沿触发、下降沿触发或边沿触发），还可独立地被屏蔽。

二、EXTI 框图

EXTI 框图包含了 EXTI 最核心内容，掌握了此框图，就能对 EXTI 有一个全局的把握，在编程的时候思路就能非常清晰。

EXTI 控制器的主要特性如下：①每个中断/事件都有独立的触发和屏蔽；②每个中断线都有专用的状态位；③支持多达 20 个软件的中断/事件请求；④检测脉冲宽度低于 APB2 时钟宽度的外部信号。

EXTI 框图如图 5-2 所示，中断寄存器见表 5-3，详细信息读者可以参考器件资料手册。从 EXTI 功能框图可以看到，很多在信号线上打一个斜杠并标注"20"字样，这个表示在控制器内部类似的信号线路有 20 个，这与 EXTI 总共有 20 个中断/事件线是吻合的。所以我们只要明白其中一个的原理，那其他 19 个线路原理也就知道了。

表 5-3　中断寄存器

寄存器	描述	寄存器	描述
IMR	中断屏蔽寄存器	FTSR	下降沿触发选择寄存器
EMR	事件屏蔽寄存器	SWIR	软件中断事件寄存器
RTSR	上升沿触发选择寄存器	PR	挂起寄存器

EXTI 可分为两大部分功能：产生中断和产生事件。这两个功能从硬件上就有所不同。

首先我们来看 EXTI 功能框图中实线所指示的电路流程。它是一个产生中断的线路，最终信号流入 NVIC 控制器内。

编号 1 是输入线，EXTI 控制器有 19 个中断/事件输入线，这些输入线可以通过寄存器设置为任意一个 GPIO，也可以是一些外设的事件，这部分内容我们将在后面专门讲解。输入线一般是存在电平变化的信号。

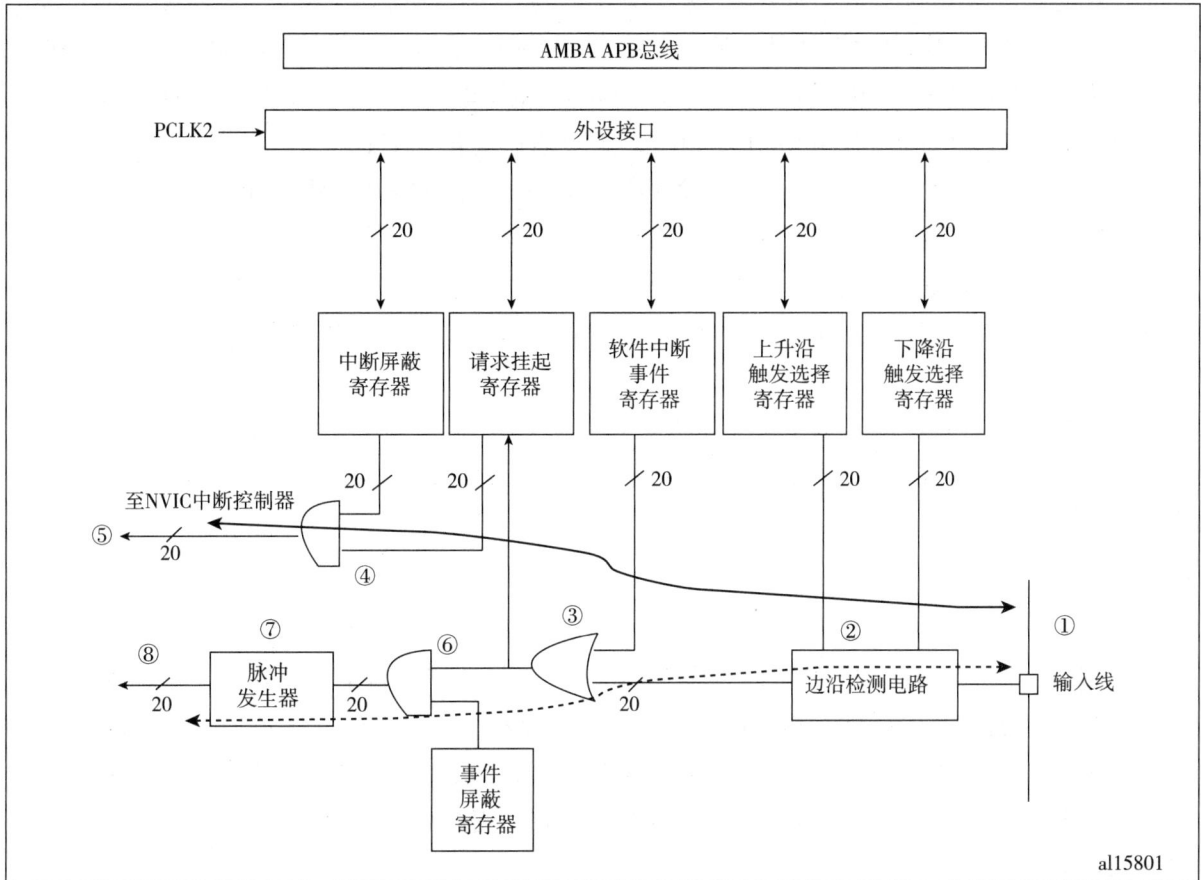

图 5 - 2　外部中断/事件控制器框图

　　编号 2 是一个边沿检测电路，它会根据上升沿触发选择寄存器（EXTI_ RTSR）和下降沿触发选择寄存器（EXTI_ FTSR）对应位的设置来控制信号触发。边沿检测电路以输入线作为信号输入端，如果检测到有边沿跳变，就输出有效信号 1 给编号 3 电路，否则输出无效信号 0。而 EXTI_ RTSR 和 EXTI_ FTSR 两个寄存器可以控制需要检测哪些类型的电平跳变过程，可以是只有上升沿触发、只有下降沿触发，或者上升沿和下降沿都触发。

　　编号 3 实际就是一个或门电路，它的一个输入来自编号 2 电路，另外一个输入来自软件中断事件寄存器（EXTI_ SWIER）。EXTI_ SWIER 允许我们通过程序控制就可以启动中断/事件线，这在某些地方非常有用。我们知道或门的作用就是有 1 就为 1，所以这两个输入随便一个有效信号 1 就可以输出 1 给编号 4 和编号 6 电路。

　　编号 4 是一个与门电路，它的一个输入是编号 3 电路，另外一个输入来自中断屏蔽寄存器（EXTI_ IMR）。与门电路要求输入都为 1 才输出 1，导致的结果是如果 EXTI_ IMR 设置为 0 时，那不管编号 3 电路的输出信号是 1 还是 0，最终编号 4 电路输出的信号都为 0；如果 EXTI_ IMR 设置为 1 时，最终编号 4 电路输出的信号才由编号 3 电路的输出信号决定，这样我们可以通过简单地控制 EXTI_ IMR 来实现是否产生中断的目的。编号 4 电路输出的信号会被保存到挂起寄存器（EXTI_ PR）内，如果确定编号 4 电路输出为 1，就会把 EXTI_ PR 对应位置 1。

　　编号 5 是将 EXTI_ PR 寄存器内容输出到 NVIC 内，从而实现系统中断事件控制。

　　接下来我们来看看虚线指示的电路流程。它是一个产生事件的线路，最终输出一个脉冲信号。

　　产生事件线路是在编号 3 电路之后与中断线路有所不同，之前电路都是共用的。

编号 6 是一个与门电路，它的一个输入来自编号 3 电路，另外一个输入来自事件屏蔽寄存器（EXTI_EMR）。如果 EXTI_EMR 设置为 0 时，那不管编号 3 电路的输出信号是 1 还是 0，最终编号 6 电路输出的信号都为 0；如果 EXTI_EMR 设置为 1 时，最终编号 6 电路输出的信号才由编号 3 电路的输出信号决定，这样我们可以通过简单地控制 EXTI_EMR 来实现是否产生事件的目的。

编号 7 是一个脉冲发生器电路，当它的输入端，即编号 6 电路的输出端是一个有效信号 1 时就会产生一个脉冲；如果输入端是无效信号就不会输出脉冲。

编号 8 是一个脉冲信号，就是产生事件的线路最终的产物，这个脉冲信号可以给其他外设电路使用，比如定时器 TIM、模拟数字转换器 ADC 等，这样的脉冲信号一般用来触发 TIM 或者 ADC 开始转换。

产生中断线路目的是把输入信号输入 NVIC，进一步会运行中断服务函数，实现功能，这样是软件级的。而产生事件线路目的就是传输一个脉冲信号给其他外设使用，并且是电路级别的信号传输，属于硬件级的。

三、外部中断/事件线映射

STM32F10x 的 EXTI 具有 20 个中断/事件线，EXTI16 连接到 PVD 输出，EXTI17 连接到 RTC 闹钟事件，EXTI18 连接到 USB OTG FS 唤醒，EXTI19 链接到以太网唤醒。EXTI 供外部 IO 口使用的中断线有 16 根，但是使用的 STM32F103 芯片却远远不止 16 个 IO 口，那么 STM32F103 芯片是怎么解决这个问题的呢？因为 STM32F103 芯片每个 GPIO 端口均有 16 个管脚，因此把每个端口的 16 个 IO 对应那 16 根中断线 EXTI0 ~ EXTI15。

比如：GPIOx.0 – GPIOx.15（x = A，B，C，D，E，F，G）分别对应中断线 EXTI0 ~ EXTI15，这样一来，每个中断线就对应了最多 7 个 IO 口，比如：GPIOA.0、GPIOB.0、GPIOC.0、GPIOD.0、GPIOE.0、GPIOF.0、GPIOG.0。但是中断线每次只能连接一个在 IO 口上，这样就需要通过 AFIO 的外部中断配置寄存器 1 的 EXTIx［3：0］位，来决定对应的中断线映射到哪个 GPIO 端口上，对于中断线映射到 GPIO 端口上的配置函数在 stm32f1xx_gpio.c 和 stm32f1xx_gpio.h 中，所以使用到外部中断时要把这个文件加入工程中，在创建库函数模板的时候默认已经添加。

四、EXTI 结构体

标准库函数对每个外设都建立了一个初始化结构体，比如 EXTI_InitTypeDef，结构体成员用于设置外设工作参数，并由外设初始化配置函数，比如 EXTI_Init（）调用，这些设定参数将会设置外设相应的寄存器，达到配置外设工作环境的目的。

初始化结构体和初始化库函数配合使用是标准库的精髓所在，理解了初始化结构体每个成员的意义，基本上就可以对该外设运用自如了。初始化结构体定义在 stm32f10x_exti.h 文件中，初始化库函数定义在 stm32f10x_exti.c 文件中，编程时我们可以结合这两个文件内注释使用。以下为结构体程序段。

```
typedef struct {
uint32_t EXTI_Line; // 中断/事件线
EXTIMode_TypeDef EXTI_Mode; // EXTI 模式
EXTITrigger_TypeDef EXTI_Trigger; // 触发类型
FunctionalState EXTI_LineCmd; // EXTI 使能
```

｜ EXTI_InitTypeDef；

1. EXTI_ Line EXTI 中断/事件线选择，可选 EXTI0 ~ EXTI19，可参考手册中表 EXTI 中断_ 事件线选择。

2. EXTI_ Mode EXTI 模式选择，可选为产生中断（EXTI_ Mode_ Interrupt）或者产生事件（EXTI_ Mode_ Event）。

3. EXTI_ Trigger EXTI 边沿触发事件，可选上升沿触发（EXTI_ Trigger_ Rising）、下降沿触发（EXTI_ Trigger_ Falling），或者上升沿和下降沿都触发（EXTI_ Trigger_ Rising_ Falling）。

4. EXTI_ LineCmd 控制是否使能 EXTI 线，可选使能 EXTI 线（ENABLE）或禁用（DISABLE）。

五、EXTI 中断库函数

表 5 – 4 EXTI 中断库函数

函数名	描述
EXTI_DeInit	将外设 EXTI 寄存器重设为缺省值
EXTI_Init	根据 EXTI_InitStruct 中指定的参数初始化外设 EXTI 寄存器
EXTI_StructInit	把 EXTI_InitStruct 中的每一个参数都按缺省值填入
EXTI_GenerateSWInterrupt	产生一个软件中断
EXTI_GetFlagStatus	检查指定的 EXTI 线路标志位设置与否
EXTI_ClearFlag	清除 EXTI 线路挂起标志位
EXTI_GetITStatus	检查指定的 EXTI 线路触发请求发生与否
EXTI_ClearITPendingBit	清除 EXTI 线路挂起位

第七节　外部中断应用

1. 按键和 EXTI 宏定义

```
//引脚定义
#define KEY1_INT_GPIO_PORT GPIOA
#define KEY1_INT_GPIO_CLK( RCC_APB2Periph_GPIOA ｜ RCC_APB2Periph_AFIO )
#define KEY1_INT_GPIO_PIN GPIO_Pin_0
#define KEY1_INT_EXTI_PORTSOURCE GPIO_PortSourceGPIOA
#define KEY1_INT_EXTI_PINSOURCE GPIO_PinSource0
#define KEY1_INT_EXTI_LINE EXTI_Line0
#define KEY1_INT_EXTI_IRQ EXTI0_IRQn
#define KEY1_IRQHandler EXTI0_IRQHandler
#define KEY2_INT_GPIO_PORT GPIOC
#define KEY2_INT_GPIO_CLK( RCC_APB2Periph_GPIOC\｜RCC_APB2Periph_AFIO )
#define KEY2_INT_GPIO_PIN GPIO_Pin_13
#define KEY2_INT_EXTI_PORTSOURCE GPIO_PortSourceGPIOC
#define KEY2_INT_EXTI_PINSOURCE GPIO_PinSource13
```

```
#define KEY2_INT_EXTI_LINE EXTI_Line13
#define KEY2_INT_EXTI_IRQ EXTI15_10_IRQn
```

使用宏定义方法指定与硬件电路设计相关配置，这对于程序移植或升级是非常有用的。在宏定义中，我们除打开 GPIO 的端口时钟外，还打开了 AFIO 的时钟，这是因为等下配置 EXTI 信号源的时候需要用到 AFIO 的外部中断控制寄存器 AFIO_ EXTICRx，具体见《STM32F1xx 中文参考手册》8.4 章节 AFIO 寄存器描述。

2. 嵌套向量中断控制器 NVIC 配置

```
static void NVIC_Configuration( void)
{
NVIC_InitTypeDef NVIC_InitStructure;
/*配置 NVIC 为优先级组 1*/
NVIC_PriorityGroupConfig( NVIC_PriorityGroup_1);
/*配置中断源:按键 1*/
NVIC_InitStructure. NVIC_IRQChannel = KEY1_INT_EXTI_IRQ;
/*配置抢占优先级:1*/
NVIC_InitStructure. NVIC_IRQChannelPreemptionPriority = 1;
/*配置子优先级:1*/
NVIC_InitStructure. NVIC_IRQChannelSubPriority = 1;
/*使能中断通道*/
NVIC_InitStructure. NVIC_IRQChannelCmd = ENABLE;
NVIC_Init( &NVIC_InitStructure);
/*配置中断源:按键 2,其他使用上面相关配置*/
NVIC_InitStructure. NVIC_IRQChannel = KEY2_INT_EXTI_IRQ;
NVIC_Init( &NVIC_InitStructure);
}
```

这里配置的两个中断软件优先级一样，如果出现了两个按键同时按下的情况，那怎么办？到底该执行哪一个中断？当两个中断的软件优先级一样的时候，中断来临时，具体先执行哪个中断服务函数由硬件的中断编号决定，编号越小，优先级越高。有关外设的硬件编号可查询《STM32F1xx 中文参考手册》的中断和事件章节中的向量表，表中的位置编号就是每个外设的硬件中断优先级。当然，我们也可以把抢占优先级设置成一样，子优先级设置成不一样，这样就可以区别两个按键同时按下的情况，而不用硬件去对比硬件编号。

3. EXTI 中断配置

```
void EXTI_Key_Config( void)
{
GPIO_InitTypeDef GPIO_InitStructure;
EXTI_InitTypeDef EXTI_InitStructure;
/*开启按键 GPIO 口的时钟*/
RCC_APB2PeriphClockCmd( KEY1_INT_GPIO_CLK,ENABLE);
/*配置 NVIC 中断*/
```

```
NVIC_Configuration();
/* ------------------------- KEY1 配置 ------------------------- */
/*选择按键用到的 GPIO */
GPIO_InitStructure.GPIO_Pin = KEY1_INT_GPIO_PIN;
/*配置为浮空输入 */
GPIO_InitStructure.GPIO_Mode = GPIO_Mode_IN_FLOATING;
GPIO_Init(KEY1_INT_GPIO_PORT, &GPIO_InitStructure);
/*选择 EXTI 的信号源 */
GPIO_EXTILineConfig(KEY1_INT_EXTI_PORTSOURCE, \
KEY1_INT_EXTI_PINSOURCE);
EXTI_InitStructure.EXTI_Line = KEY1_INT_EXTI_LINE;
/* EXTI 为中断模式 */
EXTI_InitStructure.EXTI_Mode = EXTI_Mode_Interrupt;
/*上升沿中断 */
EXTI_InitStructure.EXTI_Trigger = EXTI_Trigger_Rising;
/*使能中断 */
EXTI_InitStructure.EXTI_LineCmd = ENABLE;
EXTI_Init(&EXTI_InitStructure);
/* ------------------------- KEY2 配置 ------------------------- */
/*选择按键用到的 GPIO */
GPIO_InitStructure.GPIO_Pin = KEY2_INT_GPIO_PIN;
/*配置为浮空输入 */
GPIO_InitStructure.GPIO_Mode = GPIO_Mode_IN_FLOATING;
GPIO_Init(KEY2_INT_GPIO_PORT, &GPIO_InitStructure);
/*选择 EXTI 的信号源 */
GPIO_EXTILineConfig(KEY2_INT_EXTI_PORTSOURCE, \
KEY2_INT_EXTI_PINSOURCE);
EXTI_InitStructure.EXTI_Line = KEY2_INT_EXTI_LINE;
/* EXTI 为中断模式 */
EXTI_InitStructure.EXTI_Mode = EXTI_Mode_Interrupt;
/*下降沿中断 */
EXTI_InitStructure.EXTI_Trigger = EXTI_Trigger_Falling;
/*使能中断 */
EXTI_InitStructure.EXTI_LineCmd = ENABLE;
EXTI_Init(&EXTI_InitStructure);
}
```

首先，使用 GPIO_ InitTypeDef 和 EXTI_ InitTypeDef 结构体定义两个用于 GPIO 和 EXTI 初始化配置的变量，关于这两个结构体前面已经做了详细的讲解。使用 GPIO 之前必须开启 GPIO 端口的时钟；用到

EXTI 必须开启 AFIO 时钟。

调用 NVIC_ Configuration 函数完成对按键 1、按键 2 优先级配置并使能中断通道。作为中断/事件输入线时需把 GPIO 配置为输入模式，具体为浮空输入，由外部电路完全决定引脚的状态。

GPIO_ EXTILineConfig 函数用来指定中断/事件线的输入源，它实际是设定外部中断配置寄存器的 AFIO_ EXTICRx 值，该函数接收两个参数，第一个参数指定 GPIO 端口源，第二个参数为选择对应 GPIO 引脚源编号。我们的目的是产生中断，执行中断服务函数，EXTI 选择中断模式，按键 1 使用上升沿触发方式，并使能 EXTI 线。

按键 2 基本上采用与按键 1 相关参数配置，只是改为下降沿触发方式。两个按键的电路是一样的，可代码中我们设置按键 1 是上升沿中断，按键 2 是下降沿中断，有人会问这是不是设置错了？实际上可以这么理解，按键 1 检测的是按键按下的状态。

4. EXTI 中断服务函数

```
void KEY1_IRQHandler( void) {
//确保是否产生了 EXTI Line 中断
if( EXTI_GetITStatus( KEY1_INT_EXTI_LINE) ! = RESET) {
// LED1 取反
LED1_TOGGLE;
//清除中断标志位
EXTI_ClearITPendingBit( KEY1_INT_EXTI_LINE);
}}
void KEY2_IRQHandler( void) {
//确保是否产生了 EXTI Line 中断
if( EXTI_GetITStatus( KEY2_INT_EXTI_LINE) ! = RESET) {
// LED2 取反
LED2_TOGGLE;
//清除中断标志位
EXTI_ClearITPendingBit( KEY2_INT_EXTI_LINE);}}
```

当中断发生时，对应的中断服务函数就会被执行，可以在中断服务函数实现一些控制。一般为确保中断确实发生，我们会在中断服务函数中调用中断标志位状态，读取函数读取外设中断标志位并判断标志位状态。

EXTI_ GetITStatus 函数用来获取 EXTI 的中断标志位状态，如果 EXTI 线有中断发生函数返回"SET"，否则返回"RESET"。实际上，EXTI_ GetITStatus 函数是通过读取 EXTI_ PR 寄存器值来判断 EXTI 线状态的。

按键 1 的中断服务函数我们让 LED1 翻转其状态，按键 2 的中断服务函数我们让 LED2 翻转其状态。执行任务后需要调用 EXTI_ ClearITPendingBit 函数清除 EXTI 线的中断标志位。

5. 主函数

```
int main( void) {
/* LED 端口初始化 */
LED_GPIO_Config();
/*初始化 EXTI 中断,按下按键会触发中断,
```

```
*  触发中断会进入 stm32f10x_it.c 文件中的函数
*  KEY1_IRQHandler 和 KEY2_IRQHandler,处理中断,反转 LED 灯。*/
EXTI_Key_Config();
/* 等待中断,由于使用中断方式,CPU 不用轮询按键 */
while(1) {
}}
```

主函数非常简单,只有两个任务函数。LED_ GPIO_ Config 函数定义在 bsp_ led.c 文件内,完成 GPIO 初始化配置。EXTI_ Key_ Config 函数完成两个按键的 GPIO 和 EXTI 配置。

目标检测

答案解析

一、单选题

1. 中断是一种 ( )
   A. 异步事件　　　　　　B. 同步事件　　　　　　C. 单向事件　　　　　　D. 随机事件

2. 中断处理程序的目的是 ( )
   A. 在主程序中执行　　　　　　　　　　　B. 处理时钟
   C. 响应中断事件　　　　　　　　　　　　D. 发送数据到外设

3. 中断优先级用于 ( )
   A. 确定中断触发时间　　　　　　　　　　B. 决定中断处理程序的执行顺序
   C. 选择中断类型　　　　　　　　　　　　D. 设置中断屏蔽

4. 中断向量表用来 ( )
   A. 存储中断处理程序的代码　　　　　　　B. 存储中断优先级
   C. 存储中断请求的来源　　　　　　　　　D. 存储中断触发时间

5. 中断屏蔽是指 ( )
   A. 阻止所有中断　　　　　　　　　　　　B. 阻止特定优先级以下的中断
   C. 阻止特定优先级以上的中断　　　　　　D. 限制中断处理程序的执行时间

6. 可以触发中断请求的事件是 ( )
   A. 硬件事件　　　　　　　　　　　　　　B. 软件事件
   C. 定时事件　　　　　　　　　　　　　　D. 所有以上都是

7. 中断控制器用于 ( )
   A. 确定中断优先级　　　　　　　　　　　B. 存储中断处理程序
   C. 分发中断请求　　　　　　　　　　　　D. 生成中断请求

8. 中断向量是指 ( )
   A. 存储中断处理程序的代码　　　　　　　B. 存储中断优先级
   C. 存储中断请求的来源　　　　　　　　　D. 存储中断触发时间

9. 在中断处理程序中,通常需要 ( )
   A. 设置中断优先级　　　　　　　　　　　B. 建立新的中断向量表
   C. 处理中断事件并保存上下文　　　　　　D. 清除中断标志

10. 中断服务例程（ISR）是指（ ）

    A. 中断向量表   B. 中断请求

    C. 中断处理程序   D. 中断控制器

11. 中断请求线（IRQ）用于（ ）

    A. 向 CPU 发送中断请求   B. 存储中断处理程序

    C. 建立中断向量表   D. 设置中断优先级

12. 中断向量表的目的是（ ）

    A. 存储中断处理程序的代码   B. 存储中断优先级

    C. 存储中断请求的来源   D. 存储中断触发时间

13. 中断嵌套是指（ ）

    A. 同时发生多个中断   B. 中断请求的来源

    C. 一个中断处理程序中发生另一个中断   D. 由中断控制器控制的中断

14. 中断控制器中的屏蔽寄存器用于（ ）

    A. 设置中断优先级   B. 存储中断处理程序

    C. 屏蔽特定的中断   D. 控制中断向量表的大小

15. 中断控制器中的优先级寄存器用于（ ）

    A. 设置中断优先级   B. 存储中断处理程序

    C. 控制中断请求   D. 控制中断向量表的大小

16. 中断屏蔽位用于（ ）

    A. 控制中断向量表的大小   B. 控制中断优先级

    C. 屏蔽特定的中断   D. 控制中断请求

17. 中断向量表的大小通常由（ ）

    A. 中断控制器决定   B. 处理器架构决定

    C. 中断处理程序的数量决定   D. 编译器指定

二、简答题

1. 什么是 NVIC？

2. NVIC 的主要作用是什么？

3. 中断优先级在 NVIC 中的作用是什么？

4. NVIC 中的中断控制寄存器有什么作用？

5. NVIC 和外设的中断优先级有何关系？

三、编程题

编写一个程序，使用 STM32F103 的外部中断 EXTI0，当外部中断触发时，使 LED 引脚周期性地闪烁，但不使用定时器。

书网融合······

本章小结

第六章 定时器

学习目标

1. 掌握 STM32F103 基本定时器的硬件结构和工作原理，包括定时器的计数器、预分频器、自动重载寄存器等组成部分。

2. 熟悉 基本定时器的初始化方法和配置流程。

3. 了解 基本定时器的应用场景和功能特点，包括定时器的定时功能、PWM 输出功能、脉冲计数功能等；如何使用标准库函数对基本定时器进行初始化、设置计数值、配置预分频系数等操作。

4. 学会使用基本定时器实现常见的定时任务和周期性操作，如定时器中断处理、定时器用于 PWM 输出控制、定时器用于计时等。

5. 培养对 STM32F103 基本定时器的理解和应用能力，培养通过实践掌握定时器的使用方法，提高系统的稳定性和性能。

⇒ 实例分析

实例 假设你正在开发一个智能灌溉系统，该系统需要根据预设的时间间隔控制水泵的开启和关闭，从而实现自动浇灌。为了确保系统能够准确地控制时间，需要使用定时器来生成精确的时间间隔信号。在这个项目中，我们将使用 STM32F103 的标准库函数来配置和使用定时器，以实现对水泵的自动控制。

问题 1. 如何配置 STM32F103 的定时器以生成指定时间间隔的中断信号？

2. 如何在中断服务程序中实现水泵的开启和关闭控制？

第一节 SysTick 定时器

一、SysTick 定时器概述

SysTick 定时器也叫 SysTick 滴答定时器，它是 Cortex – M3 内核的一个外设，被嵌入 NVIC 中。它是一个 24 位向下递减的定时器，每计数一次所需时间为 1/SYSTICK，SYSTICK 是系统定时器时钟，它可以直接取自系统时钟，还可以通过系统时钟 8 分频后获取，本章节中采用后者，即每计数一次所需时间为 $1/(72/8)\mu s$，换句话说在 $1\mu s$ 的时间内会计数 9 次。当定时器计数到 0 时，将从 LOAD 寄存器中自动重装定时器初值，重新向下递减计数，如此循环往复。如果开启 SysTick 中断的话，当定时器计数到 0，将产生一个中断信号。因此，只要知道计数的次数就可以准确得到它的延时时间。SysTick 定时器通常应用在操作系统中，为其提供时钟周期。

二、SysTick 定时器的功能

在 STM32F1 库函数中，并没有提供相应的 SysTick 定时器配置函数，要操作 SysTick 定时器就需要了解它的寄存器功能。其实 SysTick 定时器寄存器很简单，只有 4 个，分别是 CTRL、LOAD、VAL、CALIB。

1. CTRL 寄存器 CTRL 是 SysTick 定时器的控制及状态寄存器。其相应位功能见表 6-1。

表 6-1 CTRL 寄存器

位段	名称	类型	复位值	描述
16	COUNTFLAG	R	0	如果在上次读取本寄存器后，SysTick 已经数到 0，则该位为 1。如果读取该位，该位将自动清零
2	CLKSOURCE	R/W	0	0 = 外部时钟源（STICK） 1 = 内核时钟（FCLK）
1	TICKINT	R/W	0	1 = SysTick 倒数到 0 时产生 SysTick 异常请求 0 = 数到 0 时无动作
0	ENABLE	R/W	0	SysTick 定时器的使能位

CLKSOUTCE 位是用于选择 SysTick 定时器时钟来源，如果该位为 1，表示其时钟是由系统时钟直接提供，即 72M。如果为 0，表示其时钟是由系统时钟八分频后提供，即 72/8 = 9M。

2. LOAD 寄存器 LOAD 是 SysTick 定时器的重装载数值寄存器。其相应位功能见表 6-2。

表 6-2 LOAD 寄存器

位段	名称	类型	复位值	描述
23：0	RELOAD	R/W	0	当倒数到零时，将被重装载的值

因为 STM32F1 的 SysTick 定时器是一个 24 位递减计数器，因此重装载寄存器中只使用到了低 24 位，即 bit0 ~ bit23。当系统复位时，其值为 0。

3. VAL 寄存器 VAL 是 SysTick 定时器的当前数值寄存器。其相应位功能见表 6-3。

表 6-3 VAL 寄存器

位段	名称	类型	复位值	描述
23：0	CURRENT	R/W	0	读取时返回当前倒计数的值，写则使之清零，同时还会清除在 SysTick 控制及状态寄存器中的 COUNTFLAG

4. CALIB 寄存器 CALIB 是 SysTick 定时器的校准数值寄存器。其相应位功能见表 6-4。

表 6-4 CALIB 寄存器

位段	名称	类型	复位值	描述
31	NOREF	R	—	1 = 没有外部参考时钟（STCLK 不可用） 0 = 外部参考时钟可用
30	SKEW	R	—	1 = 校准值不是准确的 10ms 0 = 校准值是准确的 10ms
23：0	TENMS	R/W	0	10ms 的时间内倒计数的格数，芯片设计者应该通过 Cortex - M3 的输入信号提供该数值，若该值读回零，则表示无法使用校准功能

三、SysTick 定时器的操作步骤

SysTick 定时器的操作可以分为 4 步。

（1）设置 SysTick 定时器的时钟源。

（2）设置 SysTick 定时器的重装初始值（如果要使用中断的话，就开启中断使能）。

（3）清零 SysTick 定时器当前计数器的值。

（4）打开 SysTick 定时器。

四、SysTick 函数

1. SysTick_ Init（）函数　代码如下：

```
void SysTick_Init(u8 SYSCLK)
{
SYSTICK_CLKSourceConfig(SYSTICK_CLKSOURCE_HCLK);//SysTick 频率为 HCLK
fac_us = SYSCLK; //保存 1us 所需的计数次数
}
```

SysTick_ Init 函数形参 SYSCLK 表示的系统时钟大小，默认配置使用的系统时钟是 72M，所以调用这个函数时，即形参值为 72。函数内部调用了一个库函数 SYSTICK_ CLKSourceConfig，此函数用来对 SysTick 定时器时钟的选择，使用的 SysTick 定时器时钟是系统时钟不分频，所以参数是 SYSTICK_ CLKSOURCE_ HCLK。如果使用系统时钟八分频作为 SysTick 定时器时钟，那么参数为 SYSTICK_ CLKSOURCE_ HCLK_ DIV8。

下面的一条语句用来求取 SysTick 定时器在 1μs 时间内的计数次数。

2. delay_ us（）函数　代码如下：

```
//延时 nus
//nus 为要延时的 us 数.
//nus:0 ~ 190887435(最大值即 2^32/fac_us@ fac_us = 22.5)
void delay_us(u32 nus)
{
u32 ticks;
u32 told,tnow,tcnt = 0;
u32 reload = SysTick -> LOAD; //LOAD 的值
ticks = nus * fac_us; //需要的节拍数
told = SysTick -> VAL;//刚进入时的计数器值
while(1)
{
tnow = SysTick -> VAL;
if(tnow! = told)
{
```

```
if( tnow < told) tcnt + = told - tnow; //注意 SYSTICK 是一个递减的计数器就可以了.
else tcnt + = reload - tnow + told;
told = tnow;
if( tcnt > = ticks) break; //时间超过/等于要延迟的时间,则退出.
}
};
}
```

该函数用于实现 us 级延时,函数有一个入口参数 nus,用于指定所要延时 us 的时间。函数内部就是利用前面介绍的时钟摘取法实现。ticks 是延时 nus 需要等待的 SysTick 计数次数（也就是延时时间）, told 用于记录最近一次的 SysTick -> VAL 值,然后 tnow 则是当前的 SysTick -> VAL 值,通过它们的对比累加,实现 SysTick 计数次数的统计,统计值存放在 tcnt 里面,然后通过对比 tcnt 和 ticks,来判断延时是否到达,从而达到不修改 SysTick 实现 nus 的延时。

3. delay_ ms ( ) 函数　代码如下:

```
//延时 nms
//nms:要延时的 ms 数
void delay_ms( u16 nms)
{
u32 i;
for( i = 0; i < nms; i ++ ) delay_us( 1000);
}
```

该函数即为 ms 级延时,函数有一个入口参数 nms,用于设置 ms 的延时时间,最大是 65535 值。其内部即通过循环调用 delay_ us（1000）实现 ms 延时。

4. 主函数　在 main. c 文件中前面引入了工程中所需的头文件,可以打开工程查看,主要分析 main 函数,代码如下:

```
#include " system. h"
#include " SysTick. h"
int main( )
{
SystemClock_Init( RCC_PLL_MUL9); //设置时钟,72M
SysTick_Init( 72);
while( 1)
{
delay_ms( 500);
}
}
```

主函数实现的功能比较简单,首先对 SysTick 定时器进行初始化配置,选择系统时钟作为 SysTick 的时钟,最后进入 while 循环语句,调用了 delay_ ms 延时函数,这时候的延时是非常精确的。

钟

人造的钟作为计时器，从最早的日晷、滴漏、沙漏、机械摆钟，到现在的石英钟和原子钟，不论其形式和构造发生了多少变化，其原理都和自然的钟一样：律动，其核心都是一个：振荡器。目前世界上人类计量时间最精确的标准钟——原子钟，就是利用自然界的原子吸收或释放能量时发出的周期性辐射波频率来计时的。1967 年和 1997 年召开的国际度量衡大会，把在绝对零度和零磁场环境下，处在基态的 ^{133}Cs 原子在两个超精细能阶间跃迁所产生的辐射波经历 9192 631770 个振动周期的时间定为国际单位制（SI）中时间的基本单位——秒。这个人类计时的标准钟"铯钟"就是一个自然的钟，是自然物质的本来属性，是自然的规律。现在人们所制造和使用的钟都是以这个自然钟的韵律为标准来校时的。

第二节　通用定时器

STM32F1 的定时器非常多，由 2 个基本定时器（TIM6、TIM7）、4 个通用定时器（TIM2～TIM5）和 2 个高级定时器（TIM1、TIM8）组成。基本定时器的功能最为简单，类似于 51 单片机内定时器。通用定时器是在基本定时器的基础上扩展而来，增加了输入捕获与输出比较等功能。高级定时器又是在通用定时器基础上扩展而来，增加了可编程死区互补输出、重复计数器、带刹车（断路）功能，这些功能主要针对工业电机控制方面。本章对高级定时器不做过多介绍，主要针对常用的通用定时器进行介绍，如需对定时器深入了解，可以参考《STM32F1xx 中文参考手册》定时器章节。

一、通用定时器概述

STM32F1 的通用定时器包含一个 16 位自动重载计数器（CNT），该计数器由可编程预分频器（PSC）驱动。STM32F1 的通用定时器可用于多种用途，包括测量输入信号的脉冲宽度（输入捕获）或者生成输出波形（输出比较和 PWM）等。使用定时器预分频器和 RCC 时钟控制器预分频器，脉冲长度和波形周期可以在几个微秒到几个毫秒间调整。STM32F1 的每个通用定时器都是完全独立的，没有互相共享的任何资源。

STM32F1 的通用定时器 TIMx（TIM2～TIM5）具有如下功能。

（1）16 位向上、向下、向上/向下自动装载计数器（TIMx_CNT）。

（2）16 位可编程（可以实时修改）预分频器（TIMx_PSC），计数器时钟频率的分频系数为 1～65535 之间的任意数值。

（3）4 个独立通道（TIMx_CH1－4），这些通道可以用来输入捕获、输出比较、PWM 生成（边缘或中间对齐模式）、单脉冲模式输出。

（4）可使用外部信号（TIMx_ETR）控制定时器，且可实现多个定时器互连（可以用一个定时器控制另外一个定时器）的同步电路。

（5）发生如下事件时产生中断/DMA 请求

1）更新：计数器向上溢出/向下溢出，计数器初始化（通过软件或者内部/外部触发）。

2）触发事件（计数器启动、停止、初始化或者由内部/外部触发计数）。

3）输入捕获。

4）输出比较。

（6）支持针对定位的增量（正交）编码器和霍尔传感器电路。

（7）触发输入作为外部时钟或者按周期的电流管理。

二、通用定时器结构框图

STM32 微控制器中的通用定时器（general - purpose timers，TIMx）是一种功能强大且灵活的外设，广泛用于定时、计数、捕获和比较等任务。图 6 - 1 中展示了通用定时器的内部结构和工作原理。以下是对各部分的详细介绍。

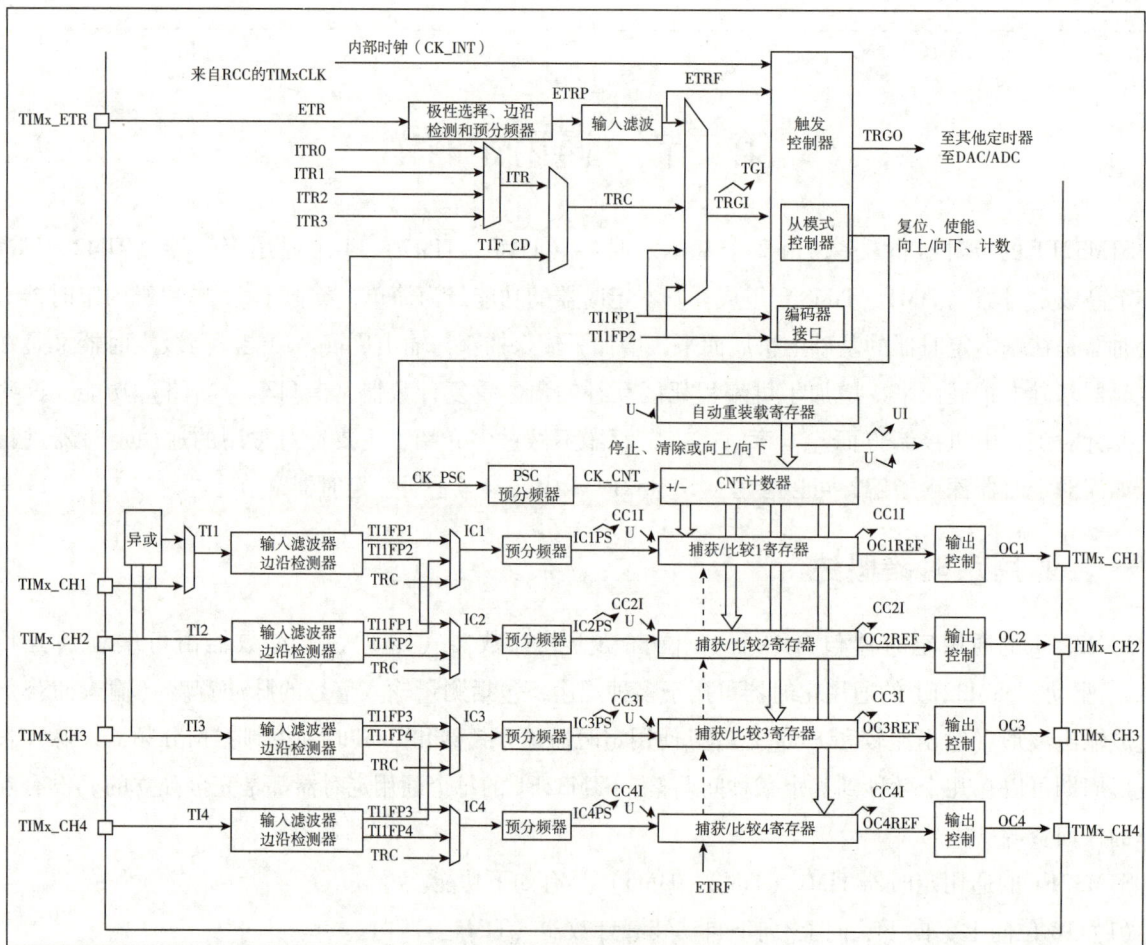

图 6 - 1　通用定时器框图

1. 时钟源　通用定时器的时钟来源有 4 种可选：①内部时钟（CK_INT）；②外部时钟模式 1：外部输入引脚 TIx（x = 1，2，3，4）；③外部时钟模式 2：外部触发输入 ETR；④内部触发输入 ITRx（x = 0，1，2，3）。

通用定时器时钟来源这么多，具体选择哪个可以通过 TIMx_ SMCR 寄存器的相关位来设置，定时器相关寄存器的介绍可以参考《STM32F1xx 中文参考手册》- 通用定时器 - 寄存器章节详细了解。这里的 CK_ INT 时钟是从 APB1 倍频得来的，除非 APB1 的时钟分频数设置为 1（一般都不会是 1），否则通用定时器 TIMx 的时钟是 APB1 时钟的 2 倍，当 APB1 的时钟不分频的时候，通用定时器 TIMx 的时钟就等于 APB1 的时钟。还要注意的就是，高级定时器的时钟不是来自 APB1，而是来自 APB2，这个在库文件 stm32f1xx_hal_rcc.h 也可以查找到，HAL_RCC_TIM8_CLK_ENABLE（）函数。通常将内部时钟（CK_INT）作为通用定时器的时钟来源，而且通用定时器的时钟是 APB1 时钟的 2 倍，即 APB1 的时钟分频数不为 1。所以通用定时器的时钟频率是 72MHz。

2. 控制器　通用定时器控制器部分包括触发控制器、从模式控制器以及编码器接口。触发控制器用来针对片内外设输出触发信号，比如为其他定时器提供时钟和触发 DAC/ADC 转换。从模式控制器可以控制计数器复位、启动、递增/递减、计数。编码器接口专门针对编码器计数而设计。

3. 时基单元　通用定时器时基单元包括三个寄存器，分别是计数器寄存器（TIMx_CNT）、预分频器寄存器（TIMx_PSC）、自动重载寄存器（TIMx_ARR）。高级定时器中还有一个重复计数寄存器（TIMx_RCR），通用和基本定时器是没有的。通用定时器这三个寄存器都是 16 位有效。而高级定时器的 TIMx_RCR 寄存器是 8 位有效。

在这个时基单元中，有个预分频器寄存器（TIMx_PSC），用于对计数器时钟频率进行分频，通过寄存器内的相应位设置，分频系数值可在 1 ~ 65536 之间。由于从模式控制寄存器具有缓冲功能，因此预分频器可实现实时更改，而新的预分频比将在下一更新事件发生时被采用。

在时基单元中，还有个计数寄存器（TIMx_CNT），通用定时器计数方式有向上计数、向下计数、向上向下计数（中心对齐计数）。

下面分别来介绍这几种计数方式。

（1）向上计数　在向上（递增）计数模式下，计数器从 0 开始计数，每来一个 CK_CNT 脉冲计数器就加 1，直到等于自动重载值（TIMx_ARR 寄存器的内容），然后重新从 0 开始计数并生成计数器上溢事件。每次发生计数器上溢时会生成更新事件（UEV），或将 TIMx_EGR 寄存器中的 UG 位置 1（通过软件或使用从模式控制器）也可以生成更新事件。通过软件将 TIMx_CR1 寄存器中的 UDIS 位置 1 可禁止 UEV 事件。这可避免向预装载寄存器写入新值时更新影子寄存器。在 UDIS 位写入 0 之前不会产生任何更新事件。不过，计数器和预分频器计数器都会重新从 0 开始计数（而预分频比保持不变）。此外，如果设置 TIMx_CR1 寄存器中相应的中断位置 1，也会产生中断事件。

（2）向下计数　在向下（递减）计数模式下，计数器从自动重载值（TIMx_ARR 寄存器的内容）开始递减计数到 0，然后重新从自动重载值开始计数并生成计数器下溢事件。每次发生计数器下溢时都会生成更新事件，或将 TIMx_EGR 寄存器中的 UG 位置 1（通过软件或使用从模式控制器）也可以生成更新事件。通过软件将 TIMx_CR1 寄存器中的 UDIS 位置 1 可禁止 UEV 更新事件。这可避免向预装载寄存器写入新值时更新影子寄存器。在 UDIS 位写入 0 之前不会产生任何更新事件。不过，计数器会重新从当前自动重载值开始计数，而预分频器计数器则重新从 0 开始计数（但预分频比保持不变）。此外，如果设置 TIMx_CR1 寄存器中相应的中断位置 1，也会产生中断事件。

（3）向上向下计数（中心对齐计数）　在中心对齐模式下，计数器从 0 开始计数到自动重载值（TIMx_ARR 寄存器的内容）-1，生成计数器上溢事件；然后从自动重载值开始向下计数到 1 并生成计数器下溢事件。之后从 0 开始重新计数，如此循环执行。每次发生计数器上溢和下溢事件都会生成更新事件。

在时基单元中，还有个自动重载寄存器（TIMx_ARR），该寄存器是用来存放与 CNT 计数器比较的值。自动重载寄存器（TIMx_ARR）的控制受 TIMx_CR1 寄存器中 ARPE 位决定，当 ARPE = 0 时，自动重载寄存器（TIMx_ARR）不进行缓冲，寄存器内容直接传送到影子寄存器。当 APRE = 1 时，在每一次更新事件（UEV）时，才把预装载寄存器（ARR）的内容传送到影子寄存器。

4. 输入捕获　可以对输入的信号的上升沿、下降沿或者双边沿进行捕获，通常用于测量输入信号的脉宽、测量 PWM 输入信号的频率及占空比。

在输入捕获模式下，当相应的 ICx 信号检测到跳变沿后，将使用捕获/比较寄存器（TIMx_CCRx）来锁存计数器的值。发生捕获事件时，会将相应的 CCxIF 标志（TIMx_SR 寄存器）置 1，并可发送中断或 DMA 请求（如果已使能）。如果发生捕获事件时 CCxIF 标志已处于高位，则会将重复捕获标志 CCxOF（TIMx_SR 寄存器）置 1。可通过软件向 CCxIF 写入 0 来给 CCxIF 清零，或读取存储在 TIMx_CCRx 寄存器中的已捕获数据。向 CCxOF 写入 0 后会将其清零。

输入捕获单元由输入通道、输入滤波器和边沿检测器、输入捕获通道、预分频器、捕获/比较寄存器等组成。

从框图中可以看到，通用定时器的输入通道有 4 个 TIMx_CH1/2/3/4。通常也把这个 4 个通道称为 TI1/2/3/4，如果后面出现此类称呼就表明是通用定时器的 4 个输入通道。这些通道都对应到 STM32F1 引脚上，可以把被检测信号输入这 4 个通道中进行捕获。当输入的信号存在高频干扰时，可以使用输入滤波器进行滤波，具体滤波原理可以参考《STM32F1xx 中文参考手册》通用定时器捕获/比较通道章节。边沿检测器是用来设置信号在捕获时哪种边沿有效，可以为上升沿、下降沿、双边沿，具体是由 TIMx_CCER 寄存器相应位设置。输入捕获通道就是框图中的 IC1/2/3/4，每个捕获通道都有对应的捕获寄存器 TIMx_CCR1/2/3/4。如果发生捕获的时候，CNT 计数器的值就会被锁存到捕获寄存器中。

这里需明确输入通道和捕获通道的区别，输入通道是用来输入信号的，捕获通道是用来捕获输入信号的通道，一个输入通道的信号可以同时输入给两个捕获通道。比如输入通道 TI1 的信号经过滤波边沿检测器之后的 TI1FP1 和 TI1FP2 可以进入捕获通道 IC1 和 IC2，在前面的框图中也可以看到信号箭头的流向。

ICx 的输出信号会经过一个预分频器，用于决定产生多少个事件时进行一次捕获。具体由寄存器 TIMx_CCMRx 的位 ICxPSC 配置，如果希望捕获信号的每一个边沿，则把预分频器系数设置为 1。经过预分频器的信号 ICxPS 是最终被捕获的信号，当发生第一次捕获时，计数器 CNT 的值会被锁存到捕获/比较寄存器 CCR 中（此时使用捕获寄存器功能），还会产生 CCxI 中断，相应的中断位 CCxIF（在 SR 寄存器中）会被置位，通过软件或者读取 CCR 中的值可以将 CCxIF 清 0。如果发生第二次捕获（即重复捕获：CCR 寄存器中已捕获到计数器值且 CCxIF 标志已置 1），则捕获溢出标志位 CCxOF（在 SR 寄存器中）会被置位，CCxOF 只能通过软件清零。

5. 输出比较　就是通过定时器的外部引脚对外输出控制信号，可以输出有效电平、无效电平、翻转、强制变为无效电平、强制变为有效电平、PWM1 和 PWM2 等模式，具体使用哪种模式由寄存器 CCMRx 的位 OCxM［2：0］配置。其中 PWM 模式是输出比较中的特例，使用的也最多。

从框图中可以看到，输出比较单元与输入捕获单元共用了捕获/比较寄存器，只不过在输出比较的时候使用的是比较寄存器功能。

当计数器 CNT 的值与比较寄存器 CCR 的值相等的时候，输出参考信号 OCxREF 的信号极性就会改变，并且会产生比较中断 CCxI，相应的标志位 CCxIF（SR 寄存器中）会置位。然后 OCxREF 再经过一系列的控制之后就成为真正的输出信号 OC1/2/3/4，最终输出到对应的管脚 TIMx_CH1/2/3/4。

三、通用定时器配置函数

接下来介绍通用定时器配置函数。

1. 初始化通用定时器函数

void TIM_Init(TIM_TypeDef * TIMx, TIM_InitTypeDef * TIM_InitStruct);

这个函数用于初始化通用定时器。参数 TIMx 是指向要初始化的定时器的指针，TIM_ InitStruct 是一个结构体指针，包含了初始化定时器所需的所有参数，比如时钟分频、计数模式、自动重装载值等。

2. 通用定时器结构体定义

typedef struct

{

　uint16_t TIM_Prescaler;　　　　// 时钟分频

　uint16_t TIM_CounterMode;　　　// 计数模式

　uint32_t TIM_Period;　　　　　　// 自动重装载值

　uint16_t TIM_ClockDivision;　　// 时钟分频

　uint8_t TIM_RepetitionCounter;// 重复计数器

}TIM_InitTypeDef;

这个结构体定义了初始化通用定时器所需的各种参数，包括时钟分频、计数模式、自动重装载值等。在初始化定时器之前，需要先填充这个结构体。

3. 配置通用定时器中断

void TIM_ITConfig(TIM_TypeDef * TIMx, uint16_t TIM_IT, FunctionalState NewState);

这个函数用于使能或禁用通用定时器的中断。参数 TIMx 是指向定时器的指针，TIM_ IT 是要配置的中断类型，比如更新中断、比较中断等，NewState 是使能或禁用中断的状态。

4. 启动和停止定时器

void TIM_Cmd(TIM_TypeDef * TIMx, FunctionalState NewState);

这个函数用于启动或停止通用定时器的计数。参数 TIMx 是指向定时器的指针，NewState 是启动或停止计数的状态。

5. 设置通用定时器的自动重装载值

void TIM_SetAutoreload(TIM_TypeDef * TIMx, uint16_t Autoreload);

这个函数用于设置通用定时器的自动重装载值，即计数器达到这个值时自动重新加载。参数 TIMx 是指向定时器的指针，Autoreload 是自动重装载值。

6. 读取通用定时器的计数值

uint16_t TIM_GetCounter(TIM_TypeDef * TIMx);

这个函数用于读取通用定时器的当前计数值。参数 TIMx 是指向定时器的指针，返回值是当前的计数值。

四、通用定时器的寄存器和函数

通用定时器涉及的寄存器和函数见表6-5和表6-6。

表6-5　定时器寄存器

寄存器	描述
CR1	控制寄存器1
CR2	控制寄存器2
SMCR	从模式控制寄存器

续表

寄存器	描述
DIER	DMA/中断使能寄存器
SR	状态寄存器
EGR	事件产生寄存器
CCMR1	捕获/比较模式寄存器 1
CCMR2	捕获/比较模式寄存器 2
CCER	捕获/比较使能寄存器
CNT	计数器寄存器
PSC	预分频寄存器
APR	自动重装载寄存器
CCR1	捕获/比较寄存器 1
CCR2	捕获/比较寄存器 2
CCR3	捕获/比较寄存器 3
CCR4	捕获/比较寄存器 4
DCR	DMA 控制寄存器
DMAR	连续模式的 DMA 地址寄存器

表 6-6 定时器函数

函数名	描述
TIM_DeInit	将外设 TIMx 寄存器重设为缺省值
TIM_TimeBaseInit	根据 TIM_TimeBaseInitStruct 中指定的参数初始化 TIMx 的时间基数单位
TIM_OCInit	根据 TIM_OCInitStruct 中指定的参数初始化外设 TIMx
TIM_ICInit	根据 TIM_ICInitStruct 中指定的参数初始化外设 TIMx
TIM_TimeBaseStructInit	把 TIM_TimeBaseInitStruct 中的每一个参数按缺省值填入
TIM_OCStructInit	把 TIM_OCInitStruct 中的每一个参数按缺省值填入
TIM_ICStructInit	把 TIM_ICInitStruct 中的每一个参数按缺省值填入
TIM_Cmd	使能或者失能 TIMx 外设
TIM_ITConfig	使能或者失能指定的 TIM 中断
TIM_DMAConfig	使能或者失能指定的 TIM 中断
TIM_DMACmd	使能或者失能指定的 TIMx 的 DMA 请求
TIM_InternalClockConfig	设置 TIMx 内部时钟
TIM_ITRxExternalClockConfig	设置 TIMx 内部触发为外部时钟模式
TIM_TIxExternalClockConfig	设置 TIMx 触发为外部时钟
TIM_ETRClockMode1Config	配置 TIMx 外部时钟模式 1
TIM_ETRClockMode2Config	配置 TIMx 外部时钟模式 2
TIM_ETRConfig	配置 TIMx 外部触发
TIM_SelectInputTrigger	选择 TIMx 输入触发源
TIM_PrescalerConfig	设置 TIMx 预分频
TIM_CounterModeConfig	设置 TIMx 计数器模式
TIM_ForcedOC1Config	置 TIMx 输出 1 为活动或者非活动电平
TIM_ForcedOC2Config	置 TIMx 输出 2 为活动或者非活动电平
TIM_ForcedOC3Config	置 TIMx 输出 3 为活动或者非活动电平

函数名	描述
TIM_ForcedOC4Config	置 TIMx 输出 4 为活动或者非活动电平
TIM_ARRPreloadConfig	使能或者失能 TIMx 在 ARR 上的预装载寄存器
TIM_SelectCCDMA	选择 TIMx 外设的捕获比较 DMA 源
TIM_OC1PreloadConfig	使能或者失能 TIMx 在 CCR1 上的预装载寄存器
TIM_OC2PreloadConfig	使能或者失能 TIMx 在 CCR2 上的预装载寄存器
TIM_OC3PreloadConfig	使能或者失能 TIMx 在 CCR3 上的预装载寄存器
TIM_OC4PreloadConfig	使能或者失能 TIMx 在 CCR4 上的预装载寄存器
TIM_OC1FastConfig	设置 TIMx 捕获比较 1 快速特征
TIM_OC2FastConfig	设置 TIMx 捕获比较 2 快速特征
TIM_OC3FastConfig	设置 TIMx 捕获比较 3 快速特征
TIM_OC4FastConfig	设置 TIMx 捕获比较 4 快速特征
TIM_ClearOC1Ref	在一个外部事件时清除或者保持 OCREF1 信号
TIM_ClearOC2Ref	在一个外部事件时清除或者保持 OCREF2 信号
TIM_ClearOC3Ref	在一个外部事件时清除或者保持 OCREF3 信号
TIM_ClearOC4Ref	在一个外部事件时清除或者保持 OCREF4 信号
TIM_UpdateDisableConfig	使能或者失能 TIMx 更新事件
TIM_EncoderInterfaceConfig	设置 TIMx 编码界面
TIM_GenerateEvent	设置 TIMx 事件由软件产生
TIM_OC1PolarityConfig	设置 TIMx 通道 1 极性
TIM_OC2PolarityConfig	设置 TIMx 通道 2 极性
TIM_OC3PolarityConfig	设置 TIMx 通道 3 极性
TIM_OC4PolarityConfig	设置 TIMx 通道 4 极性
TIM_UpdateRequestConfig	设置 TIMx 更新请求源
TIM_SelectHallSensor	使能或者失能 TIMx 霍尔传感器接口
TIM_SelectOnePulseMode	设置 TIMx 单脉冲模式
TIM_SelectOutputTrigger	选择 TIMx 触发输出模式
TIM_SelectSlaveMode	选择 TIMx 从模式
TIM_SelectMasterSlaveMode	设置或者重置 TIMx 主/从模式
TIM_SetCounter	设置 TIMx 计数器寄存器值
TIM_SetAutoreload	设置 TIMx 自动重装载寄存器值
TIM_SetCompare1	设置 TIMx 捕获比较 1 寄存器值
TIM_SetCompare2	设置 TIMx 捕获比较 2 寄存器值
TIM_SetCompare3	设置 TIMx 捕获比较 3 寄存器值
TIM_SetCompare4	设置 TIMx 捕获比较 4 寄存器值
TIM_SetIC1Prescaler	设置 TIMx 输入捕获 1 预分频
TIM_SetIC2Prescaler	设置 TIMx 输入捕获 2 预分频
TIM_SetIC3Prescaler	设置 TIMx 输入捕获 3 预分频
TIM_SetIC4Prescaler	设置 TIMx 输入捕获 4 预分频
TIM_SetClockDivision	设置 TIMx 的时钟分割值
TIM_GetCapture1	获得 TIMx 输入捕获 1 的值

函数名	描述
TIM_ GetCapture2	获得 TIMx 输入捕获 2 的值
TIM_ GetCapture3	获得 TIMx 输入捕获 3 的值
TIM_ GetCapture4	获得 TIMx 输入捕获 4 的值
TIM_ GetCounter	获得 TIMx 计数器的值
TIM_ GetPrescaler	获得 TIMx 预分频值
TIM_ GetFlagStatus	检查指定的 TIM 标志位设置与否
TIM_ ClearFlag	清除 TIMx 的待处理标志位
TIM_ GetITStatus	检查指定的 TIM 中断发生与否
TIM_ ClearITPendingBit	清除 TIMx 的中断待处理位

第三节　通用定时器示例

通过 TIM2 的更新中断控制 LED 指示灯间隔 500ms 状态取反。我们可以按照以下步骤进行配置和编写代码。

配置系统时钟：确保系统时钟设置正确。

配置 GPIO 引脚：配置用于控制 LED 的 GPIO 引脚。

配置 TIM2 定时器：设置 TIM2 定时器产生更新中断。

配置中断：使能 TIM2 的更新中断，并编写中断服务程序（ISR）。

编写主程序：在主循环中等待中断发生。

依据以上步骤，对应的程序如下。

1. 配置系统时钟和 GPIO 引脚　首先，需要初始化系统时钟和 GPIO 引脚。

```
#include "stm32f10x. h"

// 配置用于控制 LED 的 GPIO 引脚(假设连接到 PA5)
void GPIO_Config(void)
{
    GPIO_InitTypeDef GPIO_InitStructure;

    //使能 GPIOA 时钟
    RCC_APB2PeriphClockCmd(RCC_APB2Periph_GPIOA, ENABLE);

    //配置 PA5 为推挽输出
    GPIO_InitStructure. GPIO_Pin = GPIO_Pin_5;
    GPIO_InitStructure. GPIO_Mode = GPIO_Mode_Out_PP;
    GPIO_InitStructure. GPIO_Speed = GPIO_Speed_50MHz;
    GPIO_Init(GPIOA, &GPIO_InitStructure);
}
```

2. 配置 TIM2 定时器

```
void TIM2_Config(void)
{
    TIM_TimeBaseInitTypeDef TIM_TimeBaseStructure;
    NVIC_InitTypeDef NVIC_InitStructure;

    // 使能 TIM2 时钟
    RCC_APB1PeriphClockCmd(RCC_APB1Periph_TIM2, ENABLE);

    //定时器基础配置
    TIM_TimeBaseStructure. TIM_Period = 49999; // 自动重装载值
    TIM_TimeBaseStructure. TIM_Prescaler = 719; // 预分频器(1 MHz 时钟)
    TIM_TimeBaseStructure. TIM_ClockDivision = TIM_CKD_DIV1;
    TIM_TimeBaseStructure. TIM_CounterMode = TIM_CounterMode_Up;
    TIM_TimeBaseInit(TIM2, &TIM_TimeBaseStructure);

    // 使能 TIM2 更新中断
    TIM_ITConfig(TIM2, TIM_IT_Update, ENABLE);

    // 配置 NVIC
    NVIC_InitStructure. NVIC_IRQChannel = TIM2_IRQn;
    NVIC_InitStructure. NVIC_IRQChannelPreemptionPriority = 0;
    NVIC_InitStructure. NVIC_IRQChannelSubPriority = 1;
    NVIC_InitStructure. NVIC_IRQChannelCmd = ENABLE;
    NVIC_Init(&NVIC_InitStructure);

    // 启动定时器
    TIM_Cmd(TIM2, ENABLE);
}
```

3. 中断服务程序（ISR）

```
void TIM2_IRQHandler(void)
{
    // 检查 TIM2 更新中断标志
    if(TIM_GetITStatus(TIM2, TIM_IT_Update) ! = RESET)
    {
        // 清除中断标志
        TIM_ClearITPendingBit(TIM2, TIM_IT_Update);

        // 取反 LED 状态
```

```
        GPIOA -> ODR ^= GPIO_Pin_5;
    }
}
```

4. 主程序

```c
int main（void）
{
    // 配置系统时钟
    SystemInit（）;

    // 配置 GPIO 和 TIM2
    GPIO_Config（）;
    TIM2_Config（）;

    while（1）
    {
        // 主循环
    }
}
```

目标检测

答案解析

一、单选题

1. 定时器的主要功能不包括（　　）

　　A. 定时　　　　　　　B. 计数　　　　　　C. 中断　　　　　　D. 存储

2. STM32 的通用定时器不包括（　　）

　　A. TIM1　　　　　　B. TIM2　　　　　　C. TIM3　　　　　　D. TIM4

3. 定时器的计数方式包括（　　）

　　A. 向上计数　　　　B. 向下计数　　　　C. 双向计数　　　　D. 以上所有

4. 配置定时器工作模式的方法是（　　）

　　A. 设置数据寄存器　　　　　　　　　　B. 设置控制寄存器

　　C. 设置模式寄存器　　　　　　　　　　D. 设置状态寄存器

5. 定时器的中断源不包括（　　）

　　A. 溢出中断　　　　B. 捕获中断　　　　C. 比较中断　　　　D. 外部中断

6. 定时器预分频器的作用是（　　）

　　A. 提高时钟频率　　　　　　　　　　　B. 降低时钟频率

　　C. 稳定时钟频率　　　　　　　　　　　D. 改变时钟相位

7. 使能定时器中断功能的方法是（　　）

　　A. 设置中断使能寄存器　　　　　　　　B. 设置控制寄存器

    C. 设置模式寄存器　　　　　　　　　　　D. 设置状态寄存器

8. 定时器的输出比较模式用于（　　）

    A. 控制外设　　　　　　　　　　　　　　B. 生成 PWM 信号

    C. 计数时间　　　　　　　　　　　　　　D. 存储数据

9. 定时器的输入捕获模式用于（　　）

    A. 捕获外部信号　　　　B. 输出定时信号　　　　C. 控制外设　　　　D. 生成中断

10. 配置定时器预分频器的方法是（　　）

    A. 设置预分频寄存器　　　　　　　　　　B. 设置数据寄存器

    C. 设置控制寄存器　　　　　　　　　　　D. 设置状态寄存器

11. TIM2 的基本定时周期可以通过（　　）来设置

    A. 自动重装寄存器　　　　　　　　　　　B. 数据寄存器

    C. 控制寄存器　　　　　　　　　　　　　D. 状态寄存器

12. 定时器的 PWM 模式主要用于（　　）

    A. 电压调节　　　　　　B. 频率调节　　　　　　C. 占空比调节　　　　D. 相位调节

13. 启动定时器的方法是（　　）

    A. 设置启动寄存器　　　　　　　　　　　B. 设置控制寄存器

    C. 设置数据寄存器　　　　　　　　　　　D. 设置模式寄存器

14. 定时器的计数器可以工作在（　　）下

    A. 自动重装模式　　　　B. 单次模式　　　　　　C. 连续模式　　　　D. 以上所有

15. TIM3 的输入捕获功能用于（　　）

    A. 捕获外部信号　　　　　　　　　　　　B. 输出定时信号

    C. 控制外设　　　　　　　　　　　　　　D. 生成中断

16. 配置定时器输出比较模式的方法是（　　）

    A. 设置比较寄存器　　　　　　　　　　　B. 设置控制寄存器

    C. 设置数据寄存器　　　　　　　　　　　D. 设置状态寄存器

17. 定时器的自动重装寄存器的作用是（　　）

    A. 存储定时器的计数值　　　　　　　　　B. 设置定时器的定时周期

    C. 控制定时器的启动　　　　　　　　　　D. 复位定时器

18. TIM4 的 PWM 输出功能用于（　　）

    A. 电压调节　　　　　　B. 频率调节　　　　　　C. 占空比调节　　　　D. 相位调节

19. 复位定时器计数值的方法是（　　）

    A. 设置复位寄存器　　　　　　　　　　　B. 设置数据寄存器

    C. 设置控制寄存器　　　　　　　　　　　D. 设置状态寄存器

20. TIM2 的外部时钟源用于（　　）

    A. 提高时钟精度　　　　　　　　　　　　B. 降低时钟频率

    C. 稳定时钟信号　　　　　　　　　　　　D. 提供外部信号输入

二、简答题

1. 定时器的主要功能是什么？

2. 如何配置定时器的工作模式？

3. 定时器的预分频器有什么作用？

4. 如何使能定时器的中断功能？

5. TIM2 的 PWM 模式主要用于什么？

三、编程题

编写一个程序，使用 STM32F103 的定时器 TIM2，在定时器中断中每隔 500ms 将一个 LED 引脚的电平翻转一次，实现 LED 以一定的频率闪烁。

书网融合……

本章小结

第七章 PWM 脉宽调制

学习目标

1. 掌握 STM32F103 微控制器的基本结构和工作原理；PWM 信号的生成原理和应用。

2. 熟悉 STM32F103 的 PWM 功能模块，包括计时器（TIM）和相关寄存器的配置；使用标准库函数配置和生成 PWM 信号的方法；不同 PWM 模式（如边沿对齐和中心对齐模式）的特点和使用场景。

3. 了解 PWM 在电机控制、LED 调光和音频信号产生等实际应用中的作用；不同频率和占空比的 PWM 信号对控制目标的影响。

4. 学会配置 STM32F103 的 PWM 输出，能够生成所需的 PWM 信号；能够调节 PWM 信号的频率和占空比，以适应不同应用需求；具有诊断和调试 PWM 信号输出问题的能力，能够使用示波器和逻辑分析仪等工具进行测试和验证。

5. 培养实际动手能力，通过实验和项目实践加深对 PWM 应用的理解；培养解决实际工程问题的能力，能够在具体项目中应用 PWM 技术进行控制和调节。

⇨ 实例分析

实例 某智能家居公司需要开发一款智能灯光调节系统，可以通过 PWM 技术实现对 LED 灯光亮度的精确控制。该系统要求使用 STM32F103 微控制器，通过调节 PWM 信号的占空比来改变 LED 的亮度，从而实现多级亮度调节。系统还要求具有低功耗、响应快速和可靠性高的特点。

问题 1. 如何配置 STM32F103 的 PWM 功能来实现 LED 亮度调节？

2. 如何通过软件调整 PWM 信号的占空比来改变 LED 亮度？

3. 如何实现低功耗和高可靠性的设计？

第一节 PWM 概述

PWM 是 pulse width modulation 的缩写，中文意思就是脉冲宽度调制，简称脉宽调制。它是利用微处理器的数字输出来对模拟电路进行控制的一种非常有效的技术，因其控制简单、灵活和动态响应好等优点，而成为电力电子技术最广泛应用的控制方式，其应用领域包括测量、通信、功率控制与变换、电动机控制、伺服控制、调光、开关电源，甚至某些音频放大器，因此学习 PWM 具有十分重要的现实意义。

其实也可以这样理解，PWM 是一种对模拟信号电平进行数字编码的方法。通过高分辨率计数器的使用，方波的占空比被调制用来对一个具体模拟信号的电平进行编码。PWM 信号仍然是数字的，因为在给定的任何时刻，满幅值的直流供电要么完全有（ON），要么完全无（OFF）。电压或电流源是以一种通（ON）或断（OFF）的重复脉冲序列被加到模拟负载上去的。通的时候即直流供电被加到负载上的时候，断的时候即供电被断开的时候。只要带宽足够，任何模拟值都可以使用 PWM 进行编码。

一、PWM 实现原理

PWM 信号是一个周期性变化的数字信号，由一系列脉冲组成。PWM 信号有两个重要参数。

1. 占空比（duty cycle）　是指高电平时间（Ton）与总周期时间（T）的比值。

2. 频率（frequency）　PWM 信号的频率是指每秒钟的周期数。

STM32F1 除了基本定时器 TIM6 和 TIM7，其他定时器都可以产生 PWM 输出。其中高级定时器 TIM1 和 TIM8 可以同时产生多达 7 路的 PWM 输出。而通用定时器也能同时产生多达 4 路的 PWM 输出，这些在定时器中断章节中已经介绍过。

PWM 的输出其实就是对外输出脉宽可调（占空比调节）的方波信号，信号频率由自动重装寄存器 ARR 的值决定，占空比由比较寄存器 CCR 的值决定。其示意图如图 7 - 1 所示。

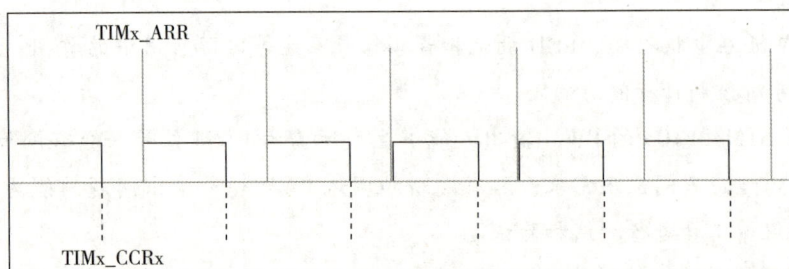

图 7 - 1　PWM 波形图

从图中可以看到，PWM 输出频率是不变的，改变的是 CCR 寄存器内的值，此值的改变将导致 PWM 输出信号占空比的改变。

二、PWM 输出模式

PWM 输出比较模式总共有 8 种，具体由寄存器 CCMRx 的位 OCxM［2∶0］配置。本书只介绍最常用的两种 PWM 输出模式：PWM1 和 PWM2，其他几种模式可以参考《STM32F1xx 中文参考手册》13、14 定时器章节。

PWM1 和 PWM2 这两种模式用法差不多，区别之处就是输出电平的极性不同（表 7 - 1）。

表 7 - 1　PWM 模式

模式	计数器 CNT 计算方式	说明
PWM1	递增	CNT < CCR，通道 CH 为有效，否则为无效
	递减	CNT > CCR，通道 CH 为无效，否则为有效
PWM2	递增	CNT < CCR，通道 CH 为无效，否则为有效
	递减	CNT > CCR，通道 CH 为有效，否则为无效

PWM 模式根据计数器 CNT 计数方式，可分为边沿对齐模式和中心对齐模式。

1. PWM 边沿对齐模式　当 TIMx_CR1 寄存器中的 DIR 位为低时执行递增计数，计数器 CNT 从 0 计数到自动重载值（TIMx_ARR 寄存器的内容），然后重新从 0 开始计数并生成计数器上溢事件。

以 PWM 模式 1 为例。只要 TIMx_CNT < TIMx_CCRx，PWM 参考信号 OCxREF 便为有效的高电平，否则为无效的低电平。如果 TIMx_CCRx 中的比较值大于自动重载值（TIMx_ARR 中），则 OCxREF 保持为 "1"。如果比较值为 0，则 OCxREF 保持为 "0"。如图 7 - 2 所示。

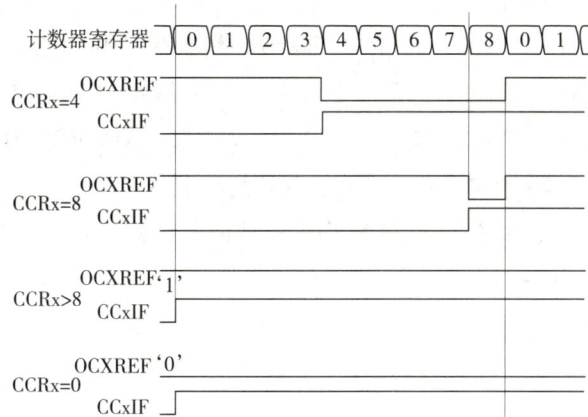

图 7 - 2　PWM 边沿对齐模式

当 TIMx_ CR1 寄存器中的 DIR 位为高时执行递减计数，计数器 CNT 从自动重载值（TIMx_ ARR 寄存器的内容）递减计数到 0，然后重新从 TIMx_ ARR 值开始计数并生成计数器下溢事件。

以 PWM 模式 1 为例。只要 TIMx_ CNT > TIMx_ CCRx，PWM 参考信号 OCxREF 便为无效的低电平，否则为有效的高电平。如果 TIMx_ CCRx 中的比较值大于自动重载值（TIMx_ ARR 中），则 OCxREF 保持为"1"。此模式下不能产生 0% 的 PWM 波形。

2. PWM 中心对齐模式　在中心对齐模式下，计数器 CNT 工作于递增/递减模式下。开始的时候，计数器 CNT 从 0 开始计数到自动重载值减 1（ARR - 1），生成计数器上溢事件；然后从自动重载值开始向下计数到 1 并生成计数器下溢事件。之后从 0 开始重新计数。如图 7 - 3 所示。

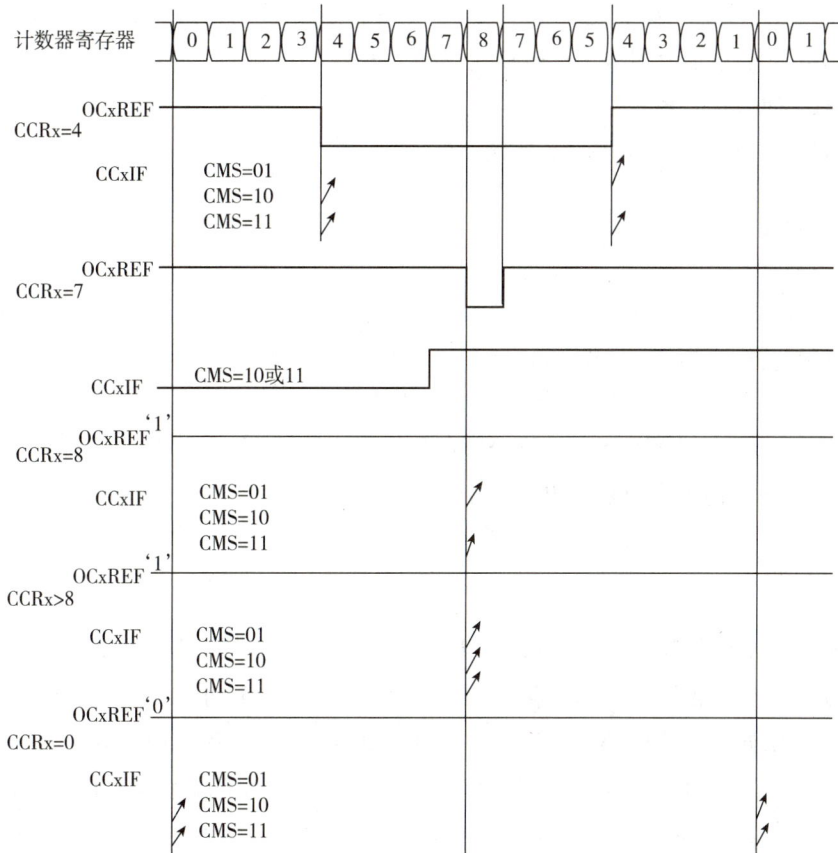

图 7 - 3　PWM 中心对齐模式

以 ARR = 8，CCRx = 4 为例进行介绍。第一阶段计数器 CNT 工作在递增计数方式，从 0 开始计数，当 TIMx_ CNT < TIMx_ CCRx 时，PWM 参考信号 OCxREF 为有效的高电平，当 TIMx_ CNT > = TIMx_ CCRx 时，PWM 参考信号 OCxREF 为无效的低电平。第二阶段计数器 CNT 工作在递减计数方式，从 ARR 开始递减计数，当 TIMx_ CNT > TIMx_ CCRx 时，PWM 参考信号 OCxREF 为无效的低电平，当TIMx_ CNT < = TIMx_ CCRx 时，PWM 参考信号 OCxREF 为有效的高电平。

中心对齐模式又分为中心对齐模式 1/2/3 三种，具体由寄存器 CR1 位 CMS [1：0] 配置。具体的区别就是比较中断标志位 CCxIF 在何时置 1：中心模式 1 在 CNT 递减计数的时候置 1，中心对齐模式 2 在 CNT 递增计数时置 1，中心模式 3 在 CNT 递增和递减计数时都置 1。

上述涉及的寄存器可以参考《STM32F1xx 中文参考手册》–13、14、15 定时器章节的寄存器部分，里面有详细的寄存器功能介绍。

第二节　PWM 配置

接下来介绍如何使用库函数对通用定时器的 PWM 输出进行配置。这在编写程序中必须要了解。其实 PWM 输出也是通用定时器的一个功能，因此还是要用到定时器的相关配置函数。

一、关键配置函数

1. RCC_ APB2PeriphClockCmd　使能外设时钟。

2. GPIO_ Init　配置 GPIO 引脚。

3. TIM_ TimeBaseInit　初始化定时器。

4. TIM_ OCInit　配置定时器输出比较模式。

5. TIM_ Cmd　使能定时器。

6. TIM_ CtrlPWMOutputs　使能 PWM 输出。

二、配置步骤

PWM 的总体配置过程如下所述。

1. 系统时钟配置　确保系统时钟配置正确。

2. GPIO 配置　将 PWM 信号输出引脚配置为复用功能。

3. 定时器配置　设置定时器的周期、预分频器和输出比较模式。

4. 启动 PWM 输出　使能定时器的 PWM 输出。

三、配置详解

接下来我们介绍下如何使用库函数对通用定时器的 PWM 输出进行配置。这个也是在编写程序中必须要了解的。其实 PWM 输出和上一章一样，也是通用定时器的一个功能，因此还是要用到定时器的相关配置函数，具体步骤如下（定时器相关库函数在 stm32f10x_ tim. c 和 stm32f10x_ tim. h 文件中）。

1. 使能定时器及端口时钟，并设置引脚复用器映射　因为 PWM 输出也是通用定时器的一个功能，所以需要使能相应定时器时钟。由于 PWM 输出通道对应着 STM32F1 芯片的 I/O 口，所以需要使能对应的端口时钟，并将对应 IO 口配置为复用输出功能。例如本章 PWM 呼吸灯实验，我们使用的是 TIM3 的

CH2 通道输出 PWM 信号，因此需要使能 TIM3 时钟，调用的库函数如下：

RCC_APB1PeriphClockCmd(RCC_APB1Periph_TIM3,ENABLE) ; //使能 TIM3 时钟

而 TIM3 的 CH2 通道对应的管脚是 PA7，正好对应底板 LED 模块的 D8 指示灯。假如 LED 灯并没有接在 PA7 引脚上，如果要让这个通道映射到 LED 所接的 IO 口上，则需要使用 GPIO 的复用功能重映射，在《STM32F1xx 中文参考手册》-8 通用和复用功能 I/O（GPIO 和 AFIO）-8.3.7 定时器复用功能重映射章节都有介绍。如图 7-4 所示。

复用功能	TIM3_3REMAP[1:0]=00 （没有重映像）	TIME_REMAP[1:0]=10 （部分重映像）	TIME_REMAP[1:0]=11 （完全重映像）
TIM3_CH1	PA6	PB4	PC6
TIM3_CH2	PA7	PB5	PC7
TIM3_CH3	PB0		PC8
TIM3_CH4	PB1		PC9

注：重映像只适用于64、100和144脚的封装

图 7-4 TIM3 的复用功能重映像

LED 模块的 D8 就是连接在 PA7 口的，所以无须重映射即可在 PA7 输出 PWM。如果使用到重映射功能，需要开启 AFIO 时钟，所以开启 AFIO 时钟函数如下：

RCC_APB2PeriphClockCmd(RCC_APB2Periph_AFIO,ENABLE) ;

最后还要记得将 PA7 管脚模式配置为复用推挽输出

GPIO_InitStructure. GPIO_Mode = GPIO_Mode_AF_PP; //复用推挽输出

2. 初始化定时器参数 包含自动重装值、分频系数、计数方式等，要使用定时器功能，必须对定时器内相关参数初始化，其库函数如下：

Void   TIM_TimeBaseInit(TIM_TypeDef* TIMx,TIM_TimeBaseInitTypeDef * TIM_TimeBaseInitStruct) ;

这个在定时器中断章节就已经介绍过。

3. 初始化 PWM 输出参数 包含 PWM 模式、输出极性、使能等。初始化定时器后，需要设置对应通道 PWM 的输出参数，比如 PWM 模式、输出极性、是否使能 PWM 输出等。PWM 通道设置函数如下：

void   TIM_OcxInit(TIM_TypeDef * TIMx, TIM_OCInitTypeDef* TIM_OCInitStruct) ;

我们知道每个通用定时器有多达 4 路 PWM 输出通道，所以 TIM_OCxInit 函数名中的 x 值可以为 1/2/3/4。函数的第一个参数相信大家一看就清楚，是用来选择定时器的。第二个参数是一个结构体指针变量，同样我们看下这个结构体

TIM_OCInitTypeDef 成员变量：

```
typedef struct
{
uint16_t TIM_OCMode; //比较输出模式
uint16_t TIM_OutputState; //比较输出使能
uint16_t TIM_OutputNState; //比较互补输出使能
uint32_t TIM_Pulse; //脉冲宽度
uint16_t TIM_OCPolarity; //输出极性
uint16_t TIM_OCNPolarity; //互补比较输出极性
uint16_t TIM_OCIdleState; //空闲状态下比较输出状态
```

uint16_t TIM_OCNIdleState；//空闲状态下比较输出状态

｝TIM_OCInitTypeDef；

这里我们就讲解下比较常用的 PWM 模式所需的成员变量。

（1）TIM_ OCMode　比较输出模式选择，总共有 8 种，最常用的是 PWM1 和 PWM2。

（2）TIM_ OutputState　比较输出使能，用来使能 PWM 输出到 I/O 口。

（3）TIM_ OCPolarity　输出极性，用来设定输出通道电平的极性，是高电平还是低电平。

结构体内其他的成员变量 TIM_ OutputNState，TIM_ OCNPolarity，

TIM_ OCIdleState 和 TIM_ OCNIdleState 是高级定时器才用到的。如大家使用到高级定时器，可以查看中文参考手册高级定时器章节。

所以如果我们要配置 TIM3 的 CH2 为 PWM1 模式，输出极性为低电平，并且使能 PWM 输出，可以如下配置：

TIM_OCInitTypeDef TIM_OCInitStructure；

TIM_OCInitStructure. TIM_OCMode = TIM_OCMode_PWM1；

TIM_OCInitStructure. TIM_OCPolarity = TIM_OCPolarity_Low；

TIM_OCInitStructure. TIM_OutputState = TIM_OutputState_Enable；

TIM_OC2Init（TIM3,&TIM_OCInitStructure）；//输出比较通道 2 初始化

4. 开启定时器　前面几个步骤已经将定时器及 PWM 配置好，但 PWM 还不能正常使用，只有开启定时器了才能让它正常工作，开启定时器的库函数如下：

void TIM_Cmd（TIM_TypeDef ∗ TIMx, FunctionalState NewState）；

第一个参数用来选择定时器。第二个参数用来使能或者失能定时器，也就是开启或者关闭定时器功能。同样可以选择 ENABLE 和 DISABLE。例如我们要开启 TIM3，那么调用此函数如下：

TIM_Cmd（TIM3, ENABLE）；//开启定时器

5. 修改 TIMx_ CCRx 的值控制占空比　其实经过前面几个步骤的配置，PWM 已经开始输出，只是占空比和频率是固定的，例如要实现呼吸灯效果，那么就需要调节 TIM3 通道 2 的占空比，通过修改 TIM3_ CCR2 值控制。调节占空比函数是：

void TIM_SetCompare2（TIM_TypeDef ∗ TIMx, uint32_t Compare1）；

对于其他通道，分别有对应的函数名，函数格式是 TIM_ SetComparex（x = 1/2/3/4）。

6. 使能 TIMx 在 CCRx 上的预装载寄存器　使能输出比较预装载库函数是：

void TIM_OCxPreloadConfig（TIM_TypeDef ∗ TIMx, uint16_t TIM_OCPreload）；

第一个参数用于选择定时器，第二个参数用于选择使能还是失能输出比较预装载寄存器，可选择为 TIM_ OCPreload_ Enable、TIM_ OCPreload_ Disable。

7. 使能 TIMx 在 ARR 上的预装载寄存器允许位　使能 TIMx 在 ARR 上的预装载寄存器允许位库函数是：

void　　　　　　TIM_ARRPreloadConfig（TIM_TypeDef ∗　　　　　　TIMx, FunctionalState NewState）；

第一个参数用于选择定时器，第二个参数用于选择使能还是失能。

将以上几步全部配置好后，我们就可以控制通用定时器相应的通道输出 PWM 波形了，这里要特别提醒下，虽然高级定时器和通用定时器类似，但是高级定时器要想输出 PWM 波形，必须要设置一个 MOE 位（TIMx_ BDTR 的第 15 位），以使能主输出，否则不会输出 PWM。库函数设置的函数为：

void TIM_CtrlPWMOutputs（TIM_TypeDef ∗ TIMx, FunctionalState NewState）；

第三节　PWM 应用

PWM 调光和 DC 调光

手机屏幕的调光方式主要有两种：PWM（脉宽调制）调光和 DC（直流）调光。每种调光方式都有其独特的工作原理、优缺点和适用场景。PWM 的调节方式已经在章节中介绍过，现在了解一下 DC（直流）调光。

DC（直流）调光通过直接调整流过屏幕背光 LED 的电流大小来控制亮度。屏幕亮度与流过 LED 的电流成正比。减少电流，屏幕变暗；增加电流，屏幕变亮。此方式是通过线性或逐步改变电流来实现亮度调节的。

优点：①无频闪，由于电流是连续变化的，没有快速的开关动作，所以不会产生频闪现象，眼睛更舒适。②视觉舒适性，对于长期使用屏幕的用户，DC 调光提供了更好的视觉体验。

缺点：①效率较低，在低亮度情况下，电流减少会导致电源效率下降，可能产生更多热量。②复杂度高，实现精确和稳定的电流控制需要复杂的驱动电路设计。

视疲劳缓解措施如下。

1. 调高 PWM 频率　提高 PWM 调光的频率可以有效减少频闪效应，使频率超出人眼可感知的范围，缓解视觉疲劳。

2. 使用 DC 调光　在低亮度情况下使用 DC 调光（通过调整电流大小来改变亮度）可以消除频闪效应，提高视觉舒适度。

假定所要实现的功能：通过 TIM3 的 CH2 输出一个 PWM 信号，控制 D8 指示灯由暗变亮，再由亮变暗，类似呼吸效果。程序框架如下：①初始化 PA7 管脚为 PWM 输出功能；②PWM 输出控制程序。

在前面介绍通用定时器 PWM 配置步骤时，就已经讲解如何初始化 PWM。下面在 APP 工程组中添加 pwm. c 文件，在 StdPeriph_ Driver 工程组中添加 stm32f10x_ tim. c 库文件。定时器操作的库函数都放在 stm32f10x_ tim. c 和 stm32f10x_ tim. h 文件中，所以使用到定时器功能就必须加入 stm32f10x_ tim. c 文件，同时还要包含对应的头文件路径。

1. TIM3 通道 2 的 PWM 初始化函数　要使用定时器的 PWM 输出功能，我们必须先对它进行配置。TIM3 通道 2 的 PWM 初始化代码如下：

```
Void TIM3_CH2_PWM_Init(u16 per, u16 psc)
{
TIM_TimeBaseInitTypeDef TIM_TimeBaseInitStructure;
TIM_OCInitTypeDef TIM_OCInitStructure;
GPIO_InitTypeDef GPIO_InitStructure;
/* 开启时钟 */
RCC_APB2PeriphClockCmd( RCC_APB2Periph_GPIOA, ENABLE);
RCC_APB1PeriphClockCmd( RCC_APB1Periph_TIM3, ENABLE);
/* 配置 GPIO 的模式和 IO 口 */
```

```
GPIO_InitStructure. GPIO_Pin = GPIO_Pin_7;
GPIO_InitStructure. GPIO_Speed = GPIO_Speed_50MHz;
GPIO_InitStructure. GPIO_Mode = GPIO_Mode_AF_PP;//复用推挽输出
GPIO_Init(GPIOA, &GPIO_InitStructure);
TIM_TimeBaseInitStructure. TIM_Period = per; //自动装载值
TIM_TimeBaseInitStructure. TIM_Prescaler = psc; //分频系数
TIM_TimeBaseInitStructure. TIM_ClockDivision = TIM_CKD_DIV1;
TIM_TimeBaseInitStructure. TIM_CounterMode = TIM_CounterMode_Up; //设置向上计数模式
TIM_TimeBaseInit(TIM3, &TIM_TimeBaseInitStructure);
TIM_OCInitStructure. TIM_OCMode = TIM_OCMode_PWM1;
TIM_OCInitStructure. TIM_OCPolarity = TIM_OCPolarity_Low;
TIM_OCInitStructure. TIM_OutputState = TIM_OutputState_Enable;
TIM_OC2Init(TIM3, &TIM_OCInitStructure); //输出比较通道 2 初始化
TIM_OC2PreloadConfig(TIM3, TIM_OCPreload_Enable); //使能 TIMx 在 CCR2 上的预装载寄存器
TIM_ARRPreloadConfig(TIM3, ENABLE);//使能预装载寄存器
TIM_Cmd(TIM3, ENABLE); //使能定时器
}
```

在 TIM3_ CH2_ PWM_ Init () 函数中，首先使能 GPIOA 端口时钟和 TIM3 时钟，其次将 PB5 管脚模式配置为复用推挽输出。然后配置定时器结构体 TIM_ TimeBaseInitStructure，初始化 PWM 输出参数，由于 LED 指示灯是低电平点亮，而希望当 CCR2 的值小的时候，LED 暗，CCR2 值大的时候，LED 亮，所以设置为 PWM1 模式，输出极性为低电平，使能 PWM 输出。最后就是开启 TIM3。这一过程在前面步骤介绍中已经提及。程序中可以看到最后调用了 TIM_ OC2PreloadConfig () 和 TIM_ ARRPreloadConfig，它们是用来使能 TIM3 在 CCR2 上的预装载寄存器和自动重装载寄存器，第一个库函数必须调用，第二个函数如果不调用也没有关系。

TIM3_ CH2_ PWM_ Init () 函数有两个参数，用来设置定时器的自动装载值和分频系数，方便大家修改 PWM 频率。

其实如果会使用通用定时器 TIM3 的 CH2 输出 PWM，那么其他通用定时器通道都一样。

2. 主函数 编写完成 PWM 初始化函数后，接下来就可以编写主函数了，代码如下：

```
#include "system. h"
#include "SysTick. h"
#include "led. h"
#include "pwm. h"
int main()
{
u8 i = 0;
u8 fx = 0;
u16 j = 0;
SysTick_Init(72);
LED_Init();
```

```
TIM3_CH2_PWM_Init(500,72-1);//频率是 2Kh
while(1)
{
if(fx==0)
{
j++;
if(j==300)
fx=1;
}
else
{
j--;
if(j==0)
fx=0;
}
TIM_SetCompare2(TIM3,j);//i 值最大可以取 499,因为 ARR 最大值是 499.
i++;
if(i%10==0)
LED0 =! LED0;
delay_ms(10);
}
```

主函数实现的功能很简单，首先初始化对应的硬件端口时钟和 I/O 口，然后调用我们前面编写的 TIM3_CH2_PWM_Init 函数，这里我们设定定时器自动重装载值为 500，预分频系数为 72-1，定时周期即为 500μs，频率即为 2kHz，这里为什么减 1 在定时器中断已经介绍。

初始化后，定时器开始工作，PA7 开始输出 PWM 波形，频率为 2K，你也可以修改这个频率值，但是要注意，不能将频率设置过大，否则会看到 DS0 指示灯有明显的闪烁。通过变量 fx 控制 i 的方向，如果 fx=0，i 值累加，否则递减，然后将这个变化的 i 值传递给 TIM_SetCompare2 函数，这个函数功能是改变占空比的，因此可以实现 D8 指示灯亮度的调节，呈现呼吸灯的效果。程序中将 i 值控制在 300 内，主要是因为 PWM 输出波形占空比达到这个值时，DS0 指示灯亮度变化就不明显了，而且我们在初始化定时器时，将自动重装载值设置为 499，所以这个 i 值也不能超过。

目标检测

答案解析

一、单选题

1. 在 STM32F103 系列微控制器中，PWM 是由（　　）外设控制的

　A. ADC　　　　　　B. DAC　　　　　　C. TIM　　　　　　D. EXTI

2. PWM 信号的周期是（　　）

　A. 脉冲的宽度　　　　　　　　　　B. 脉冲的幅度

　　　　C. 脉冲的频率　　　　　　　　　　　　　　　　D. 脉冲的占空比

3. PWM 信号的占空比是（　　）

　　　　A. 脉冲的宽度与周期之比　　　　　　　　　　　B. 脉冲的幅度与周期之比

　　　　C. 脉冲的频率与周期之比　　　　　　　　　　　D. 脉冲的宽度与幅度之比

4. PWM 输出通常用于控制（　　）设备

　　　　A. 电机　　　　　　　　　B. LED　　　　　　　C. 电容　　　　　　　D. 电阻

5. PWM 信号的频率越高，控制设备的输出（　　）

　　　　A. 更稳定　　　　　　　　B. 更精细　　　　　　C. 更强力　　　　　　D. 更低功耗

6. 决定 PWM 输出精度的是（　　）

　　　　A. 时钟频率　　　　　　　　　　　　　　　　　B. PWM 输出信号的频率

　　　　C. TIM 外设的位数　　　　　　　　　　　　　　D. 目标设备的电压需求

7. 调整 PWM 输出信号占空比是通过改变 TIM 的（　　）

　　　　A. 时钟频率　　　　　　　　B. 周期值　　　　　C. 预分频器值　　　　D. 计数器值

8. 在 STM32F103 系列中，PWM 输出的主要优点是（　　）

　　　　A. 节省功耗　　　　　　　　　　　　　　　　　B. 精确控制电压或电流

　　　　C. 增加设备的输出功率　　　　　　　　　　　　D. 提高设备的性能

9. 在 STM32F103 系列中，用于配置 PWM 输出库函数的是（　　）

　　　　A. GPIO_Init（）　　　　　　　　　　　　　　B. TIM_Init（）

　　　　C. PWM_Init（）　　　　　　　　　　　　　　D. TIM_OCInit（）

10. 用于配置 PWM 输出定时器外设的是（　　）

　　　　A. TIM1　　　　　　　　　B. TIM2　　　　　　C. TIM3　　　　　　　D. TIM4

11. 以下函数中，用于配置 PWM 输出占空比的是（　　）

　　　　A. TIM_SetCounter（）　　　　　　　　　　　B. TIM_SetCompare（）

　　　　C. TIM_ConfigPWM（）　　　　　　　　　　　D. TIM_OCInit（）

12. 配置 PWM 输出的引脚是通过（　　）函数实现的

　　　　A. GPIO_Init（）　　　　　　　　　　　　　　B. TIM_Init（）

　　　　C. PWM_Init（）　　　　　　　　　　　　　　D. TIM_OCInit（）

13. 用于配置 PWM 输出的预分频器值参数是（　　）

　　　　A. TIM_Prescaler　　　　　　　　　　　　　　B. TIM_Period

　　　　C. TIM_ClockDivision　　　　　　　　　　　　D. TIM_CounterMode

14. 配置 PWM 输出的频率是通过（　　）参数实现的

　　　　A. TIM_Prescaler　　　　　　　　　　　　　　B. TIM_Period

　　　　C. TIM_ClockDivision　　　　　　　　　　　　D. TIM_CounterMode

15. PWM 输出的极性（正极性或负极性）可以通过（　　）函数设置

　　　　A. TIM_OCInit（）　　　　　　　　　　　　　B. TIM_OCxInit（）

　　　　C. TIM_OCxPolarityConfig（）　　　　　　　　D. TIM_OCxPreloadConfig（）

16. 用于启动 PWM 输出的函数是（　　）

　　　　A. TIM_Cmd（）　　　　　　　　　　　　　　B. TIM_SetCounter（）

　　　　C. TIM_ARRPreloadConfig（）　　　　　　　　D. TIM_CtrlPWMOutputs（）

二、简答题

1. STM32F103 系列微控制器中，PWM 功能是通过哪个外设实现的？

2. PWM 输出的周期和占空比是如何设置的？

3. 如何在 STM32F103 系列微控制器上配置 PWM 输出？

4. PWM 输出的引脚选择有何要求？

5. PWM 输出在 STM32F103 系列微控制器中的应用场景有哪些？

三、编程题

编写一个程序，在 STM32F103 系列微控制器上实现 PWM 呼吸灯效果。LED 的亮度将逐渐增强然后逐渐减弱，形成呼吸灯效果。

书网融合……

本章小结

第八章　串口 USART

学习目标

1. 掌握　STM32F103 微控制器的 USART（通用同步/异步收发器）的基本结构和工作原理；USART 模块的寄存器配置和使用方法；基本的串行通信协议（如 UART）的数据传输方式。

2. 熟悉　USART 的各种工作模式；配置 USART 模块的主要参数；使用标准库函数进行 US-ART 初始化和配置的方法。

3. 了解　USART 在实际应用中的用途；各种通信错误及其处理方法，例如帧错误、过载错误和噪声错误。

4. 学会使用标准库函数 USART 模块，并生成初始化代码；能够编写基于标准库的代码，实现基本的 USART 数据发送和接收功能；具有诊断和解决 USART 通信问题的能力，通过调试工具和逻辑分析仪分析通信数据。

5. 培养实际动手能力，通过实验和项目实践加深对 USART 应用的理解；培养解决实际工程问题的能力，能够在具体项目中应用 USART 技术进行数据通信。

⇒ 实例分析

实例　假设你正在开发一个医疗设备，例如一个血糖监测仪，这个设备需要将测量到的血糖数据通过 USART（通用同步异步收发传输器）传输到计算机或移动设备进行数据分析和记录。为了确保数据传输的可靠性和实时性，你需要熟练掌握 USART 的配置和使用。

问题　1. 如何配置 STM32F103 的 USART 来实现血糖数据的传输？

2. 如何使用标准库函数配置 STM32F103 的 USART 功能？

3. 如何确保数据传输的可靠性和稳定性？

通信的方式可以分为多种，按照数据传送方式可分为串行通信和并行通信。按照通信的数据同步方式，可分为异同通信和同步通信。按照数据的传输方向，又可分为单工、半双工和全双工通信。以下简单介绍这几种通信方式。

第一节　通讯的基本概念

一、串行与并行通信

1. 串行通信　是指使用一条数据线，将数据一位一位地依次传输，每一位数据占据一个固定的时间长度。其只需要少数几条线就可以在系统间交换信息，特别适用于计算机与计算机、计算机与外设之间的远距离通信。如图 8-1 所示。

串行通信的特点：传输线少，长距离传送时成本低，且可以利用电话网等现成的设备，但数据的传送控制比并行通信复杂。

图 8 – 1 串行通信

2. 并行通信 通常是将数据字节的各位用多条数据线同时进行传送，通常是 8 位、16 位、32 位等数据一起传输。如图 8 – 2 所示。

并行通信的特点：控制简单、传输速度快；由于传输线较多，长距离传送时成本高且接收方的各位同时接收存在困难，抗干扰能力差。

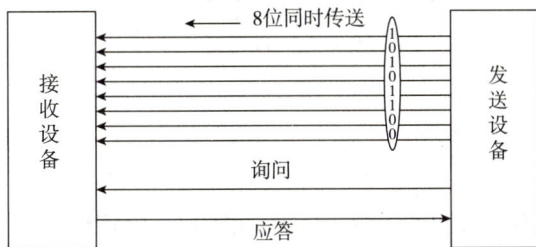

图 8 – 2 并行通信

二、异步通信与同步通信

1. 异步通信 是指通信的发送与接收设备使用各自的时钟控制数据的发送和接收过程。为使双方的收发协调，要求发送和接收设备的时钟尽可能一致。异步通信是以字符（构成的帧）为单位进行传输，字符与字符之间的间隙（时间间隔）是任意的，但每个字符中的各位是以固定的时间传送的，即字符之间不一定有"位间隔"的整数倍的关系，但同一字符内的各位之间的距离均为"位间隔"的整数倍。如图 8 – 3 所示。

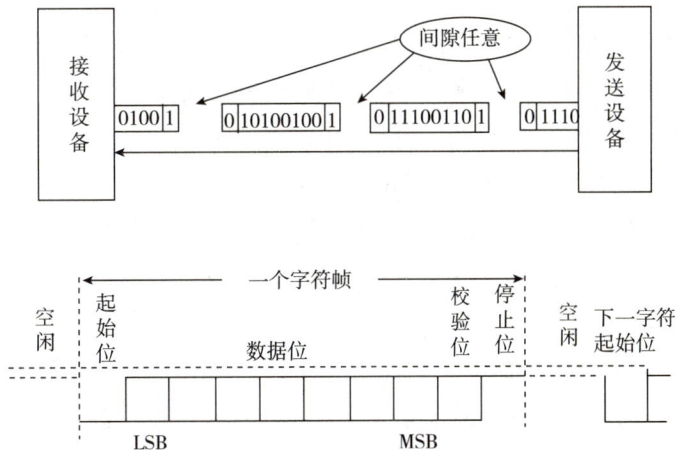

图 8 – 3 异步通信

异步通信的特点：不要求收发双方时钟的严格一致，实现容易，设备开销较小，但每个字符要附加 2 ~ 3 位用于起止位，各帧之间还有间隔，因此传输效率不高。

2. 同步通信   同步通信时要建立发送方时钟对接收方时钟的直接控制，使双方达到完全同步。此时，传输数据的位之间的距离均为"位间隔"的整数倍，同时传送的字符间不留间隙，即保持位同步关系，也保持字符同步关系。

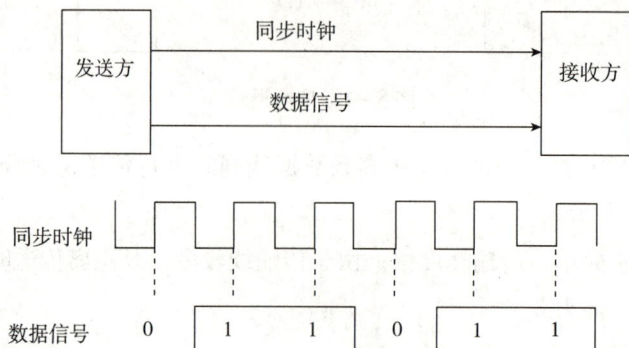

图 8 - 4   同步通信

三、单工、半双工与全双工通信

1. 单工通信   是指数据传输仅能沿一个方向，不能实现反向传输。

2. 半双工通信   是指数据传输可以沿两个方向，但需要分时进行。

3. 全双工通信   是指数据可以同时进行双向传输。

单工、半双工与全双工通信如图 8 - 5 所示。

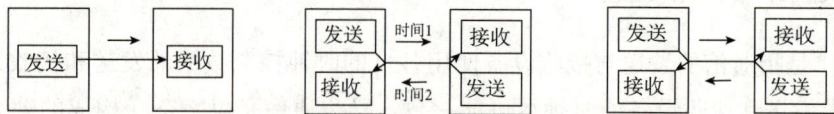

图 8 - 5   单工、半双工与全双工通信

四、通信速率

衡量通信性能的一个非常重要的参数就是通信速率，通常以比特率（bitrate）来表示。比特率是每秒钟传输二进制代码的位数，单位是位/秒（bps）。如每秒钟传送 240 个字符，而每个字符格式包含 10 位（1 个起始位、1 个停止位、8 个数据位），这时的比特率为：

$$10 \text{ 位} \times 240 \text{ 个/秒} = 2400\text{bps}$$

在后面会遇到一个"波特率"的概念，它表示每秒钟传输了多少个码元。而码元是通信信号调制的概念，通信中常用时间间隔相同的符号来表示一个二进制数字，这样的信号称为码元。如常见的通信传输中，用 0V 表示数字 0，5V 表示数字 1，那么一个码元可以表示两种状态，即 0 和 1，所以一个码元等于一个二进制比特位，此时波特率的大小与比特率一致；如果在通信传输中，有 0V、2V、4V 以及 6V 分别表示二进制数 00、01、10、11，那么每个码元可以表示四种状态，即两个二进制比特位，所以码元数是二进制比特位数的一半，这个时候的波特率为比特率的一半。由于很多常见的通信中一个码元都是表示两种状态，所以常常直接以波特率来表示比特率。

第二节 STM32F1 的 USART

一、USART 概述

USART 即通用同步异步收发器，它能够灵活地与外部设备进行全双工数据交换，满足外部设备对工业标准 NRZ 异步串行数据格式的要求。UART 即通用异步收发器，它是在 USART 基础上裁剪掉了同步通信功能，同步和异步主要看其时钟是否需要对外提供，平时使用的串口通信基本上都是 UART。STM32F103ZET6 芯片含有 3 个 USART，2 个 UART 外设，它们都具有串口通信功能。USART 支持同步单向通信和半双工单线通信；还支持 LIN（局域互联网络）、智能卡协议与 IrDA（红外线数据协会）SIR ENDEC 规范，以及调制解调器操作（CTS/RTS）。它还支持多处理器通信和 DMA 功能，使用 DMA 可实现高速数据通信。USART 通过小数波特率发生器提供了多种波特率。

USART 在 STM32 中应用最多的是 printf 输出调试信息，当需要了解程序内的一些变量数据信息时，可以通过 printf 输出函数将这些信息打印到串口助手上显示，这样就给调试程序带来了极大的方便。

USART 通过 7 个寄存器进行操作，[USART1 和 USART2 的基地址分别为 0x4001 3800（APB2）和 0x4000 4400（APB1）]，见表 8 - 1。

表 8 - 1 USART 寄存器

偏移地址	名称	类型	复位值	说明
0x00	SR	读/写 0 清除	0x00C0	状态寄存器
0x04	DR	读/写	—	数据寄存器
0x08	BRR	读/写	0x0000	波特率寄存器
0x0C	CR1	读/写	0x0000	控制寄存器 1
0x10	CR2	读/写	0x0000	控制寄存器 2
0x14	CR3	读/写	0x0000	控制寄存器 3
0x18	GTPR	读/写	0x0000	保护时间和预定标寄存器

🔗 知识链接

USB 通讯基础知识

USB（universal serial bus，通用串行总线）是一种广泛使用的串行通信协议，用于连接计算机与外部设备（如鼠标、键盘、打印机、存储设备等）。USB 通讯的原理涉及多个层次，包括物理层、数据链路层、协议层等。

USB 通讯的物理层定义了物理连接器和电缆的规格，以及信号的传输方式。USB 使用差分对信号（D + 和 D - ）进行数据传输，这样可以提高抗干扰能力。

1. USB 连接器 常见的 USB 连接器有 Type - A、Type - B、Micro - USB、USB - C 等。

2. USB 传输速率 USB 标准提供了多种传输速率，USB 2.0：高速（480Mbps）。USB 3.0/3.1/3.2：超高速（5Gbps、10Gbps、20Gbps）。USB4：高达 40Gbps。

二、USART 结构框图

USART 能够有这么多功能，取决于它的内部结构。其内部结构框图如图 8 - 6 所示，可以将结构框图分成几个模块进行分析。

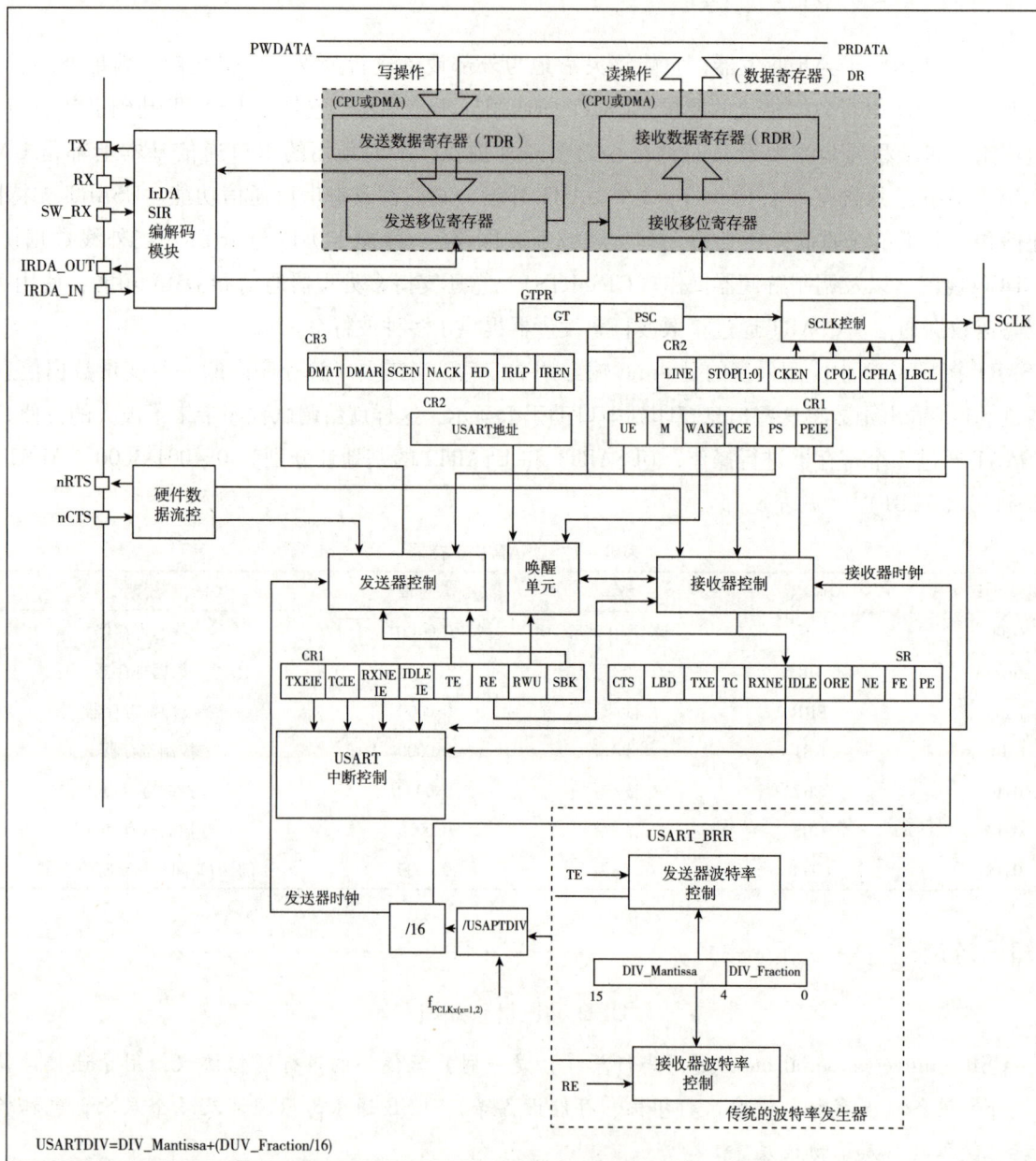

图 8 - 6　USART 框图

1. 功能引脚模块

（1）TX　发送数据输出引脚。

（2）RX　接收数据输入引脚。

（3）SW_ RX　数据接收引脚。只用于单线和智能卡模式，属于内部引脚，没有具体外部引脚。

（4）nRTS　请求以发送（request to send），n 表示低电平有效。如果使能 RTS 流控制，当 USART 接收器准备好接收新数据时，就会将 nRTS 变成低电平；当接收寄存器已满时，nRTS 将被设置为高电平。该引脚只适用于硬件流控制。

（5）nCTS 清除以发送（clear to send），n 表示低电平有效。如果使能 CTS 流控制，发送器在发送下一帧数据之前会检测 nCTS 引脚，如果为低电平，表示可以发送数据；如果为高电平，则在发送完当前数据帧之后停止发送。该引脚只适用于硬件流控制。

（6）SCLK 发送器时钟输出引脚。这个引脚仅适用于同步模式。

STM32F103ZET6 芯片具有 5 个串口外设，其对应的管脚可在芯片数据手册上查找到，USART1 挂接在 APB2 总线上，其他的挂接在 APB1 总线，由于 UART4 和 UART5 只有异步传输功能，所以没有 SCLK、nCTS 和 nRTS 脚。参考表 8 – 2。

表 8 – 2 USART 引脚

USART 引脚	GPIO 引脚			
	USART1	USART2	USART3	配置
TX	PA9（PB6）	PA2	PB10（PC10）	复用推挽输出
RX	PA10（PB7）	PA3	PB11（PC11）	浮空输入
CTS	PA11	PA0	PB13	浮空输入
RTS	PA12	PA1	PB14	复用推挽输出
SCLK	PA8	PA4	PB12（PC12）	复用推挽输出

2. 数据寄存器模块 USART 数据寄存器（USART_DR）只有低 9 位有效，并且第 9 位数据是否有效要取决于 USART 控制寄存器 1（USART_CR1）的 M 位设置，当 M 位为 0 时表示 8 位数据字长，当 M 位为 1 时表示 9 位数据字长，一般使用 8 位数据字长。USART_DR 包含了已发送的数据或者接收到的数据。

USART_DR 实际上包含了两个寄存器：一个专门用于发送的可写 TDR，一个专门用于接收的可读 RDR。当进行发送操作时，往 USART_DR 写入数据，会自动存储在 TDR 内；当进行读取操作时，向 USART_DR 读取数据，会自动提取 RDR 数据。

TDR 和 RDR 都是介于系统总线和移位寄存器之间。串行通信是一个位一个位传输的，发送时把 TDR 内容转移到发送移位寄存器，然后把移位寄存器数据每一位发送出去，接收时把接收到的每一位顺序保存在接收移位寄存器内，然后才转移到 RDR。

USART 支持 DMA 传输，可以实现高速数据传输，具体 DMA 使用在可以参考产品技术手册。

3. 控制器模块 USART 有专门控制发送的发送器、控制接收的接收器，还有唤醒单元、中断控制等。使用 USART 之前需要向 USART_CR1 寄存器的 UE 位置 1 使能 USART。发送或者接收数据字长可选 8 位或 9 位，由 USART_CR1 的 M 位控制。

发送器根据 M 位的状态发送 8 位或 9 位的数据字。当发送使能位（TE）被设置时，发送移位寄存器中的数据在 TX 脚上输出，相应的时钟脉冲在 CK 脚上输出。在 USART 发送期间，在 TX 引脚上首先移出数据的最低有效位。在此模式里，USART_DR 寄存器包含了一个内部总线和发送移位寄存器之间的缓冲器。

每个字符之前都有一个低电平的起始位；之后跟着的停止位，其数目可配置。USART 支持多种停止位的配置：0.5、1、1.5 和 2 个停止位。

可配置的停止位。随每个字符发送的停止位的位数可以通过控制寄存器 2 的位 13、12 进行编程。

1 个停止位：停止位位数的默认值。2 个停止位：可用于常规 USART 模式、单线模式以及调制解调器模式。0.5 个停止位：在智能卡模式下接收数据时使用。1.5 个停止位：在智能卡模式下发送和接收数据时使用，如图 8 - 7 所示。

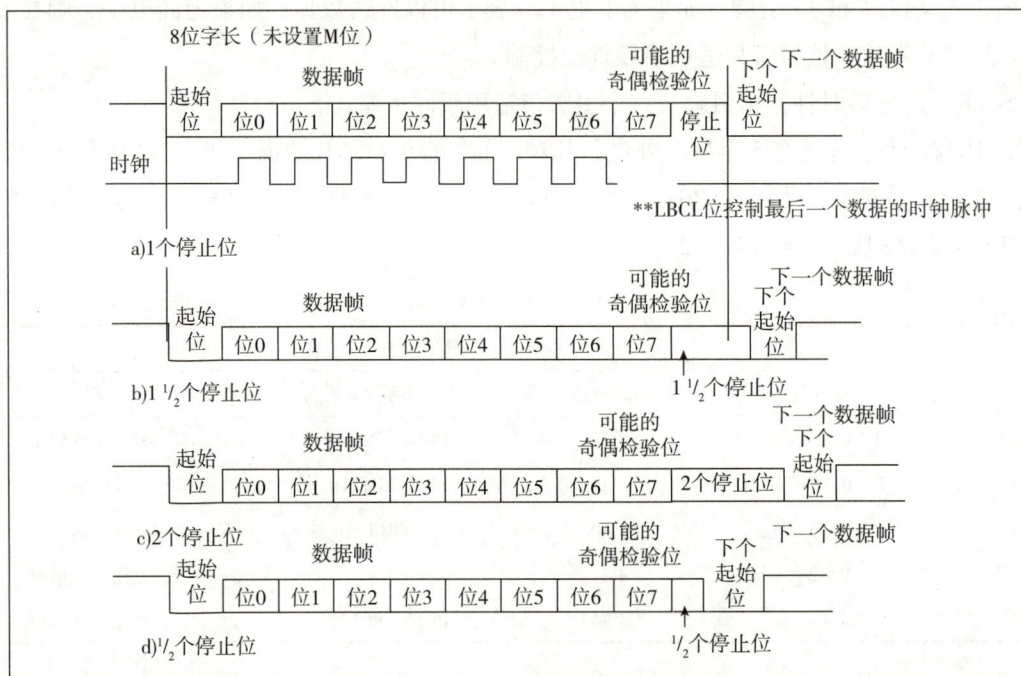

图 8 - 7　配置停止位

空闲帧包括了停止位。

断开帧是 10 位低电平，后跟停止位（当 m = 0 时）；或者 11 位低电平，后跟停止位（m = 1 时）。不可能传输更长的断开帧（长度大于 10 或者 11 位）。

接收器，如果将 USART_ CR1 寄存器的 RE 位置 1，使能 USART 接收，使得接收器在 RX 线开始搜索起始位。在确定到起始位后，就根据 RX 线电平状态把数据存放在接收移位寄存器内。接收完成后就把接收移位寄存器数据移到 RDR 内，并把 USART_ SR 寄存器的 RXNE 位置 1，同时如果 USART_ CR2 寄存器的 RXNEIE 置 1 的话可以产生中断。

USART 可以根据 USART_ CR1 的 M 位接收 8 位或 9 位的数据字。

起始位侦测，如图 8 - 8 所示。

在 USART 中，如果辨认出一个特殊的采样序列，那么就认为侦测到一个起始位。该序列为：1 1 1 0 X 0 X 0 X 0 0 0 0。

注意：如果该序列不完整，那么接收端将退出起始位侦测并回到空闲状态（不设置标志位）等待下降沿。

如果 3 个采样点都为 '0'（在第 3、5、7 位的第一次采样，以及在第 8、9、10 的第二次采样都为 '0'），则确认收到起始位，这时设置 RXNE 标志位，如果 RXNEIE = 1，则产生中断。

如果两次 3 个采样点上仅有 2 个是 '0'（第 3、5、7 位的采样点和第 8、9、10 位的采样点），那么起始位仍然是有效的，但是会设置 NE 噪声标志位。如果不能满足这个条件，则中止起始位的侦测过程，接收器会回到空闲状态（不设置标志位）。

如果有一次 3 个采样点上仅有 2 个是 '0'（第 3、5、7 位的采样点或第 8、9、10 位的采样点），那么起始位仍然是有效的，但是会设置 NE 噪声标志位。

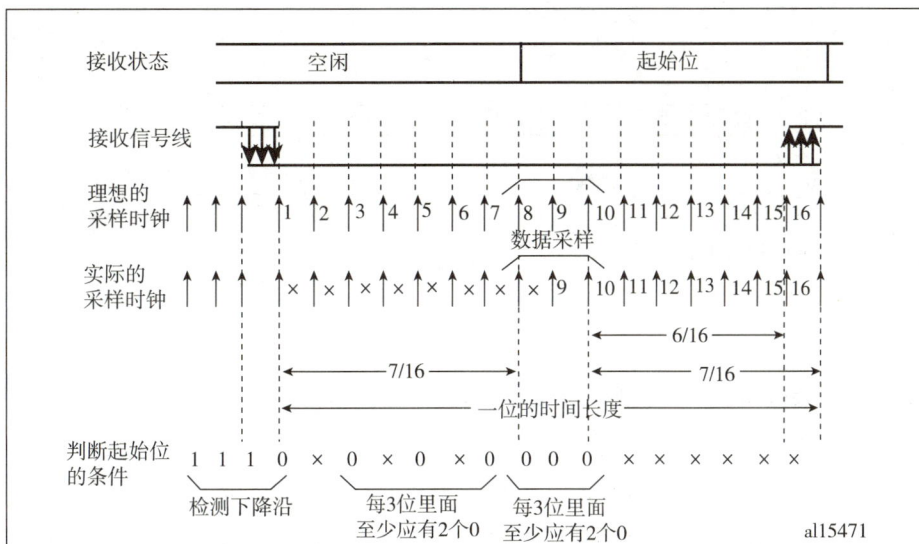

图 8 - 8　起始位侦测

字符接收：在 USART 接收期间，数据的最低有效位首先从 RX 脚移进。在此模式里，USART_ DR 寄存器包含的缓冲器位于内部总线和接收移位寄存器之间。

中断控制：USART 有多个中断请求事件。

三、波特率生成

接收器和发送器（Rx 和 Tx）的波特率均设置为相同值。波特率计算公式如下：

$$Tx/Rx \text{ 波特率} = f_{ck}/(16 * USARTDIV)$$

式中，f_{CK} 为 USART 时钟频率，USARTDIV 是一个存放在波特率寄存器（USART_ BRR）的无符号定点数。其中 DIV_ Mantissa［11：0］位定义 USARTDIV 的整数部分，DIV_ Fraction［3：0］位定义 USARTDIV 的小数部分。串口通信中常用的波特率为 4800、9600、115200 等。

四、多处理器通信

通过 USART 可以实现多处理器通信（将几个 USART 连在一个网络里）。例如，某个 USART 设备可以是主，它的 TX 输出和其他 USART 从设备的 RX 输入相连接；USART 从设备各自的 TX 输出逻辑地与在一起，并且和主设备的 RX 输入相连接。

在多处理器配置中，通常希望只有被寻址的接收者才被激活，来接收随后的数据，这样就可以减少由于未被寻址的接收器的参与带来的多余的 USART 服务开销。未被寻址的设备可启用其静默功能置于静默模式。在静默模式里：①任何接收状态位都不会被设置；②所有接收中断被禁止；③USART_ CR1 寄存器中的 RWU 位置置 1，RWU 可以被硬件自动控制或在某个条件下由软件写入；④根据 USART_ CR1 寄存器中的 WAKE 位状态，USART 可以用两种方法进入或退出静默模式；⑤如果 WAKE 位被复位，进行空闲总线检测；⑥如果 WAKE 位被设置，进行地址标记检测。

1. 空闲总线检测（WAKE = 0）　当 RWU 位被写 1 时，USART 进入静默模式。当检测到一空闲帧时，它被唤醒。然后 RWU 被硬件清零，但是 USART_ SR 寄存器中的 IDLE 位并不置起。RWU 还可以被软件写 0。图 8 - 9 给出利用空闲总线检测来唤醒和进入静默模式的例子。

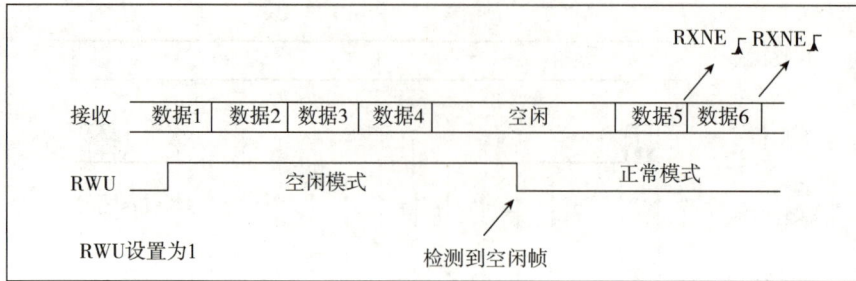

图 8 – 9   利用空闲总线检测的静默模式

2. 地址标记（address mark）检测（WAKE =1）   在这个模式里，如果 MSB 是 1，则该字节被认为是地址，否则被认为是数据。在一个地址字节中，目标接收器的地址被放在 4 个 LSB 中。这个 4 位地址被接收器同它自己地址做比较，接收器的地址被编程在 USART_ CR2 寄存器的 ADD。

当接收到的字节与它的编程地址不匹配时，USART 进入静默模式。此时，硬件设置 RWU 位。

接收该字节既不会设置 RXNE 标志，也不会产生中断或发出 DMA 请求，因为 USART 已经在静默模式。

当接收到的字节与接收器内编程地址匹配时，USART 退出静默模式。然后 RWU 位被清零，随后的字节被正常接收。收到这个匹配的地址字节时将设置 RXNE 位，因为 RWU 位已被清零。

当接收缓冲器不包含数据时（USART_SR 的 RXNE =0），RWU 位可以被写 0 或 1。否则，该次写操作被忽略。图 8 – 10 给出利用地址标记检测来唤醒和进入静默模式的例子。

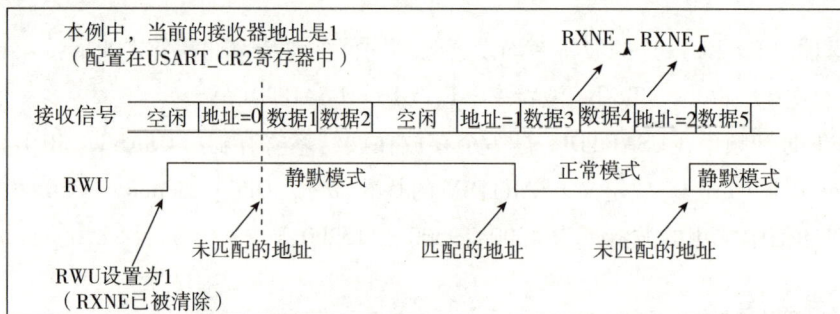

图 8 – 10   利用地址标记检测的静默模式

第三节   USART 库函数

表 8 – 3 列举了 USART 的库函数。

表 8 – 3   USART 函数

函数名	描述
USART_DeInit	将外设 USARTx 寄存器重设为缺省值
USART_Init	根据 USART_InitStruct 中指定的参数初始化外设 USARTx 寄存器
USART_StructInit	把 USART_InitStruct 中的每一个参数按缺省值填入
USART_Cmd	使能或者失能 USART 外设
USART_ITConfig	使能或者失能指定的 USART 中断

续表

函数名	描述
USART_DMACmd	使能或者失能指定 USART 的 DMA 请求
USART_SetAddress	设置 USART 节点的地址
USART_WakeUpConfig	选择 USART 的唤醒方式
USART_ReceiverWakeUpCmd	检查 USART 是否处于静默模式
USART_LINBreakDetectLengthConfig	设置 USARTLIN 中断检测长度
USART_LINCmd	使能或者失能 USARTx 的 LIN 模式
USART_SendData	通过外设 USARTx 发送单个数据
USART_ReceiveData	返回 USARTx 最近接收到的数据
USART_SendBreak	发送中断字
USART_SetGuardTime	设置指定的 USART 保护时间
USART_SetPrescaler	设置 USART 时钟预分频
USART_SmartCardCmd	使能或者失能指定 USART 的智能卡模式
USART_SmartCardNackCmd	使能或者失能 NACK 传输
USART_HalfDuplexCmd	使能或者失能 USART 半双工模式
USART_IrDAConfig	设置 USART IrDA 模式
USART_IrDACmd	使能或者失能 USART IrDA 模式
USART_GetFlagStatus	检查指定的 USART 标志位设置与否
USART_ClearFlag	清除 USARTx 的待处理标志位
USART_GetITStatus	检查指定的 USART 中断发生与否
USART_ClearITPendingBit	清除 USARTx 的中断待处理位

第四节　USART 串口通信配置步骤

以下讲解如何使用库函数对 USART 进行配置。这个也是在编写程序中必须要了解的。具体步骤如下（USART 相关库函数在 stm32f10x_ usart. c 和 stm32f10x_ usart. h 文件中）。

1. 使能串口时钟及 GPIO 端口时钟　STM32F103C8T6 芯片具有 3 个串口，对应不同的引脚，串口 1 挂接在 APB2 总线上，串口 2 - 串口 3 挂接在 APB1 总线上，根据自己所用串口使能总线时钟和端口时钟。例如使用 USART1，其挂接在 APB2 总线上，并且 USART1 对应 STM32 芯片管脚的 PA9 和 PA10，因此使能时钟函数如下：

RCC_APB2PeriphClockCmd(RCC_APB2Periph_GPIOA,ENABLE)；//使能 GPIOA 时钟

RCC_APB2PeriphClockCmd(RCC_APB2Periph_USART1,ENABLE)；//使能 USART1 时钟

2. GPIO 端口模式设置，设置串口对应的引脚为复用功能　因为使用引脚的串口功能，所以在配置 GPIO 时要将设置为复用功能，这里把串口的 Tx 引脚配置为复用推挽输出，Rx 引脚为浮空输入，数据完全由外部输入决定。如下：

GPIO_InitStructure. GPIO_Pin = GPIO_Pin_9;//TX //串口输出 PA9

GPIO_InitStructure. GPIO_Speed = GPIO_Speed_50MHz;

GPIO_InitStructure. GPIO_Mode = GPIO_Mode_AF_PP；//复用推挽输出

GPIO_Init（GPIOA,&GPIO_InitStructure）；/* 初始化串口输入 IO */

GPIO_InitStructure. GPIO_Pin = GPIO_Pin_10；//RX //串口输入 PA10

GPIO_InitStructure. GPIO_Mode = GPIO_Mode_IN_FLOATING；//模拟输入

GPIO_Init（GPIOA,&GPIO_InitStructure）；/* 初始化 GPIO */

3. 初始化串口参数，包含波特率、字长、奇偶校验等参数 要使用串口功能，必须对串口通信相关参数初始化，其库函数如下：

void USART_Init（USART_TypeDef * USARTx, USART_InitTypeDef* USART_InitStruct）；

第一个参数用来选择串口。第二个参数是一个结构体指针变量，结构体类型是 USART_ InitTypeDef，其内包含了串口初始化的成员变量。下面来看下这个结构体：

typedef struct

｛

uint32_t USART_BaudRate；//波特率

uint16_t USART_WordLength；//字长

uint16_t USART_StopBits；//停止位

uint16_t USART_Parity；//校验位

uint16_t USART_Mode；//USART 模式

uint16_t USART_HardwareFlowControl；//硬件流控制

｝USART_InitTypeDef；

下面简单介绍下每个成员变量的功能。

（1）USART_ BaudRate 波特率设置。常用的波特率为 4800、9600、115200 等。标准库函数会根据设定值计算得到 USARTDIV 值，并设置 USART_ BRR 寄存器值。

（2）USART_ WordLength 数据帧字长。可以选择为 8 位或者 9 位，通过 USART_ CR1 寄存器的 M 位的值决定。如果没有使能奇偶校验控制，一般使用 8 数据位；如果使能了奇偶校验，则一般设置为 9 数据位。

（3）USART_ StopBits 停止位设置。可选 0.5 个、1 个、1.5 个和 2 个停止位，它设定 USART_ CR2 寄存器的 STOP［1：0］位的值，一般我们选择 1 个停止位。

（4）USART_ Parity 奇偶校验控制选择。可选 USART_ Parity_ No（无校验）、USART_ Parity_ Even（偶校验）以及 USART_ Parity_ Odd（奇校验），它设定 USART_ CR1 寄存器的 PCE 位和 PS 位的值。

（5）USART_ Mode USART 模式选择。可以为 USART_ Mode_ Rx 和 USART_ Mode_ Tx，允许使用逻辑或运算选择两个，它设定 USART_ CR1 寄存器的 RE 位和 TE 位。

（6）USART_ HardwareFlowControl 硬件流控制选择。只有在硬件流控制模式才有效，可以选择无硬件流 USART_ HardwareFlowControl_ None、RTS 控制 USART_ HardwareFlowControl_ RTS、CTS 控制 US-ART_ HardwareFlowControl_ CTS、RTS 和 CTS 控制 USART_ HardwareFlowControl_ RTS_ CTS。

了解结构体成员功能后，就可以进行配置，例如配置 USART1，如下：

USART_InitTypeDef USART_InitStructure；

USART_InitStructure. USART_BaudRate = 115200；//波特率设置

USART_InitStructure. USART_WordLength = USART_WordLength_8b；//字长为 8 位数据格式

USART_InitStructure. USART_StopBits = USART_StopBits_1；//一个停止位

USART_InitStructure. USART_Parity = USART_Parity_No;//无奇偶校验位

USART_InitStructure. USART_HardwareFlowControl = USART_HardwareFlowControl_None;//无硬件数据流控制

USART_InitStructure. USART_Mode = USART_Mode_Rx | USART_Mode_Tx; //收发模式

USART_Init(USART1, &USART_InitStructure); //初始化串口 1

4. 使能串口 配置好串口后，还需要使能它，使能串口库函数如下：

void USART_Cmd(USART_TypeDef * USARTx, FunctionalState NewState);

例如我们要使能 USART1，如下：

USART_Cmd(USART1, ENABLE); //使能串口 1

5. 设置串口中断类型并使能 对串口中断类型和使能设置的函数如下：

void USART_ITConfig(USART_TypeDef * USARTx, uint16_t USART_IT, FunctionalState NewState);

第一个参数用来选择串口，第二个参数用来选择串口中断类型，第三个参数用来使能或者失能对应中断。由于串口中断类型比较多，所以使用哪种中断，就需要对它进行配置。比如在接收到数据的时候（RXNE 读数据寄存器非空）要产生中断，那么开启中断的方法是：

USART_ITConfig(USART1, USART_IT_RXNE, ENABLE);//开启接收中断

如果发送完数据时要产生中断，可以配置如下：

USART_ITConfig(USART1,USART_IT_TC, ENABLE);

对应的串口中断类型可在 stm32f10x_ usart. h 中查找到，如下：

#define USART_IT_PE   ((uint16_t) 0x0028)

#define USART_IT_TXE   ((uint16_t) 0x0727)

#define USART_IT_TC   ((uint16_t) 0x0626)

#define USART_IT_RXNE   ((uint16_t) 0x0525)

#define USART_IT_IDLE   ((uint16_t) 0x0424)

#define USART_IT_LBD   ((uint16_t) 0x0846)

#define USART_IT_CTS   ((uint16_t) 0x096A)

#define USART_IT_ERR   ((uint16_t) 0x0060)

#define USART_IT_ORE   ((uint16_t) 0x0360)

#define USART_IT_NE   ((uint16_t) 0x0260)

#define USART_IT_FE   ((uint16_t) 0x0160)

6. 设置串口中断优先级，使能串口中断通道 在上一步已经使能了串口的接收中断，只要使用到中断，就必须对 NVIC 初始化，NVIC 初始化库函数是 NVIC_ Init（），这个在前面讲解 STM32 中断时就已经介绍过。

7. 编写串口中断服务函数 最后要编写一个串口中断服务函数，通过中断函数处理串口产生的相关中断。串口中断服务函数名在 STM32F1 启动文件内，USART1 中断函数名如下：

USART1_IRQHandler

因为串口的中断类型有很多，所以进入中断后，需要在中断服务函数开头处通过状态寄存器的值判断此次中断是哪种类型，然后做出相应的控制。库函数中用来读取串口中断状态标志位的函数如下：

ITStatus USART_GetITStatus(USART_TypeDef * USARTx, uint16_t USART_IT);

此函数功能是判断 USARTx 的中断类型 USART_ IT 是否产生中断，如果要判断 USART1 的接收中断是否产生，可以调用此函数：

If(USART_GetITStatus(USART1，USART_IT_RXNE) ！=RESET)

如果产生接收中断，那么调用 USART_ GetITStatus 函数后返回值为 1，就会进入 if 函数内执行中断控制功能程序。否则就不会进入中断处理程序。在编写串口中断服务函数时，最后通常会调用一个清除中断标志位的函数，如下：

void USART_ClearFlag(USART_TypeDef ∗ USARTx，uint16_t
USART_FLAG)；

第二个参数为状态标志选项，可选参数在 stm32f10x_ usart. h 中，如下：

```
#define USART_FLAG_CTS
#define USART_FLAG_LBD
#define USART_FLAG_TXE
#define USART_FLAG_TC
#define USART_FLAG_RXNE
#define USART_FLAG_IDLE
#define USART_FLAG_ORE
#define USART_FLAG_NE
#define USART_FLAG_FE
#define USART_FLAG_PE
```

如果判断串口进入接收中断后，把串口接收寄存器内数据读取出，然后通过串口发送至上位机，等待发送完成后清除发送完成标志位 USART_ FLAG_ TC。代码如下：

```
void USART1_IRQHandler( void) //串口 1 中断服务程序
{
u8 r;
if( USART_GetITStatus( USART1，USART_IT_RXNE)! =RESET) //接收中断
{
r = USART_ReceiveData( USART1)；//( USART1 -> DR)；//读取接收到的数据
USART_SendData( USART1 ,r)；
while( USART_GetFlagStatus( USART1，USART_FLAG_TC)! = SET)；
}
USART_ClearFlag( USART1，USART_FLAG_TC)；
}
```

串口接收函数是：

Uint 16_t USART_ReceiveData(USART_TypeDef ∗ USARTx)；

串口发送函数是：

Void USART_SendData(USART_TypeDef ∗ USARTx，uint16_t Data)；

库函数中还有一个函数用来读取串口状态标志位：

FlagStatus USART_GetFlagStatus(USART_TypeDef ∗ USARTx，uint16_t USART_FLAG)；

USART_ GetITStatus 与 USART_ GetFlagStatus 功能类似，区别就是 USART_ GetITStatus 函数会先判断是否使能串口中断，使能后才读取状态标志，而 USART_ GetFlagStatus 函数直接读取状态标志。

以上几步就完成了配置过程，可以正常使用串口中断。

目标检测

答案解析

一、单选题

1. USART 的主要功能是（ ）

    A. 并行通信　　　　B. 串行通信　　　　C. 数据存储　　　　D. 时钟控制

2. USART 的通信方式不包括（ ）

    A. 全双工通信　　　B. 半双工通信　　　C. 单工通信　　　　D. 多工通信

3. USART 的波特率用于（ ）

    A. 设置通信速度　　　　　　　　　　　B. 设置通信频率

    C. 设置通信地址　　　　　　　　　　　D. 设置通信时钟

4. 配置 USART 波特率的方法是（ ）

    A. 设置波特率寄存器　　　　　　　　　B. 设置数据寄存器

    C. 设置控制寄存器　　　　　　　　　　D. 设置状态寄存器

5. USART 的中断功能用于（ ）

    A. 提高通信速度　　　　　　　　　　　B. 处理异步事件

    C. 控制通信地址　　　　　　　　　　　D. 调节通信频率

6. USART 的奇偶校验用于（ ）

    A. 控制数据长度　　　　　　　　　　　B. 检测数据错误

    C. 设置数据格式　　　　　　　　　　　D. 增加通信速度

7. 使能 USART 中断功能的方法是（ ）

    A. 设置中断使能寄存器　　　　　　　　B. 设置控制寄存器

    C. 设置波特率寄存器　　　　　　　　　D. 设置状态寄存器

8. USART 的同步通信方式用于（ ）

    A. 提高通信速度　　　　　　　　　　　B. 降低通信频率

    C. 同步发送和接收时钟　　　　　　　　D. 控制通信地址

9. 配置 USART 工作模式的方法是（ ）

    A. 设置工作模式寄存器　　　　　　　　B. 设置数据寄存器

    C. 设置控制寄存器　　　　　　　　　　D. 设置状态寄存器

10. USART 的接收缓冲区用于（ ）

    A. 存储接收的数据　　　　　　　　　　B. 存储发送的数据

    C. 控制通信地址　　　　　　　　　　　D. 调节通信频率

11. USART 的发送缓冲区用于（ ）

    A. 存储接收的数据　　　　　　　　　　B. 存储发送的数据

    C. 控制通信地址　　　　　　　　　　　D. 调节通信频率

12. 启动 USART 发送功能的方法是（ ）

    A. 设置发送启动寄存器　　　　　　　　B. 设置数据寄存器

    C. 设置控制寄存器　　　　　　　　　　D. 设置状态寄存器

13. USART 的奇偶校验位用于 （　　）

    A. 检测数据错误　　　　　　　　　　　B. 控制数据长度

    C. 设置数据格式　　　　　　　　　　　D. 增加通信速度

14. USART 的中断源不包括 （　　）

    A. 接收中断　　　　B. 发送中断　　　　C. 错误中断　　　　D. 地址中断

15. 配置 USART 同步通信的方法是 （　　）

    A. 设置同步寄存器　　　　　　　　　　B. 设置数据寄存器

    C. 设置控制寄存器　　　　　　　　　　D. 设置状态寄存器

16. USART 的波特率单位为 （　　）

    A. 位/秒　　　　　　B. 字节/秒　　　　C. 字/分钟　　　　D. 位/分钟

二、简答题

1. USART 的作用是什么?

2. USART 与 UART 有何区别?

3. STM32F103 系列微控制器中，如何初始化 USART 外设?

4. USART 的波特率是什么?

5. USART 中的硬件流控制是什么?

三、编程题

编写一个程序，使用 STM32F103 系列微控制器的 USART1 模块实现串口通信功能。要求从串口接收数据，并将接收到的数据通过串口原样发送回去。

书网融合……

本章小结

第九章　DMA

学习目标

1. **掌握** DMA 的基本原理和工作机制，包括如何配置 DMA 控制器和通道。
2. **熟悉** STM32F103 的 DMA 功能及应用场景，以及在外设数据传输中的作用和优势。
3. **了解** DMA 传输模式，包括循环模式和一次性模式，以及它们的适用场景和特点。
4. 学会配置 STM32F103 的 DMA 控制器和通道，实现外设和存储器之间的高效数据传输；能够设置 DMA 的传输方向、传输大小、触发源等参数，以满足不同应用需求。
5. 培养优化嵌入式系统性能的能力，通过合理使用 DMA，减少 CPU 负载，提高系统的响应速度和效率；培养对嵌入式系统资源管理的理解和技能，以实现更复杂的功能和应用。

⇒ 实例分析

实例 假设你正在开发一个车载数据记录系统，该系统需要实时监控车辆的各种传感器数据，如速度、油耗、发动机转速等，并将这些数据存储到内存中，最后保存到外部存储设备（如 SD 卡）以供后续分析。为了确保数据的实时性和准确性，并让 CPU 能够专注于处理其他重要任务（如数据处理和无线通信），你决定利用 DMA 来高效地将传感器数据从串行外设接口（SPI）传输到内存中。

问题 1. 如何配置 STM32F103 的 DMA 来实现从 SPI 接收数据到内存的传输？

2. 如何设置 DMA 的传输方向、传输大小和触发源等参数以满足实际需求？

第一节　DMA 概述

直接存储器访问（direct memory access，DMA）用来提供在外设和存储器之间或者存储器和存储器之间的高速数据传输。无须 CPU 干预，数据可以通过 DMA 快速地移动，这就节省了 CPU 的资源来进行其他操作。因为 DMA 传输数据移动过程无须 CPU 直接操作，这样节省的 CPU 资源就可供其他操作使用。从硬件层面来理解，DMA 就好像是 RAM 与 I/O 设备间数据传输的通路，外设与存储器之间，或者存储器与存储器之间可以直接在这条通路上进行数据传输。这里说的外设，一般指外设的数据寄存器，比如 ADC、SPI、I2C、DCMI 等外设的数据寄存器，存储器一般是指片内 SRAM、外部存储器、片内 Flash 等。

两个 DMA 控制器有 12 个通道（DMA1 有 7 个通道、DMA2 有 5 个通道），每个通道专门用来管理来自一个或多个外设对存储器访问的请求。还有一个仲裁器用来协调各个 DMA 请求的优先权。

一、DMA 的特性

（1）12 个独立的可配置的通道（请求）：DMA1 有 7 个通道，DMA2 有 5 个通道。

（2）每个通道都直接连接专用的硬件 DMA 请求，每个通道都同样支持软件触发。这些功能通过软件来配置。

（3）在同一个 DMA 模块上，多个请求间的优先权可以通过软件编程设置（共有四级：最高、高、中等、低优先级），优先权设置相等时由硬件决定（请求 0 优先于请求 1，依此类推）。

（4）独立数据源和目标数据区的传输宽度（字节、半字、全字），模拟打包和拆包的过程。源和目标地址必须按数据传输宽度对齐。

（5）支持循环的缓冲器管理。

（6）每个通道都有 3 个事件标志（DMA 半传输、DMA 传输完成和 DMA 传输出错），这 3 个事件标志逻辑或成为一个单独的中断请求。

（7）存储器和存储器间的传输。

（8）外设和存储器、存储器和外设之间的传输。

（9）闪存、SRAM、外设的 SRAM、APB1、APB2 和 AHB 外设均可作为访问的源和目标。

（10）可编程的数据传输数目最大为 65535。

🔗 知识链接

快速数据传输

在 CPU 中，用于快速传输数据的方式有多种，每种方式适用于不同的场景和需求。以下是几种常见的快速数据传输方式。

1. DMA（直接存储器访问）　允许外设直接与内存进行数据传输，而无须经过 CPU。这样可大大减轻 CPU 的负担，提高系统的整体性能。DMA 常用于音频、视频等需要大数据量快速传输的场景。

2. cache（缓存）　是位于 CPU 和主内存之间的小容量高速存储器。缓存的使用可大大加快数据的访问速度，减少 CPU 等待内存读取数据的时间。现代 CPU 通常有多级缓存（L1、L2、L3）。

3. burst mode（突发模式）　是一种内存传输方式，它允许连续传输一块数据，而不必为每个数据单元单独发出传输请求。突发模式通常用于内存到内存、内存到外设等大块数据传输，提高了传输效率。

4. pipelining（流水线）　是一种 CPU 内部提高指令处理速度的方法。通过将指令分解为多个阶段，并将不同的指令在不同阶段同时处理，可以实现指令的并行处理，提高指令执行速度。

此外，还有 prefetching（预取）、memory mapped I/O（内存映射 I/O）等方式。

二、功能框图

DMA 结构功能框图如图 9-1 所示。

三、功能描述

DMA 控制器和 Cortex™ - M3 核心共享系统数据总线，执行直接存储器数据传输。当 CPU 和 DMA 同时访问相同的目标（RAM 或外设）时，DMA 请求会暂停 CPU 访问系统总线达若干个周期，总线仲裁器执行循环调度，以保证 CPU 至少可以得到一半的系统总线（存储器或外设）带宽。

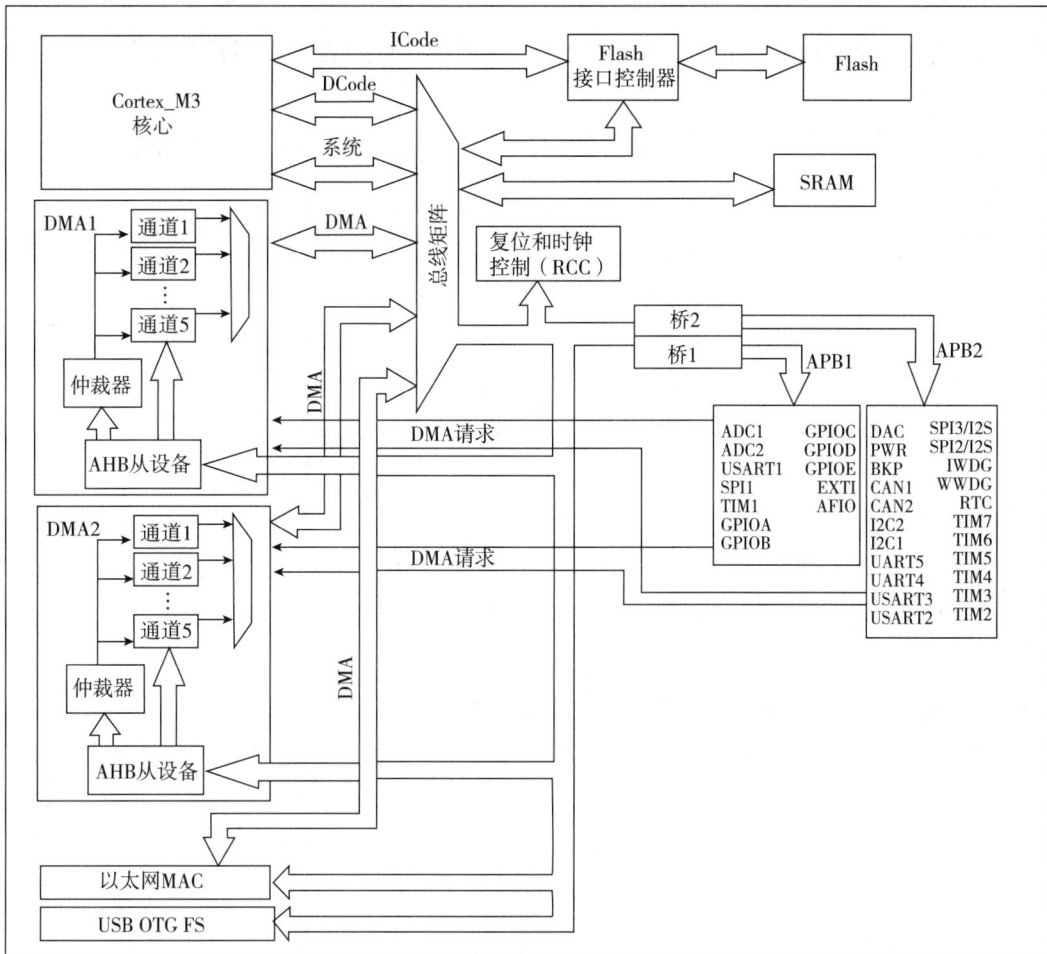

图 9-1　DMA 结构框图

1. DMA 处理　在发生一个事件后，外设向 DMA 控制器发送一个请求信号。DMA 控制器根据通道的优先权处理请求。当 DMA 控制器开始访问发出请求的外设时，DMA 控制器立即发送给它一个应答信号。当从 DMA 控制器得到应答信号时，外设立即释放它的请求。一旦外设释放了这个请求，DMA 控制器同时撤销应答信号。如果有更多的请求时，外设可以启动下一个周期。

总之，每次 DMA 传送由三个操作组成。

（1）从外设数据寄存器或者从当前外设/存储器地址寄存器指示的存储器地址取数据，第一次传输时的开始地址是 DMA_CPARx 或 DMA_CMARx 寄存器指定的外设基地址或存储器单元。

（2）存数据到外设数据寄存器或者当前外设/存储器地址寄存器指示的存储器地址，第一次传输时的开始地址是 DMA_CPARx 或 DMA_CMARx 寄存器指定的外设基地址或存储器单元。

（3）执行一次 DMA_CNDTRx 寄存器的递减操作，该寄存器包含未完成的操作数目。

2. 仲裁器　根据通道请求的优先级来启动外设/存储器的访问。优先权管理分两个阶段。

（1）软件　每个通道的优先权可以在 DMA_CCRx 寄存器中设置，有 4 个等级：①最高优先级；②高优先级；③中等优先级；④低优先级。

（2）硬件　如果 2 个请求有相同的软件优先级，则较低编号的通道比较高编号的通道有较高的优先权。举个例子，通道 2 优先于通道 4。

注意：在大容量产品和互联型产品中，DMA1 控制器拥有高于 DMA2 控制器的优先级。

3. DMA 通道　每个通道都可以在有固定地址的外设寄存器和存储器地址之间执行 DMA 传输。DMA 传输的数据量是可编程的，最大达到 65535。包含要传输的数据项数量的寄存器，在每次传输后递减。

（1）可编程的数据量　外设和存储器的传输数据量可以通过 DMA_CCRx 寄存器中的 PSIZE 和 MSIZE 位编程。

（2）指针增量　通过设置 DMA_CCRx 寄存器中的 PINC 和 MINC 标志位，外设和存储器的指针在每次传输后可以有选择地完成自动增量。当设置为增量模式时，下一个要传输的地址将是前一个地址加上增量值，增量值取决于所选的数据宽度为 1、2 或 4。第一个传输的地址是存放在 DMA_CPARx /DMA_CMARx 寄存器中的地址。在传输过程中，这些寄存器保持它们初始的数值，软件不能改变和读出当前正在传输的地址（它在内部的当前外设/存储器地址寄存器中）。

当通道配置为非循环模式时，传输结束后（即传输计数变为 0）将不再产生 DMA 操作。要开始新的 DMA 传输，需要在关闭 DMA 通道的情况下，在 DMA_CNDTRx 寄存器中重新写入传输数目。

在循环模式下，最后一次传输结束时，DMA_CNDTRx 寄存器的内容会自动地被重新加载为其初始数值，内部的当前外设/存储器地址寄存器也被重新加载为 DMA_CPARx/DMA_CMARx 寄存器设定的初始基地址。

（3）通道配置过程　下面是配置 DMA 通道 x 的过程（x 代表通道号）。

1）在 DMA_CPARx 寄存器中设置外设寄存器的地址。发生外设数据传输请求时，这个地址将是数据传输的源或目标。

2）在 DMA_CMARx 寄存器中设置数据存储器的地址。发生外设数据传输请求时，传输的数据将从这个地址读出或写入这个地址。

3）在 DMA_CNDTRx 寄存器中设置要传输的数据量。在每个数据传输后，这个数值递减。

4）在 DMA_CCRx 寄存器的 PL [1：0] 位中设置通道的优先级。

5）在 DMA_CCRx 寄存器中设置数据传输的方向、循环模式、外设和存储器的增量模式、外设和存储器的数据宽度、传输一半产生中断或传输完成产生中断。

6）设置 DMA_CCRx 寄存器的 ENABLE 位，启动该通道。

一旦启动了 DMA 通道，它既可响应连到该通道上外设的 DMA 请求。当传输一半的数据后，半传输标志（HTIF）被置 1，当设置了允许半传输中断位（HTIE）时，将产生一个中断请求。在数据传输结束后，传输完成标志（TCIF）被置 1，当设置了允许传输完成中断位（TCIE）时，将产生一个中断请求。

（4）循环模式　用于处理循环缓冲区和连续的数据传输（如 ADC 的扫描模式）。在 DMA_CCRx 寄存器中的 CIRC 位用于开启这一功能。当启动了循环模式，数据传输的数目变为 0 时，将会自动地被恢复成配置通道时设置的初值，DMA 操作将会继续进行。

存储器到存储器模式。DMA 通道的操作可以在没有外设请求的情况下进行，这种操作就是存储器到存储器模式。

当设置了 DMA_CCRx 寄存器中的 MEM2MEM 位之后，在软件设置了 DMA_CCRx 寄存器中的 EN 位启动 DMA 通道时，DMA 传输将马上开始。当 DMA_CNDTRx 寄存器变为 0 时，DMA 传输结束。存储器到存储器模式不能与循环模式同时使用。

4. 错误管理　读写一个保留的地址区域，将会产生 DMA 传输错误。当在 DMA 读写操作时发生 DMA 传输错误时，硬件会自动地清除发生错误的通道所对应的通道配置寄存器（DMA_CCRx）的 EN

位，该通道操作被停止。此时，在 DMA_IFR 寄存器中对应该通道的传输错误中断标志位（TEIF）将被置位，如果在 DMA_CCRx 寄存器中设置了传输错误中断允许位，则将产生中断。

5. 中断　每个 DMA 通道都可以在 DMA 传输过半、传输完成和传输错误时产生中断。为应用的灵活性考虑，通过设置寄存器的不同位来打开这些中断（表 9-1）。

表 9-1　DMA 中断

中断事件	事件标志位	使能控制位
传输过半	HTIF	HTIE
传输完成	TCIF	TCIE
传输错误	TEIF	TEIE

6. DMA 控制器（DMA）　DMA 控制器提供 7 个数据通道的访问。由于外设实现了向存储器的映射，因此数据对来自或者发向外设的数据传输，也可以像内存之间的数据传输一样管理。

第二节　DMA 库函数与寄存器

表 9-2 和表 9-3 例举了 DMA 相关寄存器和 DMA 的库函数。

表 9-2　DMA 所有寄存器

寄存器	描述
ISR	DMA 中断状态寄存器
IFCR	DMA 中断标志位清除寄存器
CCRx	DMA 通道 x 设置寄存器
CNDTRx	DMA 通道 x 待传输数据数目寄存器
CPARx	DMA 通道 x 外设地址寄存器
CMARx	DMA 通道 x 内存地址寄存器

表 9-3　DMA 的库函数

函数名	描述
DMA_DeInit	将 DMA 的通道 x 寄存器重设为缺省值
DMA_Init	根据 DMA_InitStruct 中指定的参数初始化 DMA 的通道 x 寄存器
DMA_StructInit	把 DMA_InitStruct 中的每一个参数按缺省值填入
DMA_Cmd	使能或者失能指定的通道 x
DMA_ITConfig	使能或者失能指定的通道 x 中断
DMA_GetCurrDataCounte	返回当前 DMA 通道 x 剩余的待传输数据数目
DMA_GetFlagStatus	检查指定的 DMA 通道 x 标志位设置与否
DMA_ClearFlag	清除 DMA 通道 x 待处理标志位
DMA_GetITStatus	检查指定的 DMA 通道 x 中断发生与否
DMA_ClearITPendingBit	清除 DMA 通道 x 中断待处理标志位

第三节　DMA 配置

使用 DMA，最核心的就是配置要传输的数据，包括数据从哪里来，要到哪里去，传输的数据的单位是什么，要传多少数据，是一次传输还是循环传输等。

1. 从哪里来到哪里去　已经知道 DMA 传输数据的方向有三个：从外设到存储器，从存储器到外设，从存储器到存储器。具体的方向 DMA_CCR 位 4 DIR 配置：0 表示从外设到存储器，1 表示从存储器到外设。这里面涉及的外设地址由 DMA_CPAR 配置，存储器地址由 DMA_CMAR 配置。

（1）外设到存储器　当使用从外设到存储器传输时，以 ADC 采集为例。DMA 外设寄存器的地址对应的就是 ADC 数据寄存器的地址，DMA 存储器的地址是自定义变量（用来接收存储 AD 采集的数据）的地址。方向设置外设为源地址。

（2）存储器到外设　当使用从存储器到外设传输时，以串口向电脑端发送数据为例。DMA 外设寄存器的地址对应的就是串口数据寄存器的地址，DMA 存储器的地址就是自定义变量（相当于一个缓冲区，用来存储通过串口发送到电脑的数据）的地址。方向设置外设为目标地址。

（3）存储器到存储器　当使用从存储器到存储器传输时，以内部 FLASH 向内部 SRAM 复制数据为例。DMA 外设寄存器的地址对应的就是内部 FLASH（把内部 FALSH 当作一个外设来看）的地址，DMA 存储器的地址就是自定义变量（相当于一个缓冲区，用来存储来自内部 FLASH 的数据）的地址。方向设置外设（内部 FLASH）为源地址。跟上面两个不同的是，这里需要把 DMA_CCR 位 14：MEM2MEM：存储器到存储器模式配置为 1，启动 M2M 模式。

2. 要传多少，单位是什么　当配置好数据要从哪里来到哪里去之后，还需要知道要传输的数据是多少，数据的单位是什么。

以串口向电脑发送数据为例，可以一次性给电脑发送很多数据，具体多少由 DMA_CNDTR 配置，这是一个 32 位的寄存器，一次最多只能传输 65535 个数据。

要想数据传输正确，源和目标地址存储的数据宽度还必须一致，串口数据寄存器是 8 位的，所以定义要发送的数据也必须是 8 位。外设的数据宽度由 DMA_CCR 的 PSIZE[1:0] 配置，可以是 8/16/32 位，存储器的数据宽度由 DMA_CCR 的 MSIZE[1:0] 配置，可以是 8/16/32 位。

在 DMA 控制器的控制下，数据要想有条不紊地从一个地方搬到另外一个地方，还必须正确设置两边数据指针的增量模式。外设的地址指针由 DMA_CCRx 的 PINC 配置，存储器的地址指针由 MINC 配置。以串口向电脑发送数据为例，要发送的数据很多，每发送完一个，那么存储器的地址指针就应该加 1，而串口数据寄存器只有一个，那么外设的地址指针就固定不变。具体的数据指针的增量模式由实际情况决定。

3. 什么时候传输完成　数据什么时候传输完成，可以通过查询标志位或者通过中断的方式来判断。每个 DMA 通道在 DMA 传输过半、传输完成和传输错误时都会有相应的标志位，如果使能了该类型的中断后，则会产生中断。有关各个标志位的详细描述请参考 DMA 中断状态寄存器 DMA_ISR 的详细描述。

传输完成还分两种模式：一次传输和循环传输。一次传输很好理解，即传输一次之后就停止，想要再传输的话，必须关断 DMA 使能后再重新配置后才能继续传输。循环传输则是一次传输完成之后又恢复第一次传输时的配置循环传输，不断地重复。具体由 DMA_CCR 寄存器的 CIRC 循环模式位控制。

详细的内容可以参考《STM32F1xx 中文参考手册》- 10 DMA 控制器（DMA）- 10.4 章节内容。

第四节　配置步骤

接下来介绍下如何使用库函数对 DMA 进行配置。这个也是在编写程序中必须要了解的。具体步骤如下（DMA 相关库函数在 stm32f1xx_ hal_ dma. c、stm32f1xx_ hal_ dma_ ex. c 及其头文件中）。

1. 使能 DMA 控制器（DMA1 或 DMA2）时钟　要使能 DMA 时钟，需通过 AHB1ENR 寄存器来控制，使能 DMA 时钟库函数为：

```
__HAL_RCC_DMA2_CLK_ENABLE();//DMA2 时钟使能
__HAL_RCC_DMA1_CLK_ENABLE();//DMA1 时钟使能
```

2. 初始化 DMA 通道　包括配置通道、外设和内存地址、传输数据量等。要使用 DMA，必须对其相关参数进行设置，包括数据流选择，通道、外设和内存地址、传输数据量的配置等。该部分设置通过 DMA 数据流初始化函数 HAL_ DMA_ Init 完成：

```
HAL_StatusTypeDef HAL_DMA_Init( DMA_HandleTypeDef * hdma);
```

该函数只有一个 DMA_ HandleTypeDef 结构体指针类型入口参数，结构体定义为：

```
typedef struct __DMA_HandleTypeDef
{
DMA_Stream_TypeDef * Instance;
DMA_InitTypeDef Init;
HAL_LockTypeDef Lock;
__IO HAL_DMA_StateTypeDef State;
void * Parent;
void( * XferCpltCallback)(
struct __DMA_HandleTypeDef * hdma);
void( * XferHalfCpltCallback)(
struct __DMA_HandleTypeDef * hdma);
void( * XferM1CpltCallback)(
struct __DMA_HandleTypeDef * hdma);
void( * XferErrorCallback)(
struct __DMA_HandleTypeDef * hdma);
__IO uint32_t ErrorCode;
uint32_t StreamBaseAddress;
uint32_t StreamIndex;
} DMA_HandleTypeDef;
```

Instance：用来设置寄存器基地址，例如要设置为 DMA1 的通道 4，那么取值为 DMA1_ Channel4。

Parent：HAL 库处理中间变量，用来指向 DMA 通道外设句柄。

XferCpltCallback（传 输 完 成 回 调 函 数）、XferHalfCpltCallback（半 传 输 完 成 回 调 函 数）、XferM1CpltCallback（Memory1 传输完成回调函数）和 XferErrorCallback（传输错误回调函数），它们是四个函数指针，用来指向回调函数入口地址。

StreamBaseAddress 和 StreamIndex 是数据流基地址和索引号，这个是 HAL 库处理的时候会自动计算，用户无须设置。

其他几个成员变量是 HAL 库处理过程状态标识变量，这里就不做过多介绍。下面重点看下 Init 成员变量，它是 DMA_InitTypeDef 结构体类型，该结构体定义为：

```
typedef struct
{
uint32_t Channel; //通道,例如: DMA_CHANNEL_4
uint32_t Direction;//传输方向,例如存储器到外设 DMA_MEMORY_TO_PERIPH
uint32_t PeriphInc;//外设(非)增量模式,非增量模式 DMA_PINC_DISABLE
uint32_t MemInc;//存储器(非)增量模式,增量模式 DMA_MINC_ENABLE
uint32_t PeriphDataAlignment; //外设数据大小: 8/16/32 位。
uint32_t MemDataAlignment; //存储器数据大小: 8/16/32 位。
uint32_t Mode;//模式:外设流控模式/循环模式/普通模式
uint32_t Priority; //DMA 优先级:低/中/高/非常高
uint32_t FIFOMode;//FIFO 模式开启或者禁止
uint32_t FIFOThreshold; //FIFO 阈值选择:
uint32_t MemBurst; //存储器突发模式:单次/4 个节拍/8 个节拍/16 个节拍
uint32_t PeriphBurst; //外设突发模式:单次/4 个节拍/8 个节拍/16 个节拍
}DMA_InitTypeDef;
```

该结构体成员比较多，下面逐个来了解其功能。

Channel：DMA 请求通道选择，每个数据流可选通道多达 8 个，具体设置可以参考前面 DMA 请求映射图介绍部分。取值范围为：DMA_CHANNEL_0 ~ DMA_CHANNEL_7。

Direction：数据传输方向选择，可选择外设到存储器、存储器到外设以及存储器到存储器。通过设定 DMA_SxCR 寄存器的 DIR［1：0］位的值决定。比如实验是从内存读取数据发送到串口，所以数据传输方向为存储器到外设，配置为 DMA_MEMORY_TO_PERIPH。

PeriphInc：用来设置外设地址是递增还是不变，通过 DMA_SxCR 寄存器的 PINC 位设置，如果设置为递增，那么下一次传输的时候地址加 1。通常外设只有一个数据寄存器，所以一般不会使能该位，即配置为 DMA_PINC_DISABLE。

MemInc：用来设置内存地址是否递增，通过 DMA_SxCR 寄存器的 MINC 位设置。自定义的存储区一般都是存放多个数据的，所以需要使能存储器地址自动递增功能，即配置为 DMA_MINC_ENABLE。

PeriphDataAlignment：外设数据宽度选择，可以为字节（8 位）、半字（16 位）、字（32 位），通过 DMA_SxCR 寄存器的 PSIZE［1：0］位设置。例如本实验数据是按照 8 位字节传输，所以配置为DMA_PDATAALIGN_BYTE。

MemDataAlignment：存储器数据宽度选择，可以为字节（8 位）、半字（16 位）、字（32 位），通过 DMA_SxCR 寄存器的 MSIZE［1：0］位设置。本章实验同样设置为 8 位字节传输，这个要和定义的数组对应，所以配置为 DMA_MDATAALIGN_BYTE。

Mode：DMA 传输模式选择，可选择一次传输或者循环传输，通过 DMA_SxCR 寄存器的 CIRC 位来设定。比如要从内存（存储器）中传输 64 个字节到串口，如果设置为循环传输，那么它会在 64 个字节传输完成之后继续从内存的第一个地址传输，如此循环。这里设置为一次传输完成之后不循环。所以设置值为 DMA_ NORMAL。

　　Priority：用来设置 DMA 通道的优先级，有低、中、高、最高四种级别，可通过 DMA_SxCR 寄存器的 PL［1：0］位来设定。DMA 优先级只有在多个 DMA 数据流同时使用时才有意义，本章实验只使用了一个 DMA 数据流，所以可以任意设 DMA 优先级，这里就设置为中等优先级，配置参数为 DMA_PRI-ORITY_ MEDIUM。

　　FIFOMode：用来选择是否开启 FIFO 模式，可通过 DMA_ SxFCR 寄存器的 DMDIS 位来设置。本章实验可以采用直接传输模式，不需要使用 FIFO 模式，所以配置为 DMA_ FIFOMODE_ DISABLE。

　　FIFOThreshold：用来选择 FIFO 阈值，可选择为 FIFO 容量的 1/4，1/2，3/4 以及 1 倍（满），通过 DMA_ SxFCR 寄存器的 FTH［1：0］位来设定。如果未开启 FIFO 模式，FIFO 阈值的设置是无效的，本章可以随便设置一个阈值，如 DMA_ FIFO_ THRESHOLD_ FULL。

　　MemBurst：存储器突发模式选择，可以选择为 4 个节拍的增量突发传输 DMA_ MBURST_ INC4、8 个节拍的增量突发传输 DMA_ MBURST_ INC8、16 个节拍的增量突发传输 DMA_ MBURST_ INC16 以及单次传输 DMA_ MBURST_ SINGLE，可通过 DMA_ SxCR 寄存器的 MBURST［1：0］位来设定。本实验中采用的是单次传输模式，即配置为 DMA_ MBURST_ SINGLE。

　　PeriphBurst：外设突发模式选择，可以选择为单次传输 DMA_ PBURST_ SINGLE、4 个节拍的增量突发传输 DMA_ PBURST_ INC4、8 个节拍的增量突发传输 DMA_ PBURST_ INC8、16 个节拍的增量突发传输 DMA_ PBURST_ INC16，可通过 DMA_ SxCR 寄存器的 PBURST［1：0］位来设定。本章中采用的是单次传输模式，即配置为 DMA_ PBURST_ SINGLE。

　　了解结构体成员功能后，就可以进行配置，本配置代码如下：

DMA_HandleTypeDef UART1TxDMA_Handler; //DMA 句柄

　　__HAL_RCC_DMA1_CLK_ENABLE( ); //DMA1 时钟使能

　　__HAL_LINKDMA(&UART1_Handler,hdmatx,UART1TxDMA_Handler); //将 DMA 与 USART1 联系起来(发送 DMA)

　　//Tx DMA 配置

UART1TxDMA_Handler. Instance = chx; //通道选择

UART1TxDMA_Handler. Init. Direction = DMA_MEMORY_TO_PERIPH; //存储器到外设

UART1TxDMA_Handler. Init. PeriphInc = DMA_PINC_DISABLE; //外设非增量模式

UART1TxDMA_Handler. Init. MemInc = DMA_MINC_ENABLE; //存储器增量模式

UART1TxDMA_Handler. Init. PeriphDataAlignment = DMA_PDATAALIGN_BYTE; //外设数据长度:8 位

UART1TxDMA_Handler. Init. MemDataAlignment = DMA_MDATAALIGN_BYTE;//存储器数据长度:8 位

UART1TxDMA_Handler. Init. Mode = DMA_NORMAL; //外设普通模式

UART1TxDMA_Handler. Init. Priority = DMA_PRIORITY_MEDIUM; //中等优先级

HAL_DMA_DeInit(&UART1TxDMA_Handler);

HAL_DMA_Init(&UART1TxDMA_Handler);

　　HAL 库为了处理各类外设的 DMA 请求，在调用相关函数之前，需要调用一个宏定义标识符，来连接 DMA 和外设句柄。例如要使用串口 DMA 发送，所以方式为：

　　__HAL_LINKDMA(&UART1_Handler,hdmatx,UART1TxDMA_Handler);

　　这句话的含义是把 UART1_ Handler 句柄的成员变量 hdmatx 和 DMA 句柄 UART1TxDMA_ Handler 连

接起来，是纯软件处理，没有任何硬件操作。其中 UART1_ Handler 是串口 1 初始化句柄，在 usart. c 中定义过了，而且是全局变量。UART1TxDMA_ Handler 是 DMA 初始化句柄。hdmatx 是外设句柄结构体的成员变量，在这里实际就是 UART1_ Handler 的成员变量。在 HAL 库中，任何一个可以使用 DMA 的外设，它的初始化结构体句柄都会有一个 DMA_ HandleTypeDef 指针类型的成员变量，是 HAL 库用来做相关指向的。hdmatx 就是 DMA_ HandleTypeDef 结构体指针类型。

3. 使能串口的 DMA 发送　初始化 DMA 后，要使用串口 DMA 发送还必须使能它，HAL 库中并没有提供开使能串口的 DMA 发送的功能函数，因此需要自己来实现，可直接操作对应外设数据传输控制寄存器实现。比如串口 1 的 DMA 发送实际是串口控制寄存器 CR3 的位 7 来控制的，操作方法如下：

USART1 -> CR3 | = USART_CR3_DMAT;//使能串口 1 的 DMA 发送

但是 HAL 库提供了对串口的 DMA 发送的停止、暂停、继续等操作函数，如下：

HAL_StatusTypeDef HAL_UART_DMAStop(UART_HandleTypeDef * huart)；//停止

HAL_StatusTypeDef HAL_UART_DMAPause(UART_HandleTypeDef * huart)；//暂停

HAL_StatusTypeDef HAL_UART_DMAResume(UART_HandleTypeDef * huart)；//恢复

4. 开启 DMA 的通道传输　初始化 DMA 后，要使用 DMA 还必须开启它，开启 DMA 数据流传输的库函数为：

HAL_StatusTypeDef　　HAL_DMA_Start(DMA_HandleTypeDef　　* hdma, uint32_tSrcAddress, uint32_t DstAddress, uint32_t DataLength)；

该函数很简单，有四个入口参数。第一个参数是 DMA 句柄，第二个是传输源地址，第三个是传输目标地址，第四个是传输的数据长度。

5. 查询 DMA 传输状态　通过以上四步设置，可以启动一次 DMA 传输。但是在 DMA 传输过程中，还需要查询 DMA 传输通道的状态，例如要查询 DMA1 数据流 4 传输是否完成，使用的方法是：

__HAL_DMA_GET_FLAG(&UART1TxDMA_Handler, DMA_FLAG_TC4)；

HAL 库中，还提供了获取 DMA 数据流当前剩余数据量大小的方法，如下：

__HAL_DMA_SET_COUNTER(&UART1TxDMA_Handler, 1000)；

将以上几步全部配置好后，就可以使用 DMA 来传输对应外设的数据了。

当然，对于 DMA 也是有中断功能的。DMA 中断对于每个流都有一个中断服务函数，比如 DMA1_ Channel4 的中断服务函数为 DMA1_ Channel4_ IRQHandler。同样，HAL 库也提供了一个通用的 DMA 中断处理函数 HAL_ DMA_ IRQHandler，在该函数内部，会对 DMA 传输状态进行分析，然后调用相应的中断处理回调函数：

void HAL_UART_TxCpltCallback(UART_HandleTypeDef * huart);//发送完成回调函数

void HAL_UART_TxHalfCpltCallback(UART_HandleTypeDef * huart);//发送一半回调函数

void HAL_UART_RxCpltCallback(UART_HandleTypeDef * huart);//接收完成回调函数

void HAL_UART_RxHalfCpltCallback(UART_HandleTypeDef * huart);//接收一半回调函数

void HAL_UART_ErrorCallback(UART_HandleTypeDef * huart);//传输出错回调函数

对于串口 DMA 开启、使能数据流、启动传输这些步骤，如果使用了中断，可以直接调用 HAL 库函数 HAL_ USART_ Transmit_ DMA，该函数声明如下：

HAL_StatusTypeDef　　HAL_USART_Transmit_DMA(USART_HandleTypeDef * husart, uint8_t * pTxData, uint16_t Size)；

将以上几步全部配置好后，就可以使用 DMA 来传输对应外设的数据了。

第五节　DMA 应用

要使用 DMA，必须先对它进行配置。初始化代码如下：

DMA_HandleTypeDef UART1TxDMA_Handler; //DMA 句柄

//DMA1 的各通道配置

//这里的传输形式是固定的,这点要根据不同的情况来修改

//从存储器 -> 外设模式/8 位数据宽度/存储器增量模式

//chx:DMA 通道选择,DMA1_Channel1 ~ DMA1_Channel7

void DMAx_Init(DMA_Channel_TypeDef * chx)

{

__HAL_RCC_DMA1_CLK_ENABLE( ); //DMA1 时钟使能

__HAL_LINKDMA(&UART1_Handler,hdmatx,UART1TxDMA_Handler); //将 DMA 与 USART1 联系起来(发送 DMA)

//Tx DMA 配置

UART1TxDMA_Handler. Instance = chx; //通道选择

UART1TxDMA_Handler. Init. Direction = DMA_MEMORY_TO_PERIPH; //存储器到外设

UART1TxDMA_Handler. Init. PeriphInc = DMA_PINC_DISABLE; //外设非增量模式

UART1TxDMA_Handler. Init. MemInc = DMA_MINC_ENABLE; //存储器增量模式

UART1TxDMA_Handler. Init. PeriphDataAlignment = DMA_PDATAALIGN_BYTE; //外设数据长度:8 位

UART1TxDMA_Handler. Init. MemDataAlignment = DMA_MDATAALIGN_BYTE;//存储器数据长度:8 位

UART1TxDMA_Handler. Init. Mode = DMA_NORMAL; //外设普通模式

UART1TxDMA_Handler. Init. Priority = DMA_PRIORITY_MEDIUM; //中等优先级

HAL_DMA_DeInit(&UART1TxDMA_Handler);

HAL_DMA_Init(&UART1TxDMA_Handler);

}

在 DMAx_ Init ( ) 函数中，首先使能 DMA1 时钟，然后初始化 DMA 各参数，即配置 DMA_ HandleTypeDef 结构体，初始化 DMA 通道。通道的选择由函数参数 chx 传递进来。这样做的好处是方便修改开启 DMA 传输函数。

配置好 DMA 后，需要开启它，代码如下：

//开启一次 DMA 传输

//huart:串口句柄

//pData:传输的数据指针

//Size:传输的数据量

void DMAx_USART_Transmit(UART_HandleTypeDef * huart, uint8_t * pData, uint16_t Size)

{

HAL_DMA_Start(huart -> hdmatx,(u32) pData,(uint32_t) &huart -> Instance -> DR,Size); //开启 DMA 传输

huart -> Instance -> CR3 | = USART_CR3_DMAT; //使能串口 DMA 发送

}

　　此函数功能很简单，直接调用 HAL_DMA_Start 函数开启 DMA 传输，然后通过操作 USART1 的 CR3 控制寄存器，直接使能串口 DMA 发送。函数带有三个形参：第一个是串口句柄，第二个是传输的数据指针，第三个是传输的数据量。

　　主函数。编写好 DMA 的初始化和使能函数后，接下来就可以编写主函数了，代码如下：

```c
#include "system.h"
#include "SysTick.h"
#include "usart.h"
#include "led.h"
#include "key.h"
#include "dma.h"
#define SEND_BUF_SIZE 5000
u8 send_buf[SEND_BUF_SIZE];
void Send_Data_Init(u8 *p)
{
u16 i;
for(i=0;i<SEND_BUF_SIZE;i++)
{
*p='5';
p++;
}
}
int main()
{
u8 i=0;
u8 key=0;
HAL_Init(); //初始化 HAL 库
SystemClock_Init(RCC_PLL_MUL9); //设置时钟,72M
SysTick_Init(72);
USART1_Init(115200);
LED_Init();
KEY_Init();
DMAx_Init(DMA1_Channel4);//初始化 DMA
Send_Data_Init(send_buf);
while(1)
{
key=KEY_Scan(0);
if(key==KEY_UP_PRESS)
{
printf("Start Transimit...\r\n");
HAL_UART_Transmit_DMA(&UART1_Handler,send_buf,SEND_BUF_SIZE); //启动传输
```

```
//等待 DMA 传输完成,此时可以做另外一些事
//实际应用中,传输数据期间,可以执行另外的任务
while(1)
{
if(__HAL_DMA_GET_FLAG(&UART1TxDMA_Handler,DMA_FLAG_TC4))//等待 DMA1 通道 4 传输完成
{
__HAL_DMA_CLEAR_FLAG(&UART1TxDMA_Handler,DMA_FLAG_TC4); //清除 DMA1 通道 4 传输
完成标志
HAL_UART_DMAStop(&UART1_Handler); //传输完成以后关闭串口 DMA
break;
}
LED2 =! LED2;
delay_ms(300);
}
printf(" \r\nTransimit Finished! \r\n");
}
i ++;
if(i%20 ==0)
{
LED1 =! LED1;
}
delay_ms(10);
}
}
```

主函数实现首先调用之前编写好的硬件初始化函数，包括 SysTick 系统时钟、中断分组、LED 初始化等。然后调用前面编写的 DMAx_ Init 函数，由于 USART1_ TX 是在 DMA1 的通道 4 中，所以通道选择为 DMA1_ Channel4。存储器地址为 send_ buf（数组名就是数组的地址），这个是自定义的一个 u8 类型数组，数组大小为 SEND_ BUF_ SIZE，这也是定义的一个宏，值为 5000。然后调用 Send_ Data_ Init 函数，此函数功能是将数组 send_ buf 内所有成员全部赋值为字符 5。

最后进入 while 循环，调用 KEY_ Scan 函数，不断检测 KEY_ UP 按键是否按下，如果 KEY_ UP 按键按下，启动一次 USART_ TX 的 DMA 传输，在传输的过程中让 CPU 控制 LED1 指示灯闪烁，直到 DMA 数据传输完成。LED0 指示灯间隔 200ms 闪烁，提示系统正常运行。

目标检测

答案解析

一、单选题

1. DMA 的主要作用是（　　）

　A. 处理中断请求　　　　　　　　　　　B. 实现外设之间的通信

　C. 控制时钟频率　　　　　　　　　　　D. 加速内存访问

2. DMA 可以减轻 CPU 的负担，原因是（ ）

    A. DMA 可以处理中断请求

    B. DMA 可以提高时钟频率

    C. DMA 可以实现硬件加速

    D. DMA 可以直接访问内存而无须 CPU 干预

3. DMA 传输数据时，数据的传输方向是由（ ）

    A. DMA 控制器配置

    B. CPU 控制

    C. 外设控制

    D. 中断控制

4. DMA 通道的数量通常取决于（ ）

    A. 外设的数量

    B. DMA 控制器的数量

    C. 内存的大小

    D. 外设和内存的连接方式

5. DMA 传输数据时，数据缓冲区的地址通常是（ ）

    A. CPU 寄存器

    B. 外设寄存器

    C. 内存地址

    D. DMA 控制器地址

6. DMA 的工作模式中，DMA 传输会持续不断的是（ ）

    A. 单次传输模式

    B. 循环传输模式

    C. 间断传输模式

    D. 突发传输模式

7. DMA 的通道优先级用于（ ）

    A. 确定 DMA 传输的速度

    B. 确定 DMA 传输的方向

    C. 确定 DMA 通道的触发顺序

    D. 确定 DMA 通道的数据长度

8. DMA 传输数据时，数据传输速率通常受到（ ）限制

    A. DMA 控制器的工作频率

    B. CPU 的工作频率

    C. 外设的工作频率

    D. 数据总线的宽度

9. DMA 在 STM32F103 系列微控制器中使用的外设是（ ）

    A. DMA1   B. DMA2   C. TIM1   D. USART1

10. DMA 的中断标志位通常是（ ）

    A. TEIF   B. GIF   C. TCIF   D. HTIF

11. DMA 传输过程中，如果发生错误，通常由（ ）标志位表示

    A. TEIF   B. GIF   C. TCIF   D. HTIF

12. 在 STM32 标准库中，用于初始化 DMA 通道的函数是（ ）

    A. DMA_ Init（）

    B. DMA_ ChannelConfig（）

    C. DMA_ Config（）

    D. DMA_ ChannelInit（）

13. 在 STM32 标准库中，用于启动 DMA 传输的函数是（ ）

    A. DMA_ Start（）

    B. DMA_ Enable（）

    C. DMA_ Cmd（）

    D. DMA_ Transfer（）

14. 在 STM32 标准库中，用于设置 DMA 传输方向的函数是（ ）

    A. DMA_ SetDirection（）

    B. DMA_ SetTransferDirection（）

    C. DMA_ TransferDirectionConfig（）

    D. DMA_ ConfigDirection（）

15. 在 STM32 标准库中，用于设置 DMA 传输缓冲区地址的函数是（ ）

    A. DMA_ SetMemoryAddress（）

    B. DMA_ SetBufferAddress（）

    C. DMA_ SetMemoryBuffer（）

    D. DMA_ SetPeriphAddress（）

16. 在 STM32 标准库中，用于设置 DMA 传输数据大小的函数是（　　）

    A. DMA_ SetTransferSize（）   B. DMA_ SetDataSize（）

    C. DMA_ SetBufferSize（）   D. DMA_ SetDataLength（）

17. 在 STM32 标准库中，用于启用 DMA 通道中断的函数是（　　）

    A. DMA_ EnableIT（）   B. DMA_ ITConfig（）

    C. DMA_ SetIT（）   D. DMA_ ConfigIT（）

18. 在 STM32 标准库中，用于获取 DMA 通道传输完成状态的函数是（　　）

    A. DMA_ GetFlagStatus（）   B. DMA_ FlagStatus（）

    C. DMA_ CheckStatus（）   D. DMA_ GetStatus（）

19. 在 STM32 标准库中，用于清除 DMA 通道传输完成标志的函数是（　　）

    A. DMA_ ClearFlag（）   B. DMA_ ClearITPendingBit（）

    C. DMA_ ClearStatus（）   D. DMA_ ClearFlagStatus（）

20. 在 STM32 标准库中，用于禁用 DMA 通道的函数是（　　）

    A. DMA_ Disable（）   B. DMA_ Stop（）

    C. DMA_ Cmd（）   D. DMA_ DisableChannel（）

21. 在 STM32 标准库中，用于获取 DMA 通道当前传输的数据量的函数是（　　）

    A. DMA_ GetDataCounter（）   B. DMA_ GetCounter（）

    C. DMA_ ReadDataCounter（）   D. DMA_ CurrentDataCounter（）

二、简答题

1. 简要解释 DMA 的作用及其工作原理。

2. 描述 DMA 传输数据时的数据传输方向是如何确定的。

3. 简述 DMA 传输数据时的工作流程。

4. DMA 的循环传输模式和单次传输模式有何区别？

5. DMA 传输过程中可能发生的错误有哪些？

三、编程题

使用 STM32 标准库函数配置 DMA 进行内存到内存传输。

书网融合……

本章小结

第十章 看门狗

学习目标

1. 掌握 STM32F103 看门狗的原理和工作机制，包括独立看门狗（IWDG）和窗口看门狗（WWDG）的使用方法；看门狗在嵌入式系统中的重要性；如何通过看门狗提高系统的稳定性和可靠性。

2. 熟悉 配置 STM32F103 看门狗的标准库函数及其参数设置，能够根据实际需求设定看门狗的超时时间和其他参数。

3. 了解 不同类型看门狗（IWDG 和 WWDG）各自的特点、优缺点以及适用场景。

4. 能够编写代码实现看门狗的喂狗操作，以防止系统在正常运行时被看门狗复位；具有在系统异常情况下利用看门狗实现自动复位的能力，确保系统能够及时恢复正常运行状态。

5. 培养注重系统的稳定性和可靠性，在项目开发中养成良好的代码编写习惯，及时处理异常情况；培养在工程实践中灵活应用硬件功能，如看门狗机制，提高系统的鲁棒性和抗干扰能力。

⇒ **实例分析** --

实例 假设你正在开发一个远程环境监测系统，该系统需要在无人值守的环境中长时间运行，监测温湿度、气压等环境参数并定期发送数据到服务器。为了确保系统在发生异常（如程序跑飞或卡死）时能够自动恢复正常，需要使用 STM32F103 的看门狗（Watchdog）来实现自动复位功能。

看门狗是一种重要的硬件功能，它可以在系统出现异常时通过自动复位来恢复正常运行，从而提高系统的可靠性和稳定性。在这个项目中，我们将使用 STM32F103 的独立看门狗（IWDG）来实现对系统的监控和自动复位。

问题 1. 如何配置 STM32F103 的独立看门狗（IWDG）以实现对系统的监控？

　　　　2. 如何编写代码实现喂狗操作，以防止系统在正常运行时被复位？

第一节 独立看门狗（IWDG）

一、IWDG 概述

STM32F10xxx 内置两个看门狗，提供了更高的安全性、时间的精确性和使用的灵活性。两个看门狗设备（独立看门狗和窗口看门狗）可用来检测和解决由软件错误引起的故障；当计数器达到给定的超时值时，触发一个中断（仅适用于窗口型看门狗）或产生系统复位。

独立看门狗（IWDG）由专用的低速时钟（LSI）驱动，即使主时钟发生故障它也仍然有效。窗口看门狗由从 APB1 时钟分频后得到的时钟驱动，通过可配置的时间窗口来检测应用程序非正常的过迟或过早的操作。

IWDG 最适合应用于那些需要看门狗作为一个在主程序之外，能够完全独立工作，并且对时间精度要求较低的场合。WWDG 最适合那些要求看门狗在精确计时窗口起作用的应用程序。

独立看门狗简单理解其实就是一个 12 位递减计数器，当计数器从某一个值递减到 0 时（如果看门狗已激活），系统就会产生一次复位。如果在计数器递减到 0 之前刷新了计数器值，那么系统就不会产生复位。这个刷新计数器值的过程称为"喂狗"。看门狗功能由 VDD 电压域供电，在停止模式和待机模式下仍能工作。

二、IWDG 结构框图

独立看门狗结构框图如图 10 - 1 所示。

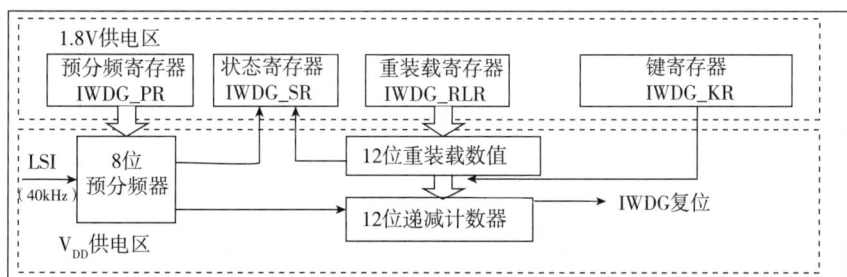

图 10 - 1　独立看门狗框图

1. IWDG 时钟　独立看门狗（IWDG）由其专用低速时钟（LSI）驱动，因此即便在主时钟发生故障时仍然保持工作状态。在介绍时钟树时，介绍过 LSI，其频率一般在 30 ~ 60kHz 之间，通常选择 40kHz 作为 IWDG 时钟。由于 LSI 的时钟频率并不非常精确，所以独立看门狗只适用于对时间精度要求比较低的场合。

2. 预分频器寄存器　LSI 时钟并不是直接提供给计数器时钟，而是通过一个八位预分频寄存器 IWDG_ PR 分频后输入给计数器时钟。可以操作 IWDG_PR 寄存器来设置分频因子，分频因子可以为 4、8、16、32、64、128、256。

分频后的计数器时钟为：CK_ CNT = 40/ 4 * 2^PRE，PRE 为预分频系数（0 - 6），4 * 2^PRE 大小就是 4、8、16、32、64、128、256 值。每经过一个计数器时钟，计数器就减 1。

3. 计数器　独立看门狗的计数器是一个 12 位的递减计数器，计数最大值为 0XFFF，当递减到 0 时，会产生一个复位信号，让系统重新启动运行，如果在计数器减到 0 之前刷新了计数器值的话，就不会产生复位信号，这个刷新计数器值过程称为"喂狗"。

4. 重装载寄存器　是一个 12 位的寄存器，里面装着要刷新到计数器的值，这个值的大小决定着独立看门狗的溢出时间。溢出时间 Tout = (4 * 2^pre)/40 * rlr(ms)，pre 是预分频器系数（0 - 6），rlr 是重装载寄存器的值，公式内的 40 是独立看门狗的时钟。

比如设置 pre = 4，rlr = 800，那么独立看门狗溢出时间是 1280ms，也就是说如果在 1280ms 内没有进行喂狗，那么系统将进行重启，即程序重新开始运行。

5. 密钥寄存器（IWDG_ KR）　也称为关键字寄存器或键寄存器。此寄存器可以说是 IWDG 的一个控制寄存器。往该寄存器写入三种值会有三种控制效果。

（1）写入 0X5555　由于 IWDG_ PR 和 IWDG_ RLR 寄存器具有写访问保护。若要修改寄存器，必须首先对 IWDG_ KR 寄存器写入代码 0x5555。若写入其他值将重启写保护。

（2）写入 0XAAAA   把 IWDG_ RLR 寄存器内值重装载到计数器中。

（3）写入 0XCCCC   启动 IWDG 功能。此方式属于软件启动，一旦开启独立看门狗，它就关不掉，只有复位才能关掉。

6. 状态寄存器   IWDG_ SR 只有位 0：PVU 和位 1：RVU 有效，这两位只能由硬件操作。RVU：看门狗计数器重装载值更新，硬件置 1 表示重装载值的更新正在进行中，更新完毕之后由硬件清 0。PVU：看门狗预分频值更新，硬件置 1 表示预分频值的更新正在进行中，当更新完成后，由硬件清 0。所以只有当 RVU/PVU 等于 0 的时候才可以更新重装载寄存器/预分频寄存器（表 10 – 1）。

表 10 – 1   寄存器

寄存器	描述
KR	IWDG 键值寄存器
PR	IWDG 预分频寄存器
RLR	IWDG 重装载寄存器
SR	IWDG 状态寄存器

第二节   IWDG 库函数

IWDG 操作的库函数及描述见表 10 – 2，详细库函数介绍可以参考 ST 公司的资料手册。

表 10 – 2   库函数

函数名	描述
IWDG_WriteAccessCmd	使能或者失能对寄存器 IWDG_PR 和 IWDG_RLR 的写操作
IWDG_SetPrescaler	设置 IWDG 预分频值
IWDG_SetReload	设置 IWDG 重装载值
IWDG_ReloadCounter	按照 IWDG 重装载寄存器的值重装载 IWDG 计数器
IWDG_Enable	使能 IWDG
IWDG_GetFlagStatus	检查指定的 IWDG 标志位被设置与否

第三节   IWDG 配置

接下来我们介绍下如何使用库函数对 IWDG 进行配置。这个也是在编写程序中必须要了解的。具体步骤如下（IWDG 相关库函数在 stm32f10x_ iwdg. c 和 stm32f10x_ iwdg. h 文件中）。

1. 开启寄存器访问（给 IWDG_ KR 寄存器写入 0X5555）   通过前面内容的介绍，我们知道 IWDG_ PR 和 IWDG_ RLR 寄存器具有写访问保护。若要修改寄存器，必须首先对 IWDG_ KR 寄存器写入代码 0x5555，如果写入其他的值将重新开启写保护。在库函数中实现函数如下：

IWDG_WriteAccessCmd(IWDG_WriteAccess_Enable)；//取消寄存器写保护

这个函数非常简单，里面的参数就是用来使能或失能写访问，即开启或关闭写访。

2. 设置 IWDG 预分频系数和重装载值

设置 IWDG 预分频系数函数为：

void IWDG_SetPrescaler(uint8_t IWDG_Prescaler) ; //设置 IWDG 预分频值

设置 IWDG 重装载值函数为：

void IWDG_SetReload(uint16_t Reload) ; //设置 IWDG 重装载值

设置好 IWDG 的分频系数 pre 和重装载值就可以知道独立看门狗的喂狗时间，也就是看门狗溢出时间，该时间的计算公式前面已经介绍，公式如下：

Tout = (4 * 2^pre)/40 * rlr

其中 Tout 为独立看门狗溢出时间，单位是 ms。pre 是预分频器系数（0 - 6），rlr 是重装载寄存器的值，公式内的 40 是独立看门狗的时钟。

例如设置 pre = 4，rlr = 800，那么独立看门狗溢出时间是 1280ms，只要在 1280ms 之内，有一次写入 0XAAAA 到 IWDG_ KR，就不会导致看门狗复位（当然写入多次也是可以的）。这里需要提醒大家的是，看门狗的时钟不是准确的 40kHz，所以在喂狗的时候，最好不要太晚了，否则有可能发生看门狗复位。

3. 重载计数器值（喂狗）（给 IWDG_ KR 寄存器写入 0XAAAA）　重载计数器值（喂狗）库函数是：

IWDG_ReloadCounter( ) ; //重装载初值

此函数功能是将 IWDG_ RLR 寄存器内值重新加载到独立看门狗计数器内，实现喂狗操作。

4. 开启 IWDG（给 IWDG_ KR 寄存器写入 0XCCCC）　要使用独立看门狗，我们还需要打开它，开启 IWDG 的库函数是：

IWDG_Enable( ) ; //打开独立看门狗

这里提醒下大家：IWDG 在一旦启用，就不能再被关闭，想要关闭，只能重启，并且重启之后不能打开 IWDG，否则问题依旧存在。所以如果不用 IWDG 的话，就不要去打开它，避免麻烦。

通过以上几步配置好后，我们就可以正常使用独立看门狗了，我们需要在规定的时间内喂狗，否则系统就会重新启动。

第四节　IWDG 应用

假定通过 KEY1 按键进行喂狗，喂狗的时候 D1 点亮，同时串口输出"喂狗"提示信息，超过喂狗时间系统重启 D1 熄灭，同时串口输出"复位系统"提示信息，同时使用 D2 指示灯闪烁表示系统运行。程序框架如下：①初始化 IWDG（开启 IWDG，设置溢出时间）；②编写主函数。

在前面介绍 IWDG 配置步骤时，就已经讲解如何开启 IWDG、设置溢出时间。在 APP 工程组中添加 iwdg.c 文件，在 StdPeriph_ Driver 工程组中添加 stm32f10x_ iwdg.c 库文件。独立看门狗操作的库函数都放在 stm32f10x_ iwdg.c 和 stm32f10x_ iwdg.h 文件中，所以使用到独立看门狗就必须加入 stm32f10x_ iwdg.c 文件，同时还要包含对应的头文件路径。

1. IWDG 初始化函数　要使用 IWDG，必须先对它进行配置。IWDG 初始化代码如下：

void IWDG_Init(u8 pre, u16 rlr)

{

IWDG_WriteAccessCmd(IWDG_WriteAccess_Enable) ; //取消寄存器写保护

IWDG_SetPrescaler(pre) ; //设置预分频系数 0 - 6

IWDG_SetReload(rlr) ; //设置重装载值

```
IWDG_ReloadCounter( ); //重装载初值
IWDG_Enable( ); //打开独立看门狗
}
```

在 IWDG_ Init（）函数中，首先打开 IWDG 写访问，设置 IWDG 的预分频系数和重装载值，然后将重装载寄存器中的值加载到独立看门狗计数器中，最后开启独立看门狗。这一过程在前面配置步骤中已经介绍过。

IWDG_ Init（）函数有两个参数，用来设置 IWDG 的分频系数和重装载值，方便修改独立看门狗溢出时间。

2. 主函数 完成好独立看门狗初始化函数后，接下来就可以编写主函数了，代码如下：

```
#include " system. h"
#include " SysTick. h"
#include " led. h"
#include " usart. h"
#include " key. h"
#include " iwdg. h"
int main( )
{
u8 i =0;
SysTick_Init(72);
NVIC_PriorityGroupConfig( NVIC_PriorityGroup_2); //中断优先级分组分 2 组
USART1_Init(115200);
LED_Init( );
KEY_Init( );
IWDG_Init(4,800); //只要在 1280ms 内进行喂狗就不会复位系统
LED1 =1;
printf("复位系统\r\n");
while(1)
{
if( KEY_Scan(0) ==KEY1_PRESS)
{
IWDG_FeedDog( );//喂狗
LED1 =0;
printf("喂狗\r\n");
}
i ++ ;
if( i%10 =0)
LED0 =! LED0;
delay_ms(10);
}}
```

主函数实现的功能很简单，首先调用之前编写好的硬件初始化函数，包括 SysTick 系统时钟，中断分组，LED 初始化等。然后调用我们前面编写的 IWDG 初始化函数，这里我们设定预分频系数为 4，重装载值为 800，独立看门狗溢出时间即为 1280ms。然后熄灭 D1 指示灯，同时通过 printf 函数输出一串字符提示。最后进入 while 循环语句，不断让 D2 指示灯间隔 100ms 闪烁，同时不断检测 KEY1 按键是否按下，如果按键按下进行喂狗，同时 D1 指示灯亮，串口输出"喂狗"信息，如果在独立看门狗溢出时间前没有喂狗，也就是说在 1280ms 内没有按下 KEY1 按键，系统将复位，此时 D1 指示灯灭，串口输出"复位系统"信息。其中调用了 IWDG_ FeedDog（）函数，这个是我们自己封装的一个函数，里面就是一个喂狗函数：IWDG_ ReloadCounter（）; //重装载初值

第五节　窗口看门狗（WWDG）

一、WWDG 概述

窗口看门狗通常被用来监测，由外部干扰或不可预见的逻辑条件造成的应用程序背离正常的运行序列而产生的软件故障。除非递减计数器的值在 T6 位变成 0 前被刷新，看门狗电路在达到预置的时间周期时，会产生一个 MCU 复位。在递减计数器达到窗口寄存器数值之前，如果 7 位的递减计数器数值（在控制寄存器中）被刷新，那么也将产生一个 MCU 复位。这表明递减计数器需要在一个有限的时间窗口中被刷新。

二、WWDG 功能描述

如果看门狗被启动（WWDG_ CR 寄存器中的 WDGA 位被置 '1'），并且当 7 位（T [6：0]）递减计数器从 0x40 翻转到 0x3F（T6 位清零）时，则产生一个复位。如果软件在计数器值大于窗口寄存器中的数值时重新装载计数器，将产生一个复位。

应用程序在正常运行过程中必须定期地写入 WWDG_ CR 寄存器以防止 MCU 发生复位。只有当计数器值小于窗口寄存器的值时，才能进行写操作。储存在 WWDG_ CR 寄存器中的数值必须在 0xFF 和 0xC0 之间。

启动看门狗：在系统复位后，看门狗总是处于关闭状态，设置 WWDG_ CR 寄存器的 WDGA 位能够开启看门狗，随后它不能再被关闭，除非发生复位。

控制递减计数器：递减计数器处于自由运行状态，即使看门狗被禁止，递减计数器仍继续递减计数。当看门狗被启用时，T6 位必须被设置，以防止立即产生一个复位。

T [5：0] 位包含了看门狗产生复位之前的计时数目；复位前的延时时间在一个最小值和一个最大值之间变化，这是因为写入 WWDG_ CR 寄存器时，预分频值是未知的。

配置寄存器（WWDG_ CFR）中包含窗口的上限值：要避免产生复位，递减计数器必须在其值小于窗口寄存器的数值并且大于 0x3F 时被重新装载，0 描述了窗口寄存器的工作过程。

另一个重装载计数器的方法是利用早期唤醒中断（EWI）。设置 WWDG_ CFR 寄存器中的 WEI 位开启该中断。当递减计数器到达 0x40 时，则产生此中断，相应的中断服务程序（ISR）可以用来加载计数器以防止 WWDG 复位。在 WWDG_ SR 寄存器中写 '0' 可以清除该中断。功能结构如图 10 - 2 所示。

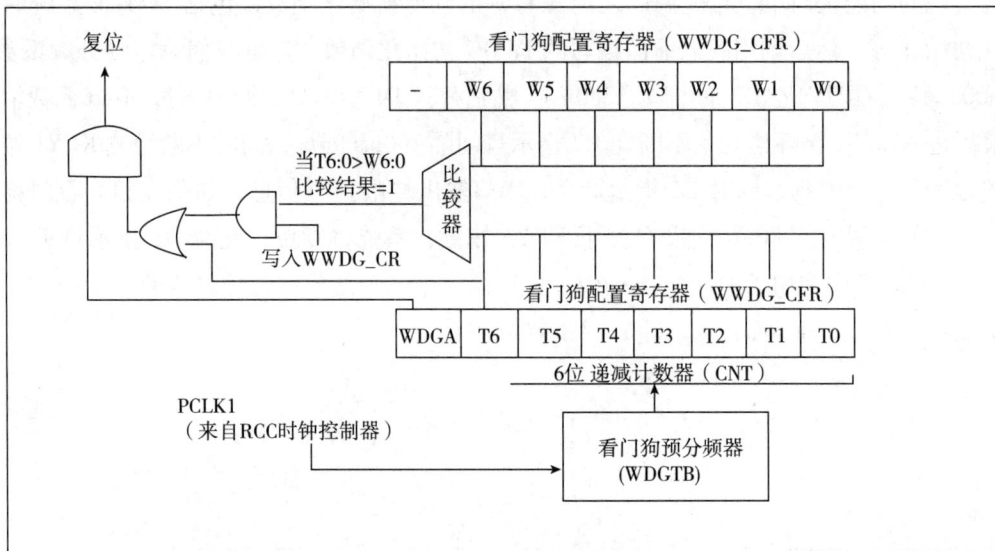

图 10 - 2　看门狗框图

1. WWDG 时钟　窗口看门狗（WWDG）的时钟来自 PCLK1，即挂接在 APB1 总线上，由 RCC 时钟控制器开启。APB1 时钟最大为 36M。

2. WDG 预分频器器　PCLK1 时钟并不是直接提供给窗口看门狗计数器时钟，而是通过一个 WDG 预分频器分频后输入计数器时钟。可以操作配置寄存器 WWDG_ CFR 的位 8：7WDGTB [1：0] 来设置分频因子，分频因子可以为 0、1、2、3。

分频后的计数器时钟为：CK_ CNT = PCLK1/4096/（2^WDGTB），除以 4096 是技术参考手册内公式规定。PCLK1 等于 APB1 时钟，WDGTB 为分频因子（0 - 3），2^WDGTB 大小就是 1、2、4、8，与库函数中的分频参数对应。每经过一个计数器时钟，计数器就减 1。

3. 计数器　窗口看门狗的计数器是一个 7 位的递减计数器，计数最大值为 0X7F，其值存放在控制寄存器 WWDG_ CR 中的 6：0 位，即 T [6：0]。当递减到 T6 位变成 0 时，即从 0X40 变为 0X3F 时候，会产生看门狗复位。这个值 0X40 是窗口看门狗能够递减到的最小值，所以计数器的值只能在 0X40 ~ 0X7F 之间，实际上用来计数的是 T [5：0]。当递减计数器递减到 0X40 的时候，还不会马上产生复位，如果使能了提前唤醒中断，窗口配置寄存器（WWDG_ CFR）位 9 EWI 置 1，则产生提前唤醒中断，也就是在快产生复位的前一段时间提醒 CPU，需要进行喂狗了，否则将复位。通常都是在提前唤醒中断内向 WWDG_ CR 重新写入计数器的值，来达到喂狗的目的。需要注意的是：在进入中断后，必须在不大于 1 个窗口看门狗计数周期的时间（在 PCLK1 频率为 36M 且 WDGTB 为 0 的条件下，该时间为 113μs）内重新写 WWDG_ CR，否则，看门狗将产生复位！

如果不使用提前唤醒中断来喂狗，就要会计算窗口看门狗的超时时间，计算公式如下：

Twwdg = （4096 × 2^WDGTB × （T[5：0] +1）） /PCLK1；

其中：

Twwdg 为窗口看门狗的超时时间，单位为 ms。

PCLK1 为 APB1 的时钟频率，最大 36MHz。

WDGTB 为窗口看门狗的预分频系数。

T [5：0] 为窗口看门狗的计数器低 6 位。

4. 看门狗配置寄存器　窗口看门狗必须在窗口范围内进行喂狗才不会产生复位，窗口中的下窗口值是一个固定值 0X40，上窗口值可以改变，具体的由配置寄存器 WWDG_ CFR 的位 W［6：0］设置。其值必须大于 0X40，如果小于或者等于 0X40 就失去了窗口的意义，而且不能大于计数器的最大值 0X7F。窗口值具体要设置成多大，这个得根据需要监控的程序的运行时间来决定。假如要监控的程序段 A 运行的时间为 Ta，那么当执行完这段程序之后就要进行喂狗，如果在窗口时间内没有喂狗的话，则表明程序可能出问题。一般计数器的值 TR 设置成最大 0X7F，窗口值为 WW，计数器减一个数的时间为 T，那么时间（TR－WW）＊T 略大于 Ta 即可，即刚执行完程序段 A 之后喂狗，起到监控的作用，这样也就可以算出 WW 的值是多少。

5. 系统复位信号 当计数器值超过配置寄存器内的上窗口设置值或者低于下窗口值，并且 WDGA 位置 1，即开启窗口看门狗，将产生一个系统复位信号，促使系统复位。

第六节　WWDG 库函数与寄存器

WWDG 中相关的库函数和寄存器可以参考表 10－3 和表 10－4，更详细信息可以参考 ST 公司资料手册。

表 10－3　WWDG 库函数

函数名	描述
WWDG_DeInit	将外设 WWDG 寄存器重设为缺省值
WWDG_SetPrescaler	设置 WWDG 预分频值
WWDG_SetWindowValue	设置 WWDG 窗口值
WWDG_EnableIT	使能 WWDG 早期唤醒中断（EWI）
WWDG_SetCounter	设置 WWDG 计数器值
WWDG_Enable	使能 WWDG 并装入计数器值
WWDG_GetFlagStatus	检查 WWDG 早期唤醒中断标志位被设置与否
WWDG_ClearFlag	清除早期唤醒中断标志位

表 10－4　WWDG 寄存器

寄存器	描述
CR	WWDG 控制寄存器
CFR	WWDG 设置寄存器
SR	WWDG 状态寄存器

第七节　WWDG 配置

接下来介绍下如何使用库函数对 WWDG 进行配置。这个也是在编写程序中必须要了解的。具体步骤如下（WWDG 相关库函数在 stm32f10x_ wwdg. c 和 stm32f10x_ wwdg. h 文件中）。

1. 使能 WWDG 时钟 WWDG 不同于 IWDG，IWDG 有自己独立的 LSI 时钟，所以不存在使能问题，而 WWDG 使用的是 APB1 时钟，需要先使能时钟。在库函数中实现函数如下：

`RCC_APB1PeriphClockCmd( RCC_APB1Periph_WWDG,ENABLE);`

2. 设置 WWDG 窗口值、分频数

设置 WWDG 窗口值函数为：

void WWDG_SetWindowValue（uint8_t WindowValue）;

窗口值最大值为 0X7F，最小不能低于 0X40，否则就失去了窗口的意义。

设置 WWDG 分频数函数为：

void WWDG_SetPrescaler（uint32_t WWDG_Prescaler）;

分频系数可为 WWDG_ Prescaler_1、WWDG_ Prescaler_2、WWDG_ Prescaler_4、WWDG_ Prescaler_8。

3. 开启 WWDG 中断并分组　通常对窗口看门狗进行喂狗是在提前唤醒中断内操作，因此需要打开 WWDG 的中断功能，并且配置对应的中断通道及分组。中断分组及通道选择是在 NVIC_ Init 初始化内完成，这个在前面章节中都介绍过，这里我们看下使能 WWDG 中断，库函数如下：

WWDG_ EnableIT（）;

4. 设置计数器初始值并使能 WWDG　库函数中提供了一个同时设置计数器初始值和使能 WWDG 的函数，如下：

void WWDG_Enable（uint8_t Counter）;

注意计数器最大值不能大于 0X7F。库函数还提供了一个独立设置计数器值的函数，如下：

void WWDG_SetCounter（uint8_t Counter）;

5. 编写 WWDG 中断服务函数　最后我们还需要编写一个 WWDG 中断服务函数，通过中断函数进行喂狗。WWDG 中断服务函数名在 STM32F1 启动文件内就有，WWDG 中断函数名如下：

WWDG_IRQHandler

在中断内要进行喂狗，可以直接调用 WWDG_ SetCounter（）函数，给它传递一个窗口值即可，特别注意，在中断内喂狗一定要快，否则当看门狗计数器值减到 0X3F 时将产生复位。然后清除 WWDG 中断状态标志位 EWIF，函数如下：

WWDG_ClearFlag（）;//清除窗口看门狗状态标志

通过以上几步配置后，我们就可以正常使用窗口看门狗了，我们需要在中断内快速喂狗，否则系统即会重新启动。

📎 知识链接

系统异常处理

除了看门狗外，嵌入式系统还可以使用以下方法来检测系统异常。

1. 系统自检（built–in self–test，BIST）　在系统启动或运行时执行自检程序，检查系统硬件和软件的完整性和功能性。自检程序可以检测存储器错误、总线错误、外设故障等，有助于发现潜在的硬件故障或异常。

2. 异常事件处理　系统可以通过处理异常事件来检测系统异常。例如，处理器的异常处理机制可以捕获和处理诸如内存访问错误、指令执行错误等异常事件，从而及时响应异常情况并采取相应的措施。

3. 实时监控　通过实时监控系统的运行状态和性能指标来检测系统异常。实时监控可以包括监控系统的功耗、温度、电压等物理量，以及监控系统的性能指标（如 CPU 利用率、内存占用率等），及时发现系统运行异常或超出正常范围的情况。

第八节　WWDG 应用

本例所要实现的功能：系统开启时 D1 指示灯点亮 500ms 时间，然后熄灭。D1 指示灯不断闪烁表示正在喂狗。如果喂狗超时将重启系统，D1 指示灯点亮 500ms，然后熄灭，继续喂狗。程序框架如下：①初始化 WWDG（使能 WWDG 时钟，设置窗口及分频值，使能中断等）；②编写窗口看门狗中断函数；③编写主函数。

1. WWDG 初始化函数

```
void WWDG_Init(void)
{
NVIC_InitTypeDef NVIC_InitStructure;
RCC_APB1PeriphClockCmd(RCC_APB1Periph_WWDG, ENABLE);  //开启窗口看门狗的时钟
WWDG_SetWindowValue(0x5f);  //设置窗口值
WWDG_SetPrescaler(WWDG_Prescaler_8);  //设置分频值
NVIC_InitStructure.NVIC_IRQChannel = WWDG_IRQn;  //窗口中断通道
NVIC_InitStructure.NVIC_IRQChannelPreemptionPriority = 2;  //抢占优先级
NVIC_InitStructure.NVIC_IRQChannelSubPriority = 3;  //子优先级
NVIC_InitStructure.NVIC_IRQChannelCmd = ENABLE;  //IRQ 通道使能
NVIC_Init(&NVIC_InitStructure);  //根据指定的参数初始化 NVIC 寄存器
WWDG_Enable(0x7f);  //使能窗口看门狗并初始化计数器值
WWDG_ClearFlag();  //清除窗口看门狗状态标志(这一句必须加上,否则进入不了中断)
WWDG_EnableIT();  //开启中断
}
```

在 WWDG_Init() 函数中，首先使能 WWDG 时钟，设置 WWDG 窗口值为 0X5F，分频值为 WWDG_Prescaler_8，然后设置中断分组并开启中断，最后设置计数器值为 0X7F 并使能 WWDG。

2. WWDG 中断函数　初始化 WWDG 后，中断就已经开启，当窗口看门狗计数器递减到 0X40 时，就会产生一次提前唤醒中断，具体代码如下：

```
void WWDG_IRQHandler(void)
{
WWDG_SetCounter(0x7f);  //重新赋值
WWDG_ClearFlag();  //清除窗口看门狗状态标志
LED1 =! LED1;
}
```

在中断内必须快速进行喂狗，也就是重新对窗口看门狗计数器赋值。然后清除中断状态标志，这里我们使用一个 D1 指示灯来提示喂狗，如果喂狗 D1 指示灯状态翻转一次。

3. 主函数　完成窗口看门狗初始化和中断函数后，接下来就可以编写主函数了，代码如下：

```
#include "system. h"
#include "SysTick. h"
#include "led. h"
```

```
#include "usart. h"
#include "wwdg. h"
int main()
{
u8 i=0;
SysTick_Init(72);
NVIC_PriorityGroupConfig(NVIC_PriorityGroup_2);//中断优先级分组分 2 组
USART1_Init(115200);
LED_Init();
LED1 =0;
delay_ms(500);
WWDG_Init();
while(1)
{
i++;
if(i%10 ==0)
LED0 =! LED0;
delay_ms(10);
}}
```

主函数实现的功能很简单，首先调用之前编写好的硬件初始化函数，包括 SysTick 系统时钟，中断分组，LED 初始化等。然后让 D1 指示灯点亮 500ms，再调用我们前面编写的 WWDG 初始化函数，最后进入 while 循环，关闭 D1 指示灯。在主函数内并没有看到喂狗操作，这是因为我们使用窗口看门狗中断进行喂狗，当计数器递减到 0X40 时，进入中断喂狗，D1 指示灯状态翻转一次，如果喂狗失败，将使系统复位，那么 D1 指示灯又会点亮 500ms 后熄灭。

目标检测

答案解析

一、单选题

1. IWDG 和 WWDG 的作用是 (　　)
　　A. 控制时钟频率　　　　　　　　　　B. 监视程序运行状态
　　C. 实现串口通信　　　　　　　　　　D. 执行中断请求

2. IWDG 和 WWDG 的计时单位是 (　　)
　　A. 毫秒　　　　　B. 微秒　　　　　C. 秒　　　　　D. 分钟

3. IWDG 和 WWDG 通常在程序中的 (　　) 进行初始化
　　A. 主函数　　　　　　　　　　　　　B. 中断函数
　　C. 启动函数　　　　　　　　　　　　D. 初始化函数

4. IWDG 和 WWDG 在 STM32 中的工作时钟是 (　　)
　　A. 内部时钟　　　　　　　　　　　　B. 外部时钟
　　C. 系统时钟　　　　　　　　　　　　D. 看门狗时钟

5. IWDG 和 WWDG 通常用于检测的错误类型是（ ）

    A. 程序死锁   B. 程序运行缓慢   C. 电源故障   D. 外设故障

6. IWDG 和 WWDG 在计时过程中，如果超出计时范围，通常会发生（ ）

    A. 系统重启   B. 中断请求   C. 异常处理   D. 警告信号

7. IWDG 和 WWDG 的默认状态是（ ）

    A. 启用   B. 禁用   C. 待机   D. 挂起

8. IWDG 和 WWDG 的初始化函数分别是（ ）

    A. IWDG_ Init（）和 WWDG_ Init（）   B. IWDG_ Config（）和 WWDG_ Config（）

    C. IWDG_ Setup（）和 WWDG_ Setup（）   D. IWDG_ Start（）和 WWDG_ Start（）

9. IWDG 和 WWDG 的溢出时间是通过（ ）参数设置的

    A. Reload value   B. Prescaler value   C. Counter value   D. Window value

10. IWDG 和 WWDG 的喂狗操作是通过（ ）函数执行的

    A. IWDG_ Feed（）和 WWDG_ Feed（）

    B. IWDG_ Reload（）和 WWDG_ Reload（）

    C. IWDG_ Restart（）和 WWDG_ Restart（）

    D. IWDG_ Reset（）和 WWDG_ Reset（）

二、简答题

1. 简述独立看门狗（IWDG）的工作原理。

2. 请解释窗口看门狗（WWDG）的窗口宽度是什么意思，以及它如何与应用程序执行时间相关联。

3. 请描述在 STM32 中如何初始化和配置独立看门狗（IWDG）和窗口看门狗（WWDG）。

4. 请说明在程序中如何喂狗，以防止看门狗超时复位系统。

5. 请解释为什么在嵌入式系统中使用看门狗，以及它们如何帮助确保系统的可靠性和稳定性。

三、编程题

使用 STM32F103 的独立看门狗（IWDG）实现一个简单的程序，每隔一段时间喂狗，否则系统将会复位。

书网融合……

本章小结

第十一章 ADC 转换

学习目标

1. 掌握 STM32F103 的 ADC 的工作原理和基本功能；ADC 的采样过程、精度和分辨率等关键概念。

2. 熟悉 STM32F103 的 ADC 模块的寄存器配置和工作模式设置；不同的 ADC 转换模式（单次转换、连续转换等）以及它们的应用场景。

3. 了解 ADC 的输入通道和多路复用功能，以及如何配置和选择输入通道。

4. 学会使用 STM32 标准库函数配置和初始化 ADC 模块；能够根据实际应用需求选择合适的 ADC 转换模式和采样率；具有使用 ADC 进行模拟信号采样和转换的能力，以获取准确的模拟信号数据。

5. 培养对模拟信号采集和转换的理解和应用能力，为数字信号处理和控制提供基础支持；培养实际项目中灵活应用 ADC 进行模拟信号采集的。

⇒ 实例分析

实例 假设你正在开发一个智能环境监测系统，需要测量环境温度并将数据发送到云端进行分析和显示。为了实现温度数据的采集，你决定使用 STM32F103 的模数转换器（ADC）来将模拟温度信号转换为数字数据，并通过串口将数据发送到云端服务器。

问题 1. 如何配置 STM32F103 的 ADC 模块以进行模拟信号的采集？

2. 如何编写代码实现 ADC 转换并将数据发送到云端服务器？

第一节 ADC 概述

一、ADC 的特性

ADC（analog to digital converter）即模数转换器，它可以将模拟信号转换为数字信号。按照其转换原理主要分为逐次逼近型、双积分型、电压频率转换型三种。STM32F1 的 ADC 就是逐次逼近型的模拟数字转换器。

STM32F103 系列一般都有 3 个 ADC，这些 ADC 可以独立使用，也可以使用双重/三重模式（提高采样率）。STM32F1 的 ADC 是 12 位逐次逼近型的模拟数字转换器。它具有多达 18 个复用通道，可测量来自 16 个外部源、2 个内部信号源。这些通道的 A/D 转换可以单次、连续、扫描或间断模式执行。ADC 的结果可以左对齐或右对齐方式存储在 16 位数据寄存器中。ADC 具有模拟看门狗特性，允许应用程序检测输入电压是否超出用户定义的阀值上限或者下限。

STM32F1 的 ADC 主要特性如下。

（1）12 位分辨率。

（2）转换结束、注入转换结束和发生模拟看门狗事件时产生中断。

（3）单次和连续转换模式。

（4）从通道 0 到通道 n 的自动扫描模式。

（5）自校准。

（6）带内嵌数据一致性的数据对齐。

（7）采样间隔可以按通道分别编程。

（8）规则转换和注入转换均有外部触发选项。

（9）间断模式。

（10）双重模式（带 2 个或以上 ADC 的器件。

（11）ADC 转换时间

1）STM32F103xx 增强型产品：时钟为 56MHz 时为 1μs（时钟为 72MHz 时为 1.17μs）。

2）STM32F101xx 基本型产品：时钟为 28MHz 时为 1μs（时钟为 36MHz 时为 1.55μs）。

3）STM32F102xxUSB 型产品：时钟为 48MHz 时为 1.2μs。

4）STM32F105xx 和 STM32F107xx 产品：时钟为 6MHz 时为 1μs（时钟为 72MHz 时为 1.17μs）。

（12）ADC 供电要求：2.4～3.6V。

（13）ADC 输入范围：$V_{REF-} \leqslant VIN \leqslant V_{REF+}$。

（14）规则通道转换期间有 DMA 请求产生。

二、ADC 结构框图

STM32F1 ADC 拥有的多功能，是由 ADC 内部结构所决定。如图 11 –1 所示。

1. 电压输入引脚　ADC 输入电压范围：$V_{REF-} \leqslant VIN \leqslant V_{REF+}$。由 V_{REF-}、V_{REF+}、V_{DDA}、V_{SSA} 这四个外部引脚决定。通常把 V_{SSA} 和 V_{REF-} 接地，把 V_{REF+} 和 V_{DDA} 接 3.3V，因此 ADC 的输入电压范围为 0～3.3V。

如果想让 ADC 测试负电压或者更高的正电压，可以在外部加一个电压调理电路，把需要转换的电压抬升或者降压到 0～3.3V，这样 ADC 就可以测量了。

但一定记住，不要直接将高于 3.3V 的电压接到 ADC 管脚上，那样将可能烧坏芯片。

2. 输入通道　STM32 的 ADC 的输入通道多达 18 个（表 11 –1），其中外部的 16 个通道就是框图中的 ADCx_IN0、ADCx_IN1…ADCx_IN5（x = 1/2/3，表示 ADC 数），通过这 16 个外部通道可以采集模拟信号。这 16 个通道对应着不同的 IO 口，具体是哪一个 IO 口可以从数据手册查询到。其中 ADC1 还有 2 个内部通道：ADC1 的通道 16 连接到了芯片内部的温度传感器，通道 17 连接到了内部参考电压 VREFINT。ADC2 和 ADC3 的通道 16、17 全部连接到了内部的 V_{SS}。

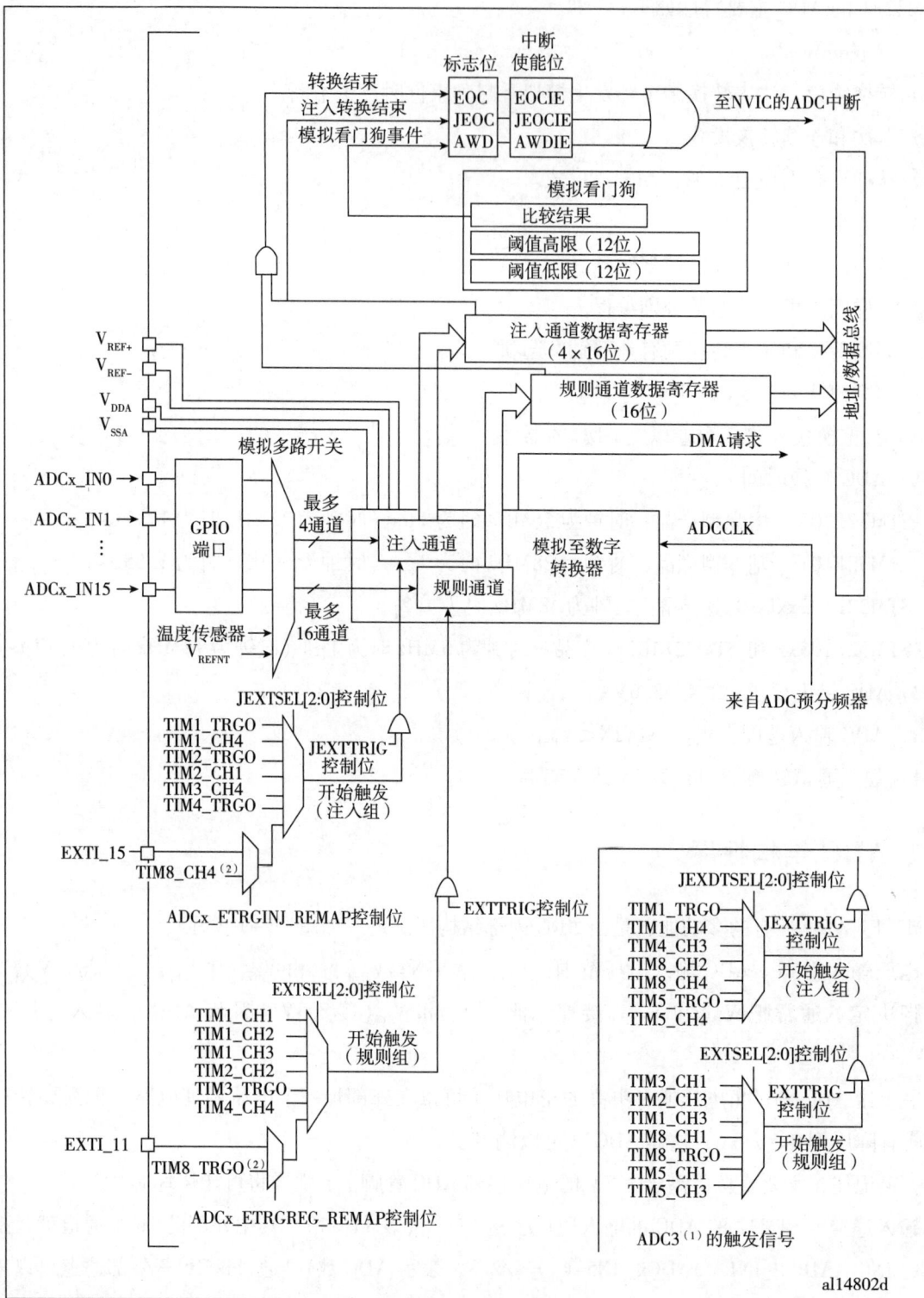

图 11 - 1　ADC 框图

表 11 - 1　AD 转换通道

	ADC1	ADC2	ADC3
通道 0	PA0	PA0	PA0
通道 1	PA1	PA1	PA1

续表

	ADC1	ADC2	ADC3
通道 2	PA2	PA2	PA2
通道 3	PA3	PA3	PA3
通道 4	PA4	PA4	PF6
通道 5	PA5	PA5	PF7
通道 6	PA6	PA6	PF8
通道 7	PA7	PA7	PF9
通道 8	PB0	PB0	PF10
通道 9	PB1	PB1	
通道 10	PC0	PC0	PC0
通道 11	PC1	PC1	PC1
通道 12	PC2	PC2	PC2
通道 13	PC3	PC3	PC3
通道 14	PC4	PC4	
通道 15	PC5	PC5	
通道 16	内部温度传感器		
通道 17	内部参考电压 VREF		

3. 通道转换顺序　外部的 16 个通道在转换的时候可分为 2 组通道：规则通道组和注入通道组，其中规则通道组最多有 16 路，注入通道组最多有 4 路。

（1）规则通道组　从名字来理解，规则通道就是一种规规矩矩的通道，类似于正常执行的程序。通常使用的都是这个通道。

（2）注入通道组　从名字来理解，注入即插入，是一种不安分的通道，类似于中断。当程序正常往下执行时，中断可以打断程序的执行。同样，如果在规则通道转换过程中，有注入通道插队，那么就要先转换完注入通道，等注入通道转换完成后，再回到规则通道的转换流程。

每个组包含一个转换序列，该序列可按任意顺序在任意通道上完成。例如，可按以下顺序对序列进行转换：ADC_IN3、ADC_IN8、ADC_IN2、ADC_IN2、ADC_IN0、ADC_IN2、ADC_IN2、ADC_IN15。

规则通道组序列寄存器有 3 个，分别是 SQR3、SQR2、SQR1。SQR3 控制着规则序列中的第一个到第六个转换，对应的位为 SQ1[4：0]～SQ6[4：0]，第一次转换的是位 4：0 SQ1[4：0]，如果通道 3 想第一次转换，那么在 SQ1[4：0] 写 3 即可。SQR2 控制着规则序列中的第 7～12 个转换，对应的位为 SQ7[4：0]～SQ12[4：0]，如果通道 1 想第 8 个转换，则 SQ8[4：0] 写 1 即可。SQR1 控制着规则序列中的第 13～16 个转换，对应位为：SQ13[4：0]～SQ16[4：0]，如果通道 6 想第 10 个转换，则 SQ10[4：0] 写 6 即可。具体使用多少个通道，由 SQR1 的位 L[3：0] 决定，最多 16 个通道。

注入通道组序列寄存器只有一个——JSQR。它最多支持 4 个通道，具体多少个由 JSQR 的 JL[2：0] 决定。注意：

当 JL[1：0]＝3（有 4 次注入转换）时，ADC 将按以下顺序转换通道：JSQ1[4：0]、JSQ2[4：0]、JSQ3[4：0] 和 JSQ4[4：0]。

当 JL＝2（有 3 次注入转换）时，ADC 将按以下顺序转换通道：JSQ2[4：0]、JSQ3[4：0] 和 JSQ4[4：0]。

当 JL＝1（有 2 次注入转换）时，ADC 转换通道的顺序：先是 JSQ3[4：0]，而后是 JSQ4[4：0]。

当 JL = 0（有 1 次注入转换）时，ADC 将仅转换 JSQ4[4：0] 通道。

如果在转换期间修改 ADC_ SQRx 或 ADC_ JSQR 寄存器，则将复位当前转换并向 ADC 发送一个新的启动脉冲，以转换新选择的通道组。

4. 触发源　选择好输入通道，设置好转换顺序，接下来就可以开始转换。要开启 ADC 转换，可以直接设置 ADC 控制寄存器 ADC_CR2 的 ADON 位为 1，即使能 ADC。当然 ADC 还支持外部事件触发转换，触发源有很多，具体选择哪一种触发源，由 ADC 控制寄存器 2：ADC_ CR2 的 EXTSEL[2：0] 和 JEXTSEL[2：0] 位来控制。EXTSEL[2：0] 用于选择规则通道的触发源，JEXTSEL[2：0] 用于选择注入通道的触发源。选定好触发源之后，触发源是否要激活，则由 ADC 控制寄存器 ADC_ CR2 的 EXT-TRIG 和 JEXTTRIG 这两位来激活。

如果使能了外部触发事件，还可以通过设置 ADC 控制寄存器 2：ADC_ CR2 的 EXTEN[1：0] 和 JEXTEN[1：0] 来控制触发极性，可以有 4 种状态，分别是禁止触发检测、上升沿检测、下降沿检测以及上升沿和下降沿均检测。

5. ADC 时钟　ADC 输入时钟 ADC_ CLK 由 APB2 经过分频产生，最大值是 14MHz，分频因子由 RCC 时钟配置寄存器 RCC_ CFGR 的位 15：14 ADCPRE[1：0] 设置，可以是 2/4/6/8 分频，注意这里没有 1 分频。已知 APB2 总线时钟为 72M，而 ADC 最大工作频率为 14M，所以一般设置分频因子为 6，这样 ADC 的输入时钟为 12M。

ADC 要完成对输入电压的采样需要若干个 ADC_ CLK 周期，采样的周期数可通过 ADC 采样时间寄存器 ADC_ SMPR1 和 ADC_ SMPR2 中的 SMP[2：0] 位设置，ADC_ SMPR2 控制的是通道 0 ~ 9，ADC_ SMPR1 控制的是通道 10 ~ 17。每个通道可以分别用不同的时间采样。其中采样周期最小是 1.5 个，即如果要达到最快的采样，那么应该设置采样周期为 1.5 个周期，这里说的周期就是 1/ADC_ CLK。

ADC 的总转换时间跟 ADC 的输入时钟和采样时间有关，其公式如下：

$$Tconv = 采样时间 + 12.5 个周期$$

式中，Tconv 为 ADC 总转换时间，当 ADC_ CLK = 14MHz 的时候，并设置 1.5 个周期的采样时间，则 Tcovn = 1.5 + 12.5 = 14 个周期 = 1μs。通常经过 ADC 预分频器能分频到最大的时钟只能是 12MHz，采样周期设置为 1.5 个周期，算出最短的转换时间为 1.17μs，这个才是最常用的。

6. 数据寄存器　ADC 转换后的数据根据转换组的不同，规则组的数据放在 ADC_ DR 寄存器内，注入组的数据放在 JDRx 内。

因为 STM32F1 的 ADC 是 12 位转换精度，而数据寄存器是 16 位，所以 ADC 在存放数据的时候就有左对齐和右对齐区分。如果是左对齐，AD 转换完成数据存放在 ADC_ DR 寄存器的[4：15] 位内；如果是右对齐，则存放在 ADC_ DR 寄存器的[0：11] 位内。具体选择何种存放方式，需通过 ADC_ CR2 的 11 位 ALIGN 设置。

在规则组中，含有 16 路通道，对应着存放规则数据的寄存器只有 1 个，如果使用多通道转换，那么转换后的数据就全部挤在 ADC_ DR 寄存器内，前一个时间点转换的通道数据，就会被下一个时间点的另外一个通道转换的数据覆盖掉，所以当通道转换完成后就应该把数据取走，或者开启 DMA 模式，把数据传输到内存里面，不然就会造成数据的覆盖。最常用的做法就是开启 DMA 传输。如果没有使用 DMA 传输，一般通过 ADC 状态寄存器 ADC_ SR 获取当前 ADC 转换的进度状态，进而进行程序控制。

而在注入组中，最多含有 4 路通道，对应着存放注入数据的寄存器正好有 4 个，不会像规则寄存器那样产生数据覆盖的问题。

7. 中断　当发生如下事件且使能相应中断标志位时，ADC 能产生中断。

（1）转换结束（规则转换）与注入转换结束　数据转换结束后，如果使能中断转换结束标志位，转换一结束就会产生转换结束中断。

（2）模拟看门狗事件　当被 ADC 转换的模拟电压低于低阈值或者高于高阈值时，就会产生中断，前提是开启了模拟看门狗中断，其中低阈值和高阈值由 ADC_ LTR 和 ADC_ HTR 设置。

（3）DMA 请求　规则和注入通道转换结束后，除了产生中断外，还可以产生 DMA 请求，把转换好的数据直接存储在内存里面。要注意的是只有 ADC1 和 ADC3 可以产生 DMA 请求。有关 DMA 请求需要配合《STM32F10x 中文参考手册》DMA 控制器这一章节来学习。一般在使用 ADC 的时候都会开启 DMA 传输。

已经知道 STM32F1 ADC 转换模式有单次转换与连续转换区分。

在单次转换模式下，ADC 执行一次转换。可以通过 ADC_ CR2 寄存器的 SWSTART 位（只适用于规则通道）启动，也可以通过外部触发启动（适用于规则通道和注入通道），这时 CONT 位为 0。以规则通道为例，一旦所选择的通道转换完成，转换结果将被存在 ADC_ DR 寄存器中，EOC（转换结束）标志将被置位，如果设置了 EOCIE，则会产生中断。然后 ADC 将停止，直到下次启动。

在连续转换模式下，ADC 结束一个转换后立即启动一个新的转换。CONT 位为 1 时，可通过外部触发或将 ADC_ CR2 寄存器中的 SWSTRT 位置 1 来启动此模式（仅适用于规则通道）。需要注意的是，此模式无法连续转换注入通道。连续模式下唯一的例外情况是，注入通道配置为在规则通道之后自动转换（使用 JAUTO 位）。

知识链接

AD 转换的方式

Σ－Δ 调制型 ADC（Sigma－Delta ADC）是一种常用于高精度、低速应用的模数转换器。它采用了 Σ－Δ 调制技术，通过高速取样和数字滤波器来实现对模拟信号的高精度转换，包括以下几个部分。

1. 高速取样　Σ－Δ ADC 以高速频率对输入模拟信号进行连续取样。通常，它以很高的采样率对输入信号进行取样，甚至可以达到数百 kHz 或 MHz 级别。

2. Σ－Δ 调制　Σ－Δ 调制器将模拟输入信号进行高速取样后，与前一时刻的量化结果相比较，产生 Σ－Δ 调制信号。Σ－Δ 调制器会根据输入信号与前一时刻的量化结果之间的差异，产生一个差分信号，然后将这个差分信号进行积分，并将积分结果与一个参考电平相比较。

3. 数字滤波器　Σ－Δ ADC 内部包含一个数字滤波器，用于对 Σ－Δ 调制器输出的信号进行滤波和数字处理。滤波器将高频噪声滤除，并将输出信号转换为模拟信号，同时保留输入信号的有效信息。

4. 累积　通过累积多个取样点的 Σ－Δ 调制结果，可以减小量化误差，并提高转换的精度。

5. 输出　最终，Σ－Δ ADC 将经过数字滤波器处理后的信号转换为数字输出，通常是一个多位的二进制数，表示输入信号的数字化结果。

第二节　ADC 库函数

　　表 11 - 2 和表 11 - 3 列举了 ADC 相关寄存器和 ADC 的库函数，更详细信息可以参考 ST 公司资料手册。

表 11 - 2　ADC 寄存器

寄存器	描述
SR	ADC 状态寄存器
CR1	ADC 控制寄存器 1
CR2	ADC 控制寄存器 2
SMPR1	ADC 采样时间寄存器 1
SMPR2	ADC 采样时间寄存器 2
JOFR1	ADC 注入通道偏移寄存器 1
JOFR2	ADC 注入通道偏移寄存器 2
JOFR3	ADC 注入通道偏移寄存器 3
JOFR4	ADC 注入通道偏移寄存器 4
HTR	ADC 看门狗高阈值寄存器
LTR	ADC 看门狗低阈值寄存器
SQR1	ADC 规则序列寄存器 1
SQR2	ADC 规则序列寄存器 2
SQR3	ADC 规则序列寄存器 3
JSQR1	ADC 注入序列寄存器
DR1	ADC 规则数据寄存器 1
DR2	ADC 规则数据寄存器 2
DR3	ADC 规则数据寄存器 3
DR4	ADC 规则数据寄存器 4

表 11 - 3　AD 库函数

函数名	描述
ADC_DeInit	将外设 ADCx 的全部寄存器重设为缺省值
ADC_Init	根据 ADC_InitStruct 中指定的参数初始化外设 ADCx 的寄存器
ADC_StructInit	把 ADC_InitStruct 中的每一个参数按缺省值填入
ADC_Cmd	使能或者失能指定的 ADC
ADC_DMACmd	使能或者失能指定的 ADC 的 DMA 请求
ADC_ITConfig	使能或者失能指定的 ADC 的中断
ADC_ResetCalibration	重置指定的 ADC 的校准寄存器
ADC_GetResetCalibrationStatus	获取 ADC 重置校准寄存器的状态
ADC_StartCalibration	开始指定 ADC 的校准程序
ADC_GetCalibrationStatus	获取指定 ADC 的校准状态
ADC_SoftwareStartConvCmd	使能或者失能指定的 ADC 的软件转换启动功能
ADC_GetSoftwareStartConvStatus	获取 ADC 软件转换启动状态
ADC_DiscModeChannelCountConfig	对 ADC 规则组通道配置间断模式

函数名	描述
ADC_ DiscModeCmd	使能或者失能指定的 ADC 规则组通道的间断模式
ADC_ RegularChannelConfig	设置指定 ADC 的规则组通道，设置它们的转化顺序和采样时间
ADC_ ExternalTrigConvConfig	使能或者失能 ADCx 的经外部触发启动转换功能
ADC_ GetConversionValue	返回最近一次 ADCx 规则组的转换结果
ADC_ GetDuelModeConversionValue	返回最近一次双 ADC 模式下的转换结果
ADC_ AutoInjectedConvCmd	使能或者失能指定 ADC 在规则组转化后自动开始注入组转换
ADC_ InjectedDiscModeCmd	使能或者失能指定 ADC 的注入组间断模式
ADC_ ExternalTrigInjectedConvConfig	配置 ADCx 的外部触发启动注入组转换功能
ADC_ ExternalTrigInjectedConvCmd	使能或者失能 ADCx 的经外部触发启动注入组转换功能
ADC_ SoftwareStartinjectedConvCmd	使能或者失能 ADCx 软件启动注入组转换功能
ADC_ GetsoftwareStartinjectedConvStatus	获取指定 ADC 的软件启动注入组转换状态
ADC_ InjectedChannleConfig	设置指定 ADC 的注入组通道，设置它们的转化顺序和采样时间
ADC_ InjectedSequencerLengthConfig	设置注入组通道的转换序列长度
ADC_ SetinjectedOffset	设置注入组通道的转换偏移值
ADC_ GetInjectedConversionValue	返回 ADC 指定注入通道的转换结果
ADC_ AnalogWatchdogCmd	使能或者失能指定单个/全体，规则/注入组通道上的模拟看门狗
ADC_ AnalogWatchdongThresholdsConfig	设置模拟看门狗的高/低阈值
ADC_ AnalogWatchdongSingleChannelCon	对单个 ADC 通道设置模拟看门狗
ADC_ TampSensorVrefintCmd	使能或者失能温度传感器和内部参考电压通道
ADC_ GetFlagStatus	检查制定 ADC 标志位置 1 与否
ADC_ ClearFlag	清除 ADCx 的待处理标志位
ADC_ GetITStatus	检查指定的 ADC 中断是否发生
ADC_ ClearITPendingBit	清除 ADCx 的中断待处理位

第三节　ADC 配置

接下来介绍如何使用库函数对 ADC 进行配置。具体步骤如下（ADC 相关库函数在 stm32f1xx_adc.c、stm32f1xx_adc.c 和其对应的头文件中）。

1. 使能端口时钟和 ADC 时钟，设置引脚模式为模拟输入　已经知道 ADCx_IN0－ADCx_IN15 属于外部通道，每个通道都会对应芯片的一个引脚，比如 ADC1_IN1 对应 STM32F103ZET6 的 PA1 引脚，所以首先要使能 GPIOA 端口时钟和 ADC1 时钟，然后将 PA1 复用为 ADC 功能，需要注意的是，对于 IO 口要设置模式为模拟输入，而不是复用功能如下。

端口时钟和 ADC 使能代码如下：

RCC_APB2PeriphClockCmd(RCC_APB2Periph_GPIOB | RCC_APB2Periph_ADC1, ENABLE)；

然后将 PB9 引脚配置为模拟输入模式，代码如下

GPIO_InitStructure. GPIO_Mode = GPIO_Mode_AN; //模拟输入模式

GPIO 的初始化在前面章节中介绍过，这里不再介绍。

2. 设置 ADC 的分频因子　开启 ADC1 时钟之后，我们就可以通过 RCC_CFGR 设置 ADC 的分频因

子。分频因子要确保 ADC 的时钟（ADCCLK）不要超过 14MHz。这个我们设置分频因子为6，因此 ADC 时钟为 72/6 = 12MHz，库函数的实现方法如下：

RCC_ADCCLKConfig(RCC_PCLK2_Div6);

3. 初始化 ADC 参数 包括 ADC 工作模式、规则序列等。要使用 ADC，需要配置 ADC 的转换模式、触发方式、数据对齐方式、规则序列等参数，这些参数都是通过库函数 ADC_ Init 函数实现。函数原型如下：

void ADC_Init(ADC_TypeDef * ADCx, ADC_InitTypeDef * ADC_InitStruct);

函数中第一个参数用来选择 ADC，例如 ADC1；第二个参数是一个结构体指针变量，结构体类型是 ADC_ InitTypeDef，其内包含了 ADC 初始化的成员变量。

下面简单介绍下这个结构体：

typedef struct

{

uint32_t ADC_Mode; // ADC 工作模式选择

FunctionalState ADC_ScanConvMode; /* ADC 扫描（多通道）或者单次（单通道）模式选择 */

FunctionalState ADC_ContinuousConvMode; // ADC 单次转换或者连续转换选择

uint32_t ADC_ExternalTrigConv; // ADC 转换触发信号选择

uint32_t ADC_DataAlign; // ADC 数据寄存器对齐格式

uint8_t ADC_NbrOfChannel; // ADC 采集通道数

} ADC_InitTypeDef;

ADC_ Mode：ADC 模式选择，有独立模式、双重模式，在双重模式下还有很多细分模式可选，具体由 ADC_ CR1：DUALMOD 位配置。

ADC_ScanConvMode：ADC 扫描模式选择。可选参数为 ENABLE 或 DISABLE，用来设置是否打开 ADC 扫描模式。如果是单通道 AD 转换，选择 DISABLE；如果是多通道 AD 转换，选择 ENABLE。

ADC_ ContinuousConvMode：ADC 连续转换模式选择。可选参数为 ENABLE 或 DISABLE，用来设置是连续转换还是单次转换模式。如果为 ENABLE，则选择连续转换模式；如果为 DISABLE，则选择单次转换模式，转换一次后停止，需要手动控制才能重新启动转换。

ADC_ ExternalTrigConv：ADC 外部触发选择。ADC 外部触发条件有很多，在前面介绍框图时已列出，根据需要选择对应的触发条件，通常我们使用软件自动触发，所以此成员可以不用配置。

ADC_ DataAlign：ADC 数据对齐方式。可选参数为右对齐 ADC_ DataAlign_ Right 和左对齐 ADC_ DataAlign_ Left。

ADC_ NbrOfChannel：AD 转换通道数目，根据实际设置。具体的通道数和通道的转换顺序是配置规则序列或注入序列寄存器。

了解结构体成员功能后，就可以进行配置，本章实验 ADC 初始化配置代码如下：

ADC_InitTypeDef ADC_InitStructure;

ADC_InitStructure. ADC_Mode = ADC_Mode_Independent;

ADC_InitStructure. ADC_ScanConvMode = DISABLE;//非扫描模式

ADC_InitStructure. ADC_ContinuousConvMode = DISABLE;//关闭连续转换

ADC_InitStructure. ADC_ExternalTrigConv = ADC_ExternalTrigConv_None;//禁止触发检测,使用软件触发

ADC_InitStructure. ADC_DataAlign ＝ ADC_DataAlign_Right;//右对齐

ADC_InitStructure. ADC_NbrOfChannel ＝ 1;//1 个转换在规则序列中也就是只转换规则序列 1

ADC_Init(ADC1, &ADC_InitStructure);//ADC 初始化

4. 使能 ADC 并校准　前面几个步骤已经将 ADC 配置好，但还不能正常使用，只有开启 ADC 并且复位校准了才能让它正常工作，开启 ADC 的库函数如下：

void ADC_Cmd(ADC_TypeDef ＊ ADCx, FunctionalState NewState);

开启 ADC1 代码如下：

ADC_Cmd(ADC1, ENABLE);//开启 AD 转换器

执行复位校准的方法是：

ADC_ResetCalibration(ADC1);

执行 ADC 校准的方法是：

ADC_StartCalibration(ADC1);//开始指定 ADC1 的校准状态

注意：每次进行校准之后要等待校准结束。这里是通过获取校准状态来判断校准是否结束。下面列出复位校准和 AD 校准的等待结束方法：

while(ADC_GetResetCalibrationStatus(ADC1));//等待复位校准结束

while(ADC_GetCalibrationStatus(ADC1));//等待校准结束

5. 读取 ADC 转换值　通过上面几步配置，ADC 就算准备好了，接下来我们要做的就是设置规则序列里面的通道，采样顺序以及通道的采样周期，然后启动 ADC 转换。在转换结束后，读取转换结果值就可以了。

设置规则序列通道以及采样周期的库函数是：

void　　　ADC_RegularChannelConfig(ADC_TypeDef＊　　　ADCx, uint8_tADC_Channel, uint8_t Rank, uint8_t ADC_SampleTime);

参数 1 用来选择 ADC，参数 2 用来选择规则序列里面的通道，参数 3 用来设置转换通道的数量，参数 4 用来设置采样周期。例如本实验中 ADC1_ IN1 单次转换，采样周期为 239.5，代码如下：

ADC_RegularChannelConfig(ADC1, ADC_Channel_1, 1,

ADC_SampleTime_239Cycles5);

设置好规则序列通道及采样周期，接下来就要开启转换，由于我们采用的是软件触发，库函数如下：

void ADC_SoftwareStartConvCmd(ADC_TypeDef ＊ ADCx, FunctionalState NewState);

例如，要开启 ADC1 转换，调用函数为：

ADC_SoftwareStartConvCmd(ADC1, ENABLE);//使能指定的 ADC1 的软件转换启动功能

开启转换之后，就可以获取 ADC 转换结果数据，调用的库函数是：

uint16_t ADC_GetConversionValue(ADC_TypeDef ＊ ADCx);

同样，如果要获取 ADC1 转换结果，调用函数是：

ADC_GetConversionValue(ADC1);

同时在 AD 转换中，我们还要根据状态寄存器的标志位来获取 AD 转换的各个状态信息。获取 AD 转换的状态信息的库函数是：

FlagStatus ADC_GetFlagStatus(ADC_TypeDef＊ ADCx, uint8_t ADC_FLAG);

例如，我们要判断 ADC1 的转换是否结束，方法是：

while(！ADC_GetFlagStatus(ADC1，ADC_FLAG_EOC));//等待转换结束

完成以上几步配置后，就可以正常使用 ADC 执行转换操作了。

第四节　ADC 应用

本例所要实现的功能：通过 ADC1 通道 9 采样外部电压值，将采样的 AD 值和转换后的电压值通过串口打印出来，同时 D2 指示灯闪烁，提示系统正常运行。程序框架如下：①初始化 ADC1_IN9 相关参数，开启 ADC1；②编写获取 ADC1_IN9 的 AD 转换值函数；③编写主函数。

1. ADC1 初始化函数　要使用 ADC，必须先对它进行配置。ADC1_IN1 初始化代码如下：

```
void ADCx_Init(void)
{
GPIO_InitTypeDef GPIO_InitStructure;//定义结构体变量
ADC_InitTypeDef ADC_InitStructure;
RCC_APB2PeriphClockCmd(RCC_APB2Periph_GPIOB|RCC_APB2Periph_ADC1,ENABLE);
RCC_ADCCLKConfig(RCC_PCLK2_Div6);//设置 ADC 分频因子 6 72M/6=12,ADC 最大时间不能
超过 14M
GPIO_InitStructure.GPIO_Pin=GPIO_Pin_1;//ADC
GPIO_InitStructure.GPIO_Mode=GPIO_Mode_AIN;//模拟输入
GPIO_InitStructure.GPIO_Speed=GPIO_Speed_50MHz;
GPIO_Init(GPIOB,&GPIO_InitStructure);
ADC_InitStructure.ADC_Mode=ADC_Mode_Independent;
ADC_InitStructure.ADC_ScanConvMode=DISABLE;//非扫描模式
ADC_InitStructure.ADC_ContinuousConvMode=DISABLE;//关闭连续转换
ADC_InitStructure.ADC_ExternalTrigConv=ADC_ExternalTrigConv_None;//禁止触发检测,使用软件触发
ADC_InitStructure.ADC_DataAlign=ADC_DataAlign_Right;//右对齐
ADC_InitStructure.ADC_NbrOfChannel=1;//1 个转换在规则序列中也就是只转换规则序列 1
ADC_Init(ADC1,&ADC_InitStructure);//ADC 初始化
ADC_Cmd(ADC1,ENABLE);//开启 AD 转换器
ADC_ResetCalibration(ADC1);//重置指定的 ADC 的校准寄存器
while(ADC_GetResetCalibrationStatus(ADC1));//获取 ADC 重置校准寄存器的状态
ADC_StartCalibration(ADC1);//开始指定 ADC 的校准状态
while(ADC_GetCalibrationStatus(ADC1));//获取指定 ADC 的校准程序
ADC_SoftwareStartConvCmd(ADC1,ENABLE);//使能或者失能指定的 ADC 的软件转换启动功能
}
```

在 ADCx_Init（）函数中，首先使能 GPIOA 端口和 ADC1 时钟，并配置 PA1 为模拟输入模式。然后初始化 ADC_HandleTypeDef 结构体。最后开启 ADC1。这一过程在前面步骤介绍中已经提及。那么其他 ADC 通道类似方法。

2. 获取 ADC1_ IN9 转换值函数

```
u16 Get_ADC_Value(u8 ch,u8 times)
{   u32 temp_val =0;
u8 t;
//设置指定 ADC 的规则组通道,一个序列,采样时间
ADC_RegularChannelConfig(ADC1, ch, 1, ADC_SampleTime_239Cycles5);
//ADC1,ADC 通道,239.5 个周期,提高采样时间可以提高精确度
for(t =0;t < times;t ++ )
{
ADC_SoftwareStartConvCmd(ADC1, ENABLE);//使能指定的 ADC1 的软件转换启动功能
while(! ADC_GetFlagStatus(ADC1, ADC_FLAG_EOC));//等待转换结束
temp_val + = ADC_GetConversionValue(ADC1);
delay_ms(5);
}
return temp_val/times;
}
```

Get_ ADC_ Value 函数有两个参数, ch 表示 ADC1 转换的通道, times 表示转换次数,用于取平均,提高数据准确性。函数内首先调用 ADC_ RegularChannelConfig 函数,指定 ADC 规则组通道、规则序号、采样周期。然后调用 ADC_ SoftwareStartConvCmd 函数启动 ADC1 转换,等待转换完成后,读取 ADC1 的转换值,最后将 AD 转换值取平均后返回。由于 ADC1 最大为 12 位精度,所以返回值类型为 u16 即可。

3. 主函数 编写好 ADC1 初始化和获取转换值函数后,接下来就可以编写主函数了,代码如下:

```
#include " system. h"
#include "SysTick. h"
#include " led. h"
#include " usart. h"
#include " adc. h"
int main( )
{
u8 i =0;
u16 value =0;
float vol;
SysTick_Init(72);
NVIC_PriorityGroupConfig(NVIC_PriorityGroup_2); //中断优先级分组分 2 组
USART1_Init(115200);
LED_Init( );
ADCx_Init( );
while(1)
{
i ++ ;
```

```
if( i%10 ═0)
LED0 = ! LED0;
if( i%100 ═0)
{
Value = Get_ADC_Value( ADC_Channel_9,20);
Printf("检测 AD 值为:%d\r\n", value);
vol = (float) value * (3.3/4095);
printf("检测电压值为:%.2fV\r\n", vol);
}
delay_ms(10);
}}
```

主函数实现的功能很简单，首先调用之前编写好的硬件初始化函数，包括 SysTick 系统时钟，中断分组，LED 初始化等。然后调用前面编写的 ADCx_ Init 函数初始化 ADC1_ IN1。最后进入 while 循环，间隔500ms 读取一次通道1的转换值，将 AD 转换值 value * (3.3/4096) 转换为电压值输出，这里使用 * (3.3/4096) 的原因是 ADC1 为 12 位转换精度，最大值为 2^{12} 即 4096，而 ADC 的参考电压 VREF + 为3.3V，所以知道 AD 转换值就可以计算对应的电压值。这里要注意，最后计算结果要强制转换为浮点类型，否则得不到小数点后面的数据。LED 指示灯会间隔200ms 闪烁。

目标检测

答案解析

一、单选题

1. STM32F103 的 ADC 模块具有 （　　） 个独立的 ADC 单元

    A. 1　　　　　　　　　　B. 2　　　　　　　　　　C. 3　　　　　　　　　　D. 4

2. STM32F103 的 ADC 采用的是 （　　） 类型的转换

    A. 并行转换　　　　　　　　　　　　　　B. 串行转换

    C. 逐次逼近转换　　　　　　　　　　　　D. 断裂式转换

3. STM32F103 的 ADC 最大分辨率是 （　　）

    A. 8 位　　　　　　　　B. 10 位　　　　　　　　C. 12 位　　　　　　　　D. 14 位

4. STM32F103 的 ADC 最大采样频率是 （　　）

    A. 1MHz　　　　　　　B. 2MHz　　　　　　　C. 4MHz　　　　　　　D. 8MHz

5. 在 STM32F103 中，设置 ADC 采样时间的方法是 （　　）

    A. 直接配置采样时间寄存器　　　　　　B. 调用函数设置

    C. 采样时间固定不可更改　　　　　　　D. 使用 DMA 控制采样时间

6. 在 STM32F103 中，ADC 的转换结果通常存储在 （　　）

    A. 数据寄存器　　　　B. 缓冲区　　　　　　C. 控制寄存器　　　　　D. 外部存储器

7. 在 STM32F103 中，设置 ADC 参考电压的方法是 （　　）

    A. 直接设置寄存器值　　　　　　　　　B. 调用函数设置

    C. 参考电压固定不可更改　　　　　　　D. 使用 DMA 控制参考电压

8. 在 STM32F103 中，选择 ADC 输入通道的方法是（　　）

    A. 直接配置输入通道寄存器　　　　　　　　B. 调用函数设置

    C. 输入通道是固定的，不可更改　　　　　　D. 使用 DMA 控制输入通道

9. 在 STM32F103 中，ADC 的自校准功能是用来（　　）

    A. 校正 ADC 的精度　　　　　　　　　　　　B. 校正输入通道的偏移

    C. 校正输入通道的增益　　　　　　　　　　D. 校正输入通道的阻抗

10. 在 STM32F103 中，用于初始化 ADC 的函数是（　　）

    A. ADC_ Init（）　　　　　　　　　　　　　　B. ADC_ Config（）

    C. ADC_ InitTypeDef（）　　　　　　　　　　D. ADC_ Cmd（）

11. 在 STM32F103 中，用于启用 ADC 的函数是（　　）

    A. ADC_ Start（）　　　　　　　　　　　　　B. ADC_ Enable（）

    C. ADC_ Cmd（）　　　　　　　　　　　　　D. ADC_ On（）

12. 在 STM32F103 中，用于配置 ADC 通道的函数是（　　）

    A. ADC_ SetChannel（）　　　　　　　　　　B. ADC_ ChannelConfig（）

    C. ADC_ ConfigChannel（）　　　　　　　　D. ADC_ ChannelCmd（）

13. 在 STM32F103 中，用于设置 ADC 采样时间的函数是（　　）

    A. ADC_ SetSampleTime（）　　　　　　　　B. ADC_ SampleTimeConfig（）

    C. ADC_ ConfigSampleTime（）　　　　　　D. ADC_ SampleTimeCmd（）

14. 在 STM32F103 中，用于启动 ADC 转换的函数是（　　）

    A. ADC_ StartConversion（）　　　　　　　B. ADC_ ConversionStart（）

    C. ADC_ BeginConversion（）　　　　　　　D. ADC_ Convert（）

15. 在 STM32F103 中，用于读取 ADC 转换结果的函数是（　　）

    A. ADC_ ReadData（）　　　　　　　　　　　B. ADC_ GetConversionValue（）

    C. ADC_ GetResult（）　　　　　　　　　　　D. ADC_ ReadValue（）

二、简答题

1. 简述 STM32F103 中 ADC 的工作原理。

2. 什么是 ADC 的采样时间？为什么需要设置采样时间？

3. STM32F103 中的 ADC 参考电压有哪些选项？如何设置参考电压？

4. STM32F103 中的 ADC 工作模式有哪些？

5. 如何处理 STM32F103 中 ADC 的转换结果？

三、编程题

编写一个程序，使用 STM32F103 的 ADC 模块，将 PA0 引脚的模拟输入信号转换为数字信号，并通过串口输出转换结果。要求：①使用 ADC1 通道 0 进行转换；②设置 ADC 的采样时间为 239.5 个周期；③使用 DMA 进行 ADC 数据传输；④通过串口输出 ADC 转换结果。

书网融合……

本章小结

第十二章　DAC 转换

学习目标

1. 掌握　STM32F103 的 DAC 的基本工作原理和功能；DAC 的输出电压范围、分辨率和精度等重要参数；DAC 输出电压的设置和控制方法。

2. 熟悉　STM32F103 的 DAC 模块的寄存器配置和工作模式设置；不同的 DAC 输出模式（单通道、双通道等）以及它们的应用场景；DAC 的参考电压源设置和输出缓冲器控制方法。

3. 了解　DAC 的应用领域和常见用途，如音频输出、模拟控制等；DAC 在数字信号处理和模拟电路设计中的作用和意义。

4. 学会使用 STM32 标准库函数或 HAL 库函数配置和初始化 DAC 模块；能够根据实际应用需求选择合适的 DAC 输出模式和输出电压范围；具有通过 DAC 模块生成模拟输出信号的能力，如音频波形、模拟控制信号等。

5. 培养对模拟信号生成和控制的理解和应用能力，为数字模拟转换技术的学习和应用打下基础；培养熟练使用 STM32F103 的 DAC 模块，能够在实际项目中灵活应用 DAC 进行模拟信号生成和控制。

⇒ 实例分析

实例　假设你正在开发一个音频播放器，需要使用 STM32F103 的数字模拟转换器（DAC）来输出音频信号。你希望能够通过 STM32F103 播放预先存储在芯片中的音频文件，以便通过扬声器播放音乐。

问题　1. 如何配置 STM32F103 的 DAC 模块以输出音频信号？

2. 如何编写代码实现 DAC 输出音频信号并控制音频播放？

第一节　DAC 概述

一、DAC 的特征

数字/模拟转换模块（DAC）是 12 位数字输入，电压输出的数字/模拟转换器。DAC 可以配置为 8 位或 12 位模式，也可以与 DMA 控制器配合使用。DAC 工作在 12 位模式时，数据可以设置成左对齐或右对齐。DAC 模块有 2 个输出通道，每个通道都有单独的转换器。在双 DAC 模式下，2 个通道可以独立地进行转换，也可以同时进行转换并同步地更新 2 个通道的输出。DAC 可以通过引脚输入参考电压 VREF + 以获得更精确的转换结果。

DAC 主要特征如下。

（1）2 个 DAC 转换器：每个转换器对应 1 个输出通道。

（2）8 位或者 12 位单调输出。

（3）12 位模式下数据左对齐或者右对齐。

（4）同步更新功能。

（5）噪声波形生成。

（6）三角波形生成。

（7）双 DAC 通道同时或者分别转换。

（8）每个通道都有 DMA 功能。

（9）外部触发转换。

（10）输入参考电压 VREF +。

二、结构框图

表 12 -1 给出了 DAC 通道引脚的说明。

表 12 -1 DAC 通道引脚

名称	型号类型	注释
V_{REF+}	输入，正模拟参考电压	DAC 使用的高端/正极参考电压，$2.4V \leqslant V_{DDA}$（3.3V）
V_{DDA}	输入，模拟电源	模拟电源
V_{SSA}	输入，模拟电源地	模拟电源的地线
DAC_OUTx	模拟输出信号	DAC 通道 x 的模拟输出

STM32F1 DAC 拥有这么多功能，是由 DAC 内部结构决定。要更好地理解 STM32F1 的 DAC，就需要了解它内部的结构，如图 12 -1 所示。也可以查看《STM32F1xx 中文参考手册》– 12 数模转换器（DAC）– 12.3 章节内容。

1. 电压输入引脚 同 ADC 一样，V_{DDA} 与 V_{SSA} 是 DAC 模块的供电引脚，而 V_{REF+} 是 DAC 模块的参考电压，开发板上已经将 V_{REF+} 连接到 V_{DDA}，所以参考电压范围是 0 ~3.3V。

2. DAC 转换 DAC 输出是受 DORx 寄存器直接控制的，但是不能直接往 DORx 寄存器写入数据，而是通过 DHRx 间接地传给 DORx 寄存器，实现对 DAC 输出的控制。如果未选择硬件触发（DAC_CR 寄存器中的 TENx 位复位），那么经过一个 APB1 时钟周期后，DAC_DHRx 寄存器中存储的数据将自动转移到 DAC_DORx 寄存器。但是，如果选择硬件触发（置位 DAC_CR 寄存器中的 TENx 位）且触发条件到来，那么将在三个 APB1 时钟周期后进行转移。

当 DAC_DORx 加载了 DAC_DHRx 内容时，模拟输出电压将在一段时间 tSETTLING 后可用，具体时间取决于电源电压和模拟输出负载。可以从 STM32F103ZET6 的数据手册查到的典型值为 $3\mu s$，最大是 $4\mu s$。所以 DAC 的转换速度最快是 250kb 左右。

本章介绍不使用硬件触发（TENx =0），其转换时序图如图 12 -2 所示。

DHRx 内装载着要输出的数据，前面提到 STM32F1 的 DAC 支持 8/12 位模式，8 位模式的时候数据是固定的右对齐的，而 12 位模式数据可以设置左对齐/右对齐。对于 DAC 单通道 x，总共有三种情况。

（1）8 位右对齐 用户必须将数据加载到 DAC_DHR8Rx [7：0] 位（存储到 DHRx[11：4] 位）。

（2）12 位左对齐 用户必须将数据加载到 DAC_DHR12Lx [15：4] 位（存储到 DHRx[11：0] 位）。

（3）12 位右对齐 用户必须将数据加载到 DAC_DHR12Rx [11：0] 位（存储到 DHRx[11：0] 位）。

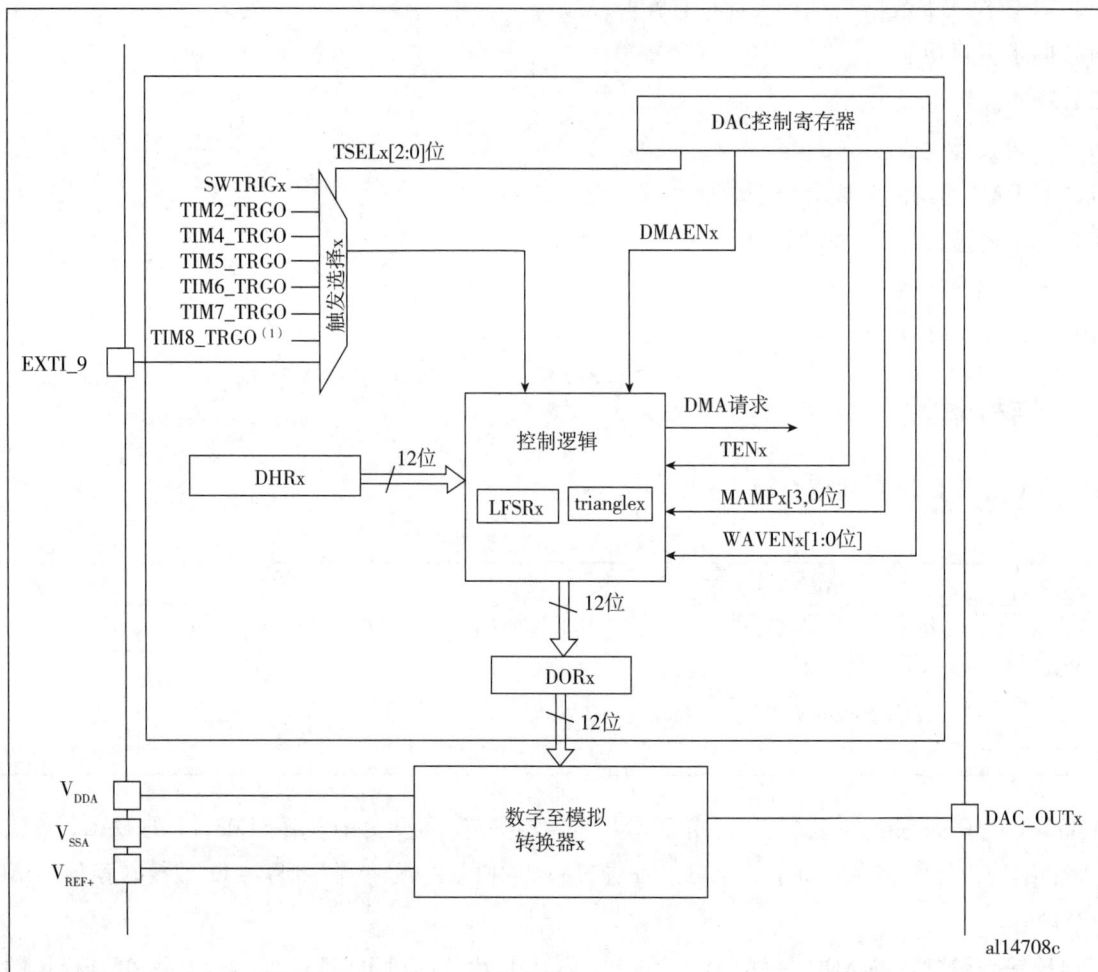

图 12 – 1　DAC 结构框图

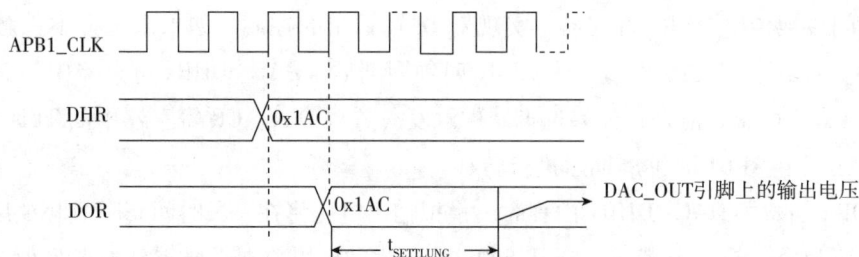

图 12 – 2　转换时序图

本章仅介绍单 DAC 通道 1，采用 12 位右对齐方式，所以采用第 3 种情况。

每个 DAC 通道都具有 DMA 功能。两个 DMA 通道用于处理 DAC 通道的 DMA 请求。当 DMAENx 位置 1 时，如果发生外部触发（而不是软件触发），则将产生 DAC DMA 请求。DAC_ DHRx 寄存器的值随后转移到 DAC_ DORx 寄存器。在双通道模式下，如果两个 DMAENx 位均置 1，则将产生两个 DMA 请求。如果只需要一个 DMA 请求，应仅将相应 DMAENx 位置 1。这样，应用程序可以在双通道模式下通过一个 DMA 请求和一个特定 DMA 通道来管理两个 DAC 通道。

由于 DAC DMA 请求没有缓冲队列。这样，如果第二个外部触发到达时尚未收到第一个外部触发的确认，将不会发出新的请求，并且 DAC_ SR 寄存器中的 DAM 通道下溢标志 DMAUDRx 将置 1，以报告这一错误状况。DMA 数据传输随即禁止，并且不再处理其他 DMA 请求。DAC 通道仍将继续转换旧有数据。这时软件应通过写入 "1" 来将 DMAUDRx 标志清零，将所用 DMA 数据流的 DMAEN 位清零，并重新初始化 DMA 和 DAC 通道，以便正确地重新开始 DMA 传输。软件应修改 DAC 触发转换频率或减轻 DMA 工作负载，以避免再次发生 DMA 下溢。最后，可通过使能 DMA 数据传输和转换触发来继续完成 DAC 转换。

对于各 DAC 通道，如果使能 DAC_CR 寄存器中相应的 DMAUDRIEx 位，还将产生中断。本章没有使用到 DMA，所以将其相应位设置为 0 即可。

3. DAC 触发选择　如果 TENx 控制位置 1，可通过外部事件（定时计数器、外部中断线）触发转换。TSELx[2：0] 控制位将决定通过 8 个可能事件中的哪一个来触发转换，外部触发源见表 12 - 2。

表 12 - 2　部触发源

触发源	类型	TSELx[2：0]
定时器 6 TRGO 事件	来自片上定时器的内部信号	000
互联型产品为定时器 3 TRGO 事件或大容量产品为定时器 8 TRGO 事件		001
定时器 7TRGO 事件		010
定时器 5TRGO 事件		011
定时器 2TRGO 事件		100
定时器 4TRGO 事件		101
EXTI 线路 9	外部引脚	110
SWTRIG（软件触发）	软件控制位	111

每当 DAC 接口在所选定时器 TRGO 输出或所选外部中断线 9 上检测到上升沿时，DAC_DHRx 寄存器中存储的最后一个数据即会转移到 DAC_DORx 寄存器中。发生触发后再经过三个 APB1 周期，DAC_DORx 寄存器将会得到更新。

如果选择软件触发，一旦 SWTRIG 位置 1，转换即会开始。DAC_DHRx 寄存器的内容只需一个 APB1 时钟周期即可转移到 DAC_DORx 寄存器，加载完成后，SWTRIG 即由硬件复位。

4. DAC 输出　DAC_OUTx 就是 DAC 的输出通道，DAC1_OUT 对应 PA4 引脚，DAC2_OUT 对应 PA5 引脚。要让 DAC 通道正常输出，需将 DAC_CR 寄存器中的相应 ENx 位置 1，这样就可接通对应 DAC 通道。经过一段启动时间 tWAKEUP 后，DAC 通道被真正使能。使能 DAC 通道 x 后，相应 GPIO 引脚（PA4 或 PA5）将自动连接到模拟转换器输出（DAC_OUTx）。为了避免寄生电流消耗，应首先将 PA4 或 PA5 引脚配置为模拟输入模式（AIN）。

当 DAC 的参考电压为 Vref + 的时候，DAC 的输出电压是线性的从 0 ~ Vref +，12 位模式下 DAC 输出电压与 Vref + 以及 DORx 的计算公式为：DACoutput = Vref * DOR/4095.

DAC 集成了两个输出缓冲器，可用来降低输出阻抗并在不增加外部运算放大器的情况下直接驱动外部负载。通过 DAC_CR 寄存器中的相应 BOFFx 位，可使能或禁止各 DAC 通道输出缓冲器。STM32F1 的 DAC 输出缓存做得有些不好，如果使能的话，虽然输出能力增强了一些，但是输出没法到 0，这是个很严重的问题。所以通常不使用输出缓存，即设置 BOFFx 位为 1。

DAC 还可以生成噪声和三角波。生成可变振幅的伪噪声，可使用 LFSR（线性反馈移位寄存器）。将 WAVEx [1：0] 置为 "01" 即可选择生成噪声。LFSR 中的预加载值为 0xAAA。在每次发生触发事件后，经过三个 APB1 时钟周期，该寄存器会依照特定的计算算法完成更新。

LFSR 值可以通过 DAC_CR 寄存器中的 MAMPx［3：0］位来部分或完全屏蔽，在不发生溢出的情况下，该值将与 DAC_DHRx 的内容相加，然后存储到 DAC_DORx 寄存器中。如果 LFSR 为 0x0000，将向其注入"1"（防锁定机制）。可以通过复位 WAVEx［1：0］位来将 LFSR 波形产生功能关闭。要生成噪声，必须通过将 DAC_CR 寄存器中的 TENx 位置 1 来使能 DAC 触发。

将 WAVEx［1：0］置为"10"即可选择 DAC 生成三角波。振幅通过 DAC_CR 寄存器中的 MAMPx［3：0］位进行配置。每次发生触发事件后，经过三个 APB1 时钟周期，内部三角波计数器将会递增。在不发生溢出的情况下，该计数器的值将与 DAC_DHRx 寄存器内容相加，所得总和将存储到 DAC_DORx 寄存器中。只要小于 MAMPx［3：0］位定义的最大振幅，三角波计数器就会一直递增。一旦达到配置的振幅，计数器就将递减至零，然后再递增，依此类推。可以通过复位 WAVEx［1：0］位来将三角波产生功能关闭。

要生成三角波，必须通过将 DAC_CR 寄存器中的 TENx 位置 1 来使能 DAC 触发。MAMPx［3：0］位必须在使能 DAC 之前进行配置，否则将无法更改。本章不使用噪声和三角波功能，所以可以将相应的寄存器位清零。

针对 DAC 相关寄存器的介绍，可以参考《STM32F1xx 中文参考手册》–12 数模转换器（DAC）–12.5 章节内容，里面有详细的介绍。

🔗 知识链接

DA 转换的原理

数字模拟转换（DAC）的原理是将数字信号转换为模拟信号。这个过程可以通过以下几个步骤来理解。

1. 数字输入 DAC 的输入是来自数字系统的数字信号，通常是一个二进制数。这个数字代表了所要输出的模拟量的值。

2. 量化 DAC 将数字输入值分为几个离散的级别。这个过程称为量化。量化级别的数量决定了 DAC 的分辨率。例如，一个 8 位 DAC 有 256 个量化级别，而一个 12 位 DAC 有 4096 个量化级别。

3. 加权 每个量化级别都对应一个模拟电压或电流值。DAC 根据数字输入值选择相应的量化级别，并输出相应的模拟信号，这个过程称为加权。常见的有加权电阻法和 R–2R 梯形电阻网络加权。

4. 输出模拟信号 经过量化和加权后，DAC 将产生一个模拟信号。这个信号的大小与数字输入值成比例。例如，在电压输出的 DAC 中，数字输入值将被转换为对应的电压输出。

5. 参考电压 在 DAC 转换过程中，需要一个参考电压作为基准。参考电压确定了 DAC 输出信号的最大范围。通常，DAC 会将参考电压与数字输入值相乘，以产生输出信号的电压。

总体来说，DAC 的原理是将数字输入值转换为相应的模拟信号输出。这个过程涉及量化、加权和输出模拟信号。通过控制数字输入值和参考电压，可以实现不同范围和精度的模拟信号输出。

第二节 DAC 库函数

DAC 使用的库函数见表 12 – 3，函数的详细使用可以参考 ST 公司的资料手册。

表 12 – 3 DAC 库函数

函数	描述
DAC_Delnit	还原 DAC 外设寄存器到默认复位值
DAC_lnit	依照 DAC_ lnitStruct 指定的参数初始化 DAC 外部设备
DAC_Structlnit	用默认值填充 DAC_lnitStruct 结构的每一个成员
DAC_Cmd	使能或禁止指定的 DAC 通道
DAC_DMACmd	使能或禁止指定的 DAC 通道请求 DMA
DAC_SoftwareTriggerCmd	使能或禁止选择的 DAC 通道软件触发
DAC_DualSoftwareTriggerCmd	使能或禁止两个 DAC 通道同步软件触发
DAC_WareGenerationCmd	使能或禁止选择的 DAC 通道波形发生
DAC_SetChannel1 Data	设置 DAC 通道 1 指定的数据保持寄存器值
DAC_SetChannel2 Data	设置 DAC 通道 2 指定的数据保持寄存器值
DAC_SetDualChannelData	为双通道 DAC 设置指定的数据保持寄存器值
DAC_GetDataOutputValue	返回最新的 DAC 通道数据寄存器输出值
DAC_ITConfig	
DAC_GetFlagStatus	
DAC_ClearFlag	
DAC_GetlTStatus	
DAC_ClearlTPendingBit	

第三节 DAC 配置

接下来介绍如何使用库函数对 DAC 进行配置。这个也是在编写程序中必须要了解的。具体步骤如下（DAC 相关库函数在 stm32f4xx_ hal_ dac. c、stm32f4xx_ hal_ dac_ ex. c 及其对应的头文件）。

1. 使能端口及 DAC 时钟，设置引脚为模拟输入 DAC 的两个通道对应的是 PA4、PA5 引脚，这个在芯片数据手册内可以查找到。因此使用 DAC 某个通道输出的时候需要使能 GPIOA 端口和 DAC 时钟（DAC 模块时钟是由 APB1 提供），并且还要将对应通道的引脚配置为模拟输入模式。这里需要特别说明一下，虽然 DAC 引脚设置为输入，但是如果使能 DACx 通道后，相应的管脚会自动连接在 DAC 模拟输出上，这在前面介绍框图时也提到了。

例如要让 DAC1_ OUT 输出，其对应的是 PA4 引脚，所以使能时钟代码如下：

__HAL_RCC_DAC_CLK_ENABLE( ) ; //使能 DAC 时钟

__HAL_RCC_GPIOA_CLK_ENABLE( ) ; //开启 GPIOA 时钟

配置 PA4 引脚为模拟输入模式，代码如下：

GPIO_InitTypeDef GPIO_Initure ;

GPIO_Initure. Pin = GPIO_PIN_4 ; //PA4

GPIO_Initure. Mode = GPIO_MODE_ANALOG ; //模拟

GPIO_Initure. Pull = GPIO_NOPULL; //不带上下拉

HAL_GPIO_Init(GPIOA,&GPIO_Initure);

2. 初始化 DAC，设置 DAC 工作模式　要使用 DAC，必须对其相关参数进行设置，包括 DAC 通道 1 使能、DAC 通道 1 输出缓存关闭、不使用触发、不使用波形发生器等设置，该部分设置通过 DAC 初始化函数 HAL_DAC_Init 和 HAL_DAC_ConfigChannel 完成：

HAL_DAC_Init 函数并没有设置任何 DAC 相关寄存器，也就是说，没有对 DAC 进行任何配置，它只是 HAL 库提供用来在软件上初始化 DAC，为后面 HAL 库操作 DAC 做好准备。它有一个很重要的作用，就是在函数内部会调用 DAC 的 MSP 初始化函数 HAL_DAC_MspInit，该函数声明如下：

void HAL_DAC_MspInit(DAC_HandleTypeDef* hdac);

通常会把步骤 1，即外设时钟使能、GPIO 配置等代码放在该回调函数内实现。

HAL_DAC_ConfigChannel 函数是一个很重要的 DAC 配置函数，可用于配置 DAC 通道的触发类型以及输出缓冲等。该函数如下：

HAL_StatusTypeDef HAL_DAC_ConfigChannel(DAC_HandleTypeDef* hdac,

DAC_ChannelConfTypeDef* sConfig, uint32_t Channel);

该函数有三个入口参数，第一个参数 hdac 是 DAC 句柄，与 HAL_DAC_Init 函数入口参数一致，这个读者已经非常熟悉。

第三个参数 Channel 用于设置 DAC 通道，可选参数有 DAC_CHANNEL_1 和 DAC_CHANNEL_2，比如使用的 PA4，即通道 1，所以为 DAC_CHANNEL_1。

第二个参数 sConfig 是 DAC_ChannelConfTypeDef 结构体指针类型变量，该结构体定义如下：

typedef struct

{

　uint32_t DAC_Trigger; // DAC 触发类型

uint32_t DAC_OutputBuffer; //输出缓冲

}DAC_ChannelConfTypeDef;

DAC_Trigger：设置是否使用触发功能。前面介绍框图时已经说过 DAC 具有多个触发源，有定时器触发，外部中断线 9 触发，软件触发和不使用触发。其配置参数可在 stm32f1xx_hal_dac.h 找到。

DAC_OutputBuffer：设置输出缓存控制位。通常不使用输出缓存功能，所以配置参数为 DAC_OUTPUTBUFFER_DISABLE。如果使用的话，可以配置为使能 DAC_OUTPUTBUFFER_ENABLE。

了解结构体成员功能后，就可以进行配置，本章实验配置代码如下：

DAC_HandleTypeDef DAC1_Handler;//DAC 句柄

DAC_ChannelConfTypeDef DACCH1_Config;

DAC1_Handler. Instance = DAC;

HAL_DAC_Init(&DAC1_Handler); //初始化 DAC

DACCH1_Config. DAC_Trigger = DAC_TRIGGER_NONE; //不使用触发功能

DACCH1_Config. DAC_OutputBuffer = DAC_OUTPUTBUFFER_DISABLE;//DAC1 输出缓冲关闭

HAL_DAC_ConfigChannel(&DAC1_Handler,&DACCH1_Config,DAC_CHANNEL_1);//DAC 通道 1 配置

3. 使能 DAC 的输出通道　初始化 DAC 后，就需要开启它，使能 DAC 输出通道的库函数为：

HAL_StatusTypeDef　　　　　HAL_DAC_Start(DAC_HandleTypeDef*　　　　hdac, uint32_tChannel);

该函数很简单，第一个参数是 DAC 句柄，与初始化函数一致；第二个参数是 DAC 通道设置。

4. 设置 DAC 的输出值 通过前面 3 个步骤的设置，DAC 就可以开始工作了，如果使用 12 位右对齐数据格式，通过设置 DHR12R1，就可以在 DAC 输出引脚（PA4）得到不同的电压值。设置 DHR12R1 的库函数是：

HAL_StatusTypeDef HAL_DAC_SetValue(DAC_HandleTypeDef * hdac，uint32_t Channel，uint32_t Alignment，uint32_t Data)；

第一个和第二个参数很简单，前面已介绍。

第三个参数是设置数据对其方式，可以为 12 位右对齐 DAC_ ALIGN_ 12B_ R，12 位左对齐 DAC_ A-LIGN_ 12B_ L 以及 8 位右对齐 DAC_ ALIGN_ 8B_ R 方式。

第四个参数就是 DAC 的输入值，通过该值可配置不同电压输出。

HAL 库函数中，还提供一个读取 DAC 对应通道最后一次转换的数值，函数是：

uint32_t HAL_DAC_GetValue(DAC_HandleTypeDef * hdac，uint32_t Channel)；

参数 Channel 用于选择读取的 DAC 通道。

将以上几步全部配置好后，就可以使用 DAC 对应的通道输出模拟电压了。

第四节　DAC 应用

1. DAC 通道 1 初始化函数 要使用 DAC，必须先对它进行配置。初始化代码如下：

```
DAC_HandleTypeDef DAC1_Handler;//DAC 句柄
//初始化 DAC
void DAC1_Init(void)
{
DAC_ChannelConfTypeDef DACCH1_Config；
DAC1_Handler. Instance = DAC；
HAL_DAC_Init(&DAC1_Handler)；//初始化 DAC
DACCH1_Config. DAC_Trigger = DAC_TRIGGER_NONE；//不使用触发功能
DACCH1_Config. DAC_OutputBuffer = DAC_OUTPUTBUFFER_DISABLE;//DAC1 输出缓冲关闭
HAL_DAC_ConfigChannel(&DAC1_Handler,&DACCH1_Config,DAC_CHANNEL_1);//DAC 通道 1 配置
HAL_DAC_Start(&DAC1_Handler,DAC_CHANNEL_1)；//开启 DAC 通道 1
}
//DAC 底层驱动,时钟配置,引脚配置
//此函数会被 HAL_DAC_Init()调用
//hdac:DAC 句柄
void HAL_DAC_MspInit(DAC_HandleTypeDef * hdac)
{
GPIO_InitTypeDef GPIO_Initure；
__HAL_RCC_DAC_CLK_ENABLE()；//使能 DAC 时钟
__HAL_RCC_GPIOA_CLK_ENABLE()；//开启 GPIOA 时钟
GPIO_Initure. Pin = GPIO_PIN_4；//PA4
GPIO_Initure. Mode = GPIO_MODE_ANALOG；//模拟
```

```
GPIO_Initure. Pull = GPIO_NOPULL; //不带上下拉
HAL_GPIO_Init( GPIOA,&GPIO_Initure);
}
```

在 DAC1_Init（）函数中，首先使能 GPIOA 端口和 DAC 时钟，并配置 PA4 为模拟输入模式。然后初始化 DAC_HandleTypeDef 和 DAC_ChannelConfTypeDef 结构体。最后开启 DAC_CHANNEL_1。这一过程在前面步骤介绍中已经提及。如果会使用 DAC 的通道1，对于 DAC 的通道2 是类似的。

2. 主函数　编写好 DAC 通道1 的初始化函数后，接下来就可以编写主函数了，代码如下：

```c
#include "system. h"
#include "SysTick. h"
#include "usart. h"
#include "led. h"
#include "key. h"
#include "dac. h"
int main()
{
u8 i = 0;
u8 key;
int dac_value = 0;
u16 dacval;
float dac_vol;
HAL_Init(); //初始化 HAL 库
SystemClock_Init( RCC_PLL_MUL9); //设置时钟,72M
SysTick_Init(72);
USART1_Init(115200);
LED_Init();
KEY_Init();
DAC1_Init();
while(1)
{
key = KEY_Scan(0);
if( key == KEY_UP_PRESS)
{
dac_value += 330;
if( dac_value >= 3300)
{
dac_value = 3300;
}
DAC1_Set_Vol(dac_value);
}
```

```
else if( key == KEY0_PRESS )
{
dac_value -= 330;
if( dac_value <= 0 )
{
dac_value = 0;
}
DAC1_Set_Vol( dac_value );
}
i ++;
if( i%20 == 0 )
{
LED1 =! LED1;
}
if( i%50 == 0 )
{
dacval = DAC1_GetValue( );
dac_vol = ( float ) dacval * ( 3.3/4096 );
printf( "输出 DAC 电压值为:%.2fV\r\n", dac_vol );
}
delay_ms( 10 );
}}
```

主函数首先调用之前编写好的硬件初始化函数，包括 SysTick 系统时钟、LED 初始化等。然后调用前面编写的 DAC1_Init 函数。最后进入 while 循环，调用 KEY_Scan 函数，不断检测 KEY_UP 和 KEY1 按键是否按下，如果 KEY_UP 按键按下，调用 DAC1_Set_Vol 函数增加 DAC1 的输入值；如果 KEY1 按键按下，调用 DAC1_Set_Vol 函数减小 DAC1 的输入值。间隔 500ms 调用 DAC1_GetValue 函数读取 DAC1 最后一次的输入值，根据 DAC 电压计算公式即可知道 DAC1 输出的电压大小，同时通过 printf 打印出电压值。LED 指示灯间隔 200ms 闪烁，提示系统正常运行。

目标检测

答案解析

一、单选题

1. STM32F103 的 DAC 模块具有 (　　) 个独立的 DAC 单元

　　A. 1　　　　　　　　　B. 2　　　　　　　　　C. 3　　　　　　　　　D. 4

2. STM32F103 的 DAC 模块的输出精度是 (　　)

　　A. 8 位　　　　　　　　B. 10 位　　　　　　　C. 12 位　　　　　　　D. 16 位

3. 在 STM32F103 中，配置 DAC 输出值的方法是 (　　)

　　A. 直接写入数据寄存器　　　　　　　　　　B. 调用相应的初始化函数

　　C. 使用 DMA 传输数据　　　　　　　　　　D. 通过外部中断触发

4. 在 STM32F103 中，启用 DAC 输出的方法是（ ）

    A. 调用 DAC_ Enable（）函数　　　　　　B. 直接设置控制寄存器

    C. 使用 DMA 传输数据　　　　　　　　　D. 通过外部中断触发

5. 在 STM32F103 中，DAC 的输出范围是（ ）

    A. 0~1.2V　　　　　　B. 0~2.5V　　　　　　C. 0~3.3V　　　　　　D. 0~5V

6. 在 STM32F103 中，DAC 的输出触发方式有（ ）

    A. 软件触发　　　　　　B. 外部触发　　　　　　C. 定时触发　　　　　　D. 以上都是

7. 在 STM32F103 中，用于初始化 DAC 的函数是（ ）

    A. DAC_ Init（）　　　　　　　　　　　B. DAC_ Config（）

    C. DAC_ Setup（）　　　　　　　　　　D. DAC_ Enable（）

8. 在 STM32F103 中，用于设置 DAC 输出值的函数是（ ）

    A. DAC_ SetValue（）　　　　　　　　B. DAC_ Output（）

    C. DAC_ SetOutput（）　　　　　　　　D. DAC_ SetData（）

9. 在 STM32F103 中，用于启用 DAC 输出的函数是（ ）

    A. DAC_ EnableOutput（）　　　　　　B. DAC_ Start（）

    C. DAC_ Enable（）　　　　　　　　　D. DAC_ On（）

10. 在 STM32F103 中，用于配置 DAC 输出缓冲区的函数是（ ）

    A. DAC_ ConfigBuffer（）　　　　　　B. DAC_ SetBuffer（）

    C. DAC_ BufferConfig（）　　　　　　D. DAC_ SetupBuffer（）

二、简答题

1. STM32F103 中 DAC 的作用是什么？

2. STM32F103 中 DAC 输出的电压范围是多少？

3. STM32F103 中 DAC 的输出精度是什么？

4. STM32F103 中 DAC 可以通过哪些方式触发输出？

三、编程题

    编写一个程序，使用 STM32F103 的 DAC 模块，将 PA4 引脚配置为 DAC 输出，生成一个简单的三角波信号。通过定时器触发 DAC 输出。要求：①配置 DAC 通道 1（对应 PA4）；②使用定时器触发 DAC 输出；③生成一个简单的三角波信号，频率为 1Hz。

书网融合……

本章小结

参考文献

[1] 王涛. STM32 嵌入式系统开发教程[M]. 北京：清华大学出版社，2016.

[2] 李洪华. STM32 单片机应用开发[M]. 北京：电子工业出版社，2014.

[3] 张红林. STM32F103 系列单片机原理与实践[M]. 北京：机械工业出版社，2018.

[4] 陈志新. STM32 库开发实战指南[M]. 北京：机械工业出版社，2015.

[5] 王浩. STM32F103 单片机应用设计与开发[M]. 北京：北京航空航天大学出版社，2017.

[6] 赵宇. STM32 嵌入式系统开发实战[M]. 北京：人民邮电出版社，2019.

[7] 刘晓伟. STM32 微控制器编程指南[M]. 北京：清华大学出版社，2015.

[8] 张勇. STM32F103 单片机快速入门[M]. 北京：电子工业出版社，2016.

[9] 黄杰. STM32 硬件与软件设计[M]. 北京：电子工业出版社，2018.

[10] 陈亮. STM32 系统与应用[M]. 北京：机械工业出版社，2017.

[11] 李刚. STM32 单片机项目实战[M]. 北京：人民邮电出版社，2020.

[12] 陈刚. STM32 库函数开发技术详解[M]. 北京：机械工业出版社，2019.

[13] 刘强. STM32 单片机高级编程与应用[M]. 北京：清华大学出版社，2017.

[14] 周涛. STM32F103 开发与案例分析[M]. 北京：电子工业出版社，2015.

[15] 高明. STM32 单片机接口与通信技术[M]. 北京：机械工业出版社，2018.

[16] 李明. STM32 微控制器系统设计与实现[M]. 北京：清华大学出版社，2016.

[17] 王刚. STM32 单片机开发详解[M]. 北京：机械工业出版社，2020.

[18] 陈伟. STM32 嵌入式开发与实践[M]. 北京：电子工业出版社，2019.

[19] 朱涛. STM32 库函数详解与应用[M]. 北京：机械工业出版社，2018.

[20] 刘伟. STM32 单片机应用开发从入门到精通[M]. 北京：清华大学出版社，2017.